KB111955

건축예술과 양식

Über Architektur und Stil
by H. P. Berlage

Published by Acanet, Korea, 2021

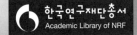
학술명저번역 630

건축예술과 양식

강연과 논문 1894-1928

Über Architektur und Stil

헨드릭 페트루스 베를라헤 지음 | 김영철·우영선·김명식 옮김

아카넷

* 이 번역서는 2016년 대한민국 교육부와 한국연구재단의 지원을 받아 수행된 연구임.
(NRF-2016S1A5A7021280)

This work was supported by the Ministry of Education of the Republic of Korea
and the National Research Foundation of Korea (NRF-2016S1A5A7021280)

차례

저자와 텍스트의 선정, 출처에 관한 소개

헨드릭 페트루스 베를라헤(Hendrik Petrus Berlage)는 현대건축의 역사에서 새로운 시대를 위한 건축을 정의한 건축가였고, 작품과 글을 통해 이 건축의 목표와 길을 구체적으로 제시한 기념비적 건축가로 평가된다.[1] 무엇보다도 그가 내세운 건축의 목표는 모더니즘의 양식이었고, 그가 성취한 건축은 순수하며, 근본적으로 사회적 차원의 것이었다. 그리고 "단순성", "진리에 대한 사랑", "깊은 사려"와 "공동체에 대한 의식" 등은 그의 세계관을 형성하는 근본 개념들이었다.

1856년 네덜란드 암스테르담에서 태어난 그는 스위스의 취리히 공대

··

---

1) Kohlenbach, B., *Hendrik Petrus Berlage, Über Architektur und Stil*, Basel/Berlin/Boston: Birkhäuser, 1991, p. 6.

(Polytechnikum Zürich)[2]에서 건축 교육을 받은 후, 암스테르담 증권거래소 (1896-1903), 덴하흐[3] 및 암스테르담 도시 계획안 등의 설계와 건축 작품을 통해 건축가로서 명성을 얻었다. 또한 그는 건축 교육 과정에서 체계적으로 발전시켜나간 새로운 건축 이론을 작품뿐만 아니라, 여러 강연 활동을 통해 건축가와 대중에게 피력해나갔다.

　베를라헤는 평생 많은 양의 저술을 남겼다. 중요한 강연과 논문들은 네덜란드어와 독일어로도 출간되었고, 그중 몇몇은 영어로도 번역되었다. 이들 원고 가운데 이론적으로 중요한 가치를 지닌 글들을 선별하여 번역하였다. 본 번역물은 독일어 편집본(Kohlenbach, B., *Hendrik Petrus Berlage, Über Architektur und Stil*, Basel/Berlin/Boston: Birkhäuser, 1991)과 영역 편집본(Introduction by Iain Boyd Whyte, Translation by Iain Boyd Whyte and Wim de Wit, *Hendrik Petrus Berlage: Thoughts on Style, 1886-1909*(Texts & Documents), The Getty Center for the History of Art, *1996*)을 참고하였고, 무엇보다도 그의 건축 이론과 관련하여 핵심적이며 영향력이 큰 원고들에 집중했던 독일어 편집본을 따랐다. 이렇게 이 책에 실린 여섯 텍스트들은 베를라헤의 지적 여정을 기록하는 것으로서 가치가 있으며, 건축의 의미와 가치, 시대상과 예술, 전통과 혁신의 종합에 이르게 하는 길을 보여주는 것이기도 하다.[4]

．．
2)　현재 ETH Zürich의 전신.
3)　영어명은 헤이그.
4)　강연의 배경에 관련한 정보는 독일어 편집본의 소개문을 참조하였다.

1.

「건축예술과 인상주의(Bouwkunst en impressionisme)」(1894)

베를라헤가 1893년 로테르담 건축가협회에서 강연했던 내용을 자신이 소속되어 있던 '아키텍투라 에 아미시티아(건축과 우정, Architectura et Amicitia)'협회[5]의 기관지 《아키텍투라(*Architectura*)》에 1894년 6월호부터 여러 호에 걸쳐 연재한 텍스트이다. 그리고 그는 1894년에 암스테르담에서 이 내용으로 다시 강연했다.

2.

「건축예술의 양식에 관한 고찰(Gedanken über Stil in der Baukunst)」 (1905)

베를라헤는 1904년 1월 22일과 23일 독일 크레펠트(Krefeld)시 박물관협회에서 「건축예술의 양식에 관한 고찰」이라는 제목으로 독일어 강연을 진행하였다. 이 강연은 라이프치히에 있는 율리우스 차이틀러(Julius Zeitler) 출판사에서 1905년 단행본 형태로 출간되었다. 같은 해 전문지 《데 베베힝 (*De Beweging*)》에 네덜란드어 번역본이 실렸고, 동시에 별쇄본으로도 출간되었다. 베를라헤는 이 텍스트를 1911년과 1922년에 발행된 편집본 *Studies over bouwkunst, stijl en samenleving*에도 실었다. 여기서는 독일어 편집본(1991년)에 있는 텍스트를 번역한 것인데, 이곳의 텍스트는 본

••

5) 1855년 암스테르담에서 설립되었고, 건축 관련 인사들이 건축 진흥을 위한 위원회로 구성, 지금까지 활동하고 있다.(https://www.aeta.nl/)

래 독일어로 출간된 텍스트를 기반으로 하였고, 네덜란드 번역본에만 실렸던 정치적 운동을 다룬 문장들이 더 추가되어 있다.

3.
「건축예술의 발전 가능성에 관하여(Over de waarschijnlijke ontwikkeling der architektuur)」(1905)

「건축예술의 발전 가능성에 관하여」는 그 내용과 논점에 비추어 볼 때 「건축예술의 양식에 관한 고찰」의 후속편이라고 할 수 있다. 이 논문은 1905년 《아키텍투라》지에 여러 편으로 나누어 연재되었고, 같은 해 델프트에서 책으로도 출간되었다. 이 논문은 1906년 겨울 취리히에서 했던 강연의 토대가 되기도 했다. 이 논문은 베를라헤의 글들을 모은 *Studies over bouwkunst, stijl en samenleving*(Rotterdam: W. L. & J. Brusse, 1910, 1922(2판))에도 실렸다. 이 책은 1991년 독일어로 번역되었고, 1996년에 영어로도 번역되었다. 국문 번역은 독일어 번역을 기준으로 했다.

4.
「건축예술의 근본과 발전(GRUNDLAGEN UND ENTWICKLUNG DER ARCHITEKTUR)」(1907)

베를라헤는 1907년 스위스의 취리히 공예박물관에서 「건축예술의 근본과 발전」이라는 제목으로 강연을 하였고, 이 내용을 1908년 베를린의 율리우스 바르트(Julius Bard) 출판사에서, 그리고 로테르담의 브루세 출판사(W.L. & J. Brusse)에서 출간하였다. 베를라헤는 과거에 자신이 건축 수업을

받던 스위스 취리히에 초청되었고, 또 강연하게 된 배경에 관해서 이 책의
서두에 다음과 같은 설명문을 실었다.

나는 취리히에서 독일어로 강의를 한 적이 있다. 1906년 취리히 공예학교
(Kunstgewerbeschule Zürich)[6]의 교수였고, 대학에 부속된 공예박물관 관장이
었던 율리우스 드 프레테레(Julius de Praetere) 교수가 실내 공간 설계 강의에
나를 초청했고, 나는 제안을 받아들여 강의를 맡게 되었다. 이 책은 박물관에서
했던 이 강연을 기초로 탄생하였다.

독일어권에서 『건축예술의 근본과 발전』은 『건축예술의 양식에 관한
고찰』과 함께 베를라헤가 쓴 가장 유명한 책으로 받아들여진다. 페터 베
렌스(Peter Behrens)와 미스 반 데어 로에(Ludwig Mies van der Rohe)도 이
책에서 강한 인상을 받았다고 한다.[7]

5.
「도시건축에 관하여(Stedenbouw)」(1909)

1908년 베를라헤는 덴하흐시를 위한 마스터플랜, 곧 총계획도를 작
성하였고, 이듬해인 1909년 상세한 설명문을 첨부해서 이를 출판했다.
(Stedenbouw와 Het uitbreidingsplan van 's − Gravenhage, 독일어 출판은

• •
6) 오늘날의 취리히예술대학교(Zürcher Hochschule der Künste).
7) Neumeyer, F., *Mies van der Rohe. Das Kunstlose Wort*, 1986, 국역: 노이마이어, 『꾸밈없
는 언어』, 김영철, 김무열 역, 파주: 동녘, 2009.

1909/1910) 이 출판물은 서문과 구체적인 기술이 서술된 본문으로 구성되어 있다. 1908/09년 겨울학기 델프트에 소재한 "실천연구(Practische Studie)"협회[8]에서 베를라헤가 행한 도시건축 관련 강연의 원고를 그대로 출간한 것이 이 서문이다. 그는 1909년 초 뒤셀도르프에서 이를 다시 독일어로 발표했다. 이 번역에서 사용한 텍스트는 1909년《노이도이체 바우차이퉁 (Neudeutsche Bauzeitung)》지에 실린 서문을 따랐다.

6.
「근대건축을 위한 투쟁과 국가의 역할(Der Staat und der Widerstreit in der modernen Architektur)」(1928)

1928년 6월 26일부터 28일까지 새로운 이념을 추구하던 건축가들은 스위스 라사라 소재의 성에서 모임을 갖게 되었다. 이때 진행한 회의는 근대건축국제회의(Congres Internationaux d'Architecture Moderne, CIAM) 의 창립총회로 여겨진다.[9] 이곳에 참가한 이들은 베를라헤 이외에도, 조직을 주관했던 르코르뷔지에(Le Corbusier)와 엘레네 드 만드로(Hélène de Mandrot), 지크프리트 기디온(Sigfried Giedion), 그리고 빅터 부르주아 (Victor Bourgeois), 후고 헤링(Hugo Häring), 에른스트 마이(Ernst May), 알베르테 사르토리스(Alberte Sartoris), 몰리 베버(Molly Weber), 앙드레 루사 (Andre Lurçat), 폰 데어 뮐(H.R. von der Mühll), 가브리엘 게브레키안

∴

8) 이 협회는 지금까지 이어오고 있다. 이 시기는 여러 학파로 구성되어 있었는데, 델프트학파는 그 가운데 하나이다.

9) Hg. Martin Steinmann, *CIAM. Dokumente. 1928-1939*, Basel, 1979. Schriftenreihe des Instituts für Geschichte und Theorie der Architektur an der ETH Zürich, No. 11.

(Gabriel Guevrekian), 한네스 마이어(Hannes Meyer), 게리트 리트벨트(Gerrit Rietveld), 베르너 모저(Werner Moser), 루돌프 슈타이거(Rudolf Steiger), 마르트 슈탐(Mart Stam) 등이었다.

베를라헤가 여기에서 행한 강연은 그의 생애에 출간되지 않은 채 남아 있었다. 이 회의는 여러 분과로 나뉘어 있었으며, 개별 분과마다 특정 현안을 다룬 강연을 시작으로 회의가 진행되었다. 베를라헤는 건축과 국가 사이의 관련성에 대해 발표하였다. 다른 분과에서 다뤄진 현안들에 관해 르 코르뷔지에, 마이, 그로피우스 등이 발표하였으나, 이 발표문들은 소실되었다고 한다.[10] 여기에서 번역된 베를라헤의 강연 원고는 마르틴 슈타인만(Martin Steinmann)이 1979년도에 편집한 『CIAM. 도큐먼트. 1928-1939』에 실렸다.[11]

10) Kohlenbach, B., *op. cit.*, p. 180.
11) Hg. Martin Steinmann, *op. cit.*

「건축예술과 인상주의」

Bouwkunst en impressionisme

1894

「건축예술과 인상주의」가 실린 네덜란드 건축 전문지 《아키텍투라》 1894년 6월 2일자 표지

출처: H. P. Berlage, "Bouwkunst en impressionisme," *Architectura* 2, no. 22(1894년 6월 2일): 93-95; no. 23 (6월 9일): 98-100; no. 24(6월 16일): 105-106; no. 25(6월 23일): 109-110.

제한이 비로소 장인임을 보여준다.[1]

In der Beschränkung zeigt sich erst der Meister.

—괴테

현대적 삶의 역동성은 대도시가 팽창하는 과정에서 가장 분명하게 드러난다. 이것은 인구가 빠르게 증가하기 때문에 생긴 결과이다.

누구라도 이 문제를 주택 건설을 통해서 해결할 수 있다고 믿기는 어렵다. 왜냐하면 매년 수만 명이나 되는 사람들이 새롭게 주거를 요구하는 상황이기 때문이다.

주택 건설은 현재 중요한 과제로서 진행되고 있다. 당연히 이 요구를 충족시키기 위해서는 큰 노력이 필요하다. 무엇보다도 이 과제는 아무리 어렵다고 해도 해결되어야 한다.

이를 실천하기 위해서는 당연히 무엇인가를 희생해야만 한다. 새로운 주택을 건축할 때마다 드러났던 문제들을 제외하더라도, 여기저기서 대두

1) (역자 주) 괴테의 「소네트(Das Sonett)」 제1장, 마지막 절의 한 행.

되는 문제를 모르는 척 한쪽 눈을 감는 수밖에 없다. 그리고 이것, 저것을 지나치게 꼼꼼히 따져도 안 될 것이며, 특히 아름다움의 문제는 결코 채워질 수 없으므로 만족을 모르는 사람들의 요구를 따르고 있을 수만은 없다.

그런데도 내가 현대 도시의 미적인 결함을 일으킨 장본인들의 오류를 하나하나 열거한다면, 아마도 누군가는 내 의도가 지난 역사를 다시 들춰내려는 것이라고 비난할지도 모르겠다. 그러나 방금 내가 "무엇인가를 희생해야만 한다."라고 말했던 이유는 이런 비난을 미리 의식했을 뿐만 아니라, 역사를 환기해야 할 필요성도 더욱 분명히 하려고 했기 때문이다. 그리고 이 요구를 무시한 것에 대해서 나는 도시 계획 담당자들 또한 부분적으로 책임이 있다고 생각한다.

실제로 문제가 이렇게 어렵고 또 갑작스럽게 생긴 상황이기 때문에, 전문적인 지식이 없다면 필요한 답을 곧바로 내놓지 못할 수도 있다. 그렇다고 해서 관료주의가 팽배한 위원회 등이 이 문제를 해결하리라는 기대 역시 할 수 없다. 왜냐하면 그들은 자문 문서와 감정 보고서 혹은 공문서, 주소와 청원서 등의 잡다한 서류뭉치들을 그저 즐기기만 하기 때문이다. 또한 이 때문에 그들은 누군가 진정으로 창조적인 생각을 제시하면 처음부터 거부하려고 든다. 이런 생각은 단지 머릿속에 순간적으로 떠오른 것에 불과하다고 보기 때문이다. 그리고 외부에서 어떤 좋은 제안을 제시해도 위원회 내부의 것이 아니기 때문에 관행상 더 생각해볼 만한 가치가 있다고 여기지도 않는다.

이제는 이성적으로 판단해야 한다. 넓은 의미에서 도시의 확장 문제는 도시 계획 담당국이 준비되지 않은 상태에서 주어졌을 뿐만 아니라, 곧바로 좋은 해결책을 제시하기에는 너무나 어려운 것이었다. 그들이 해결책이라고 제시한 것들은 없어도 될 것이었을 뿐만 아니라, 많은 것들은 오히려 화가 날 정도였다.

　나는 이렇게 중요한 문제를 전혀 다른 관점에서 다루어야만 한다고 생각한다. 우리가 다루는 문제는 마치 질병과 같다. 같은 질병이라도 상황이 달라지면 같은 약물 처방으로는 치료할 수 없다.

　우리가 해야 할 질문은 다음과 같다. 과거에 건강함, 곧 아름다움에 이르게 했던 수단은 오늘날에도 여전히 적용 가능할까? 만약 결과적으로 그렇지 않다면, 반드시 다른 방법을 마련해야 한다. 진단을 내려야 하거나 때에 따라서는 과거의 것을 현재의 것과 비교해야 한다. 그러면 즉각 다음과 같은 질문이 생긴다. 옛 도시들은 어떻게 우리의 시선을 사로잡고, 이 시선이 영혼의 거울이 되어 우리에게 환호를 지르게 하고, 다시금 우리에게 웃음 짓게 하는가? 이들이 어떻게 깊고 고요한 우리의 감정에 다가와 부드러운 손길로 어루만지는가? 그리고 어느 순간 다시 우리의 감정에 파문을 일으키는가?

　높은 건축물로 에워싸인 광장을 거닐 때 우리에게 밀려오는 벅찬 감동은 어디에서 오는가? 숭고와 고양의 감정은 어떻게 가능한가? 성당과 시청사, 우리를 내부의 세계로 안내하는 조각 장식의 성당 입구 혹은 집회에 가기 위해 올라서야 하는 무거운 계단들, 곳곳에 있는 아름다운 길들, 탁 트인 시야의 여러 길, 좁은 길, 막다른 길, 서로 분주하게 뒤섞여 있지만 완결되어 있어서 우리 눈에는 안정되어 보이는 길, 망원경이 필요하지 않은 공간들.[2] 우리는 도대체 왜 옛 도시의 경관에 그렇게도 열중하는가? 또 그 경관은 어떻게 하나의 회화처럼 우리에게 이렇게 생생히 다가오는가?

∴

[2]　(영역자 주) 베를라헤는 이처럼 망원경으로 좋은 조망을 확보할 때 필요한 긴 직선 축보다는 휘어진 도로가 있는 카멜로 지테의 도시 계획 방식을 선호한다.

인간의 손으로 창조한 도시라는 작품은 우연히 집적된 하나의 결과인가, 혹은 어떤 목표에 도달하기 위해 많은 사람의 노력이 이루어낸 의지의 결과인가? 옛 도시가 아름답게 보이는 이유는 그 시대가 사물에 부여한 고유한 아름다움에서 영향을 받기 때문이기도 하지만, 객관적으로 다른 원인이 있다고 가정해볼 때, 서로 다른 요소들이 불규칙하게 조합되어 있기 때문일 수도 있지 않을까? 이 경우에 당연히 각 부분은 예술적 특성에 따라 서로 다른 고유한 아름다움을 드러낼 수 있다.

누군가 옛 도시 계획가들은 열정적으로 일하지 않았고, 오늘날 도시 분야에서 충분히 만족스럽게 해결할 수도 없다고 부정적으로만 믿는다면, 이 모든 중대한 질문에 대한 답은 실망스러울 수밖에 없다.

이런 사람의 생각은 표면적으로 볼 때만 옳다. 왜냐하면 옛 도시의 계획안들을 자세히 관찰하면 분명하고 확고한 의도를 찾을 수 있기 때문이다. 곧 위대한 아름다움에서 비롯된 예술적 계획을 향한 의지이다. 그리고 함께한 예술가들은 계획안의 마지막 결과가 훼손되지 않도록 신중한 주의를 기울였다. 그 밖에도 이들은 자신들의 창작이 미학적 형식주의, 혹은 미학적 아카데미즘, 미학적 교조주의의 위험에 빠져들지 않기 위해 개별 요소들을 오히려 우연에 내맡기는 방법도 알고 있었다. 여기에서 이 방식이 중요했던 이유는 이렇게 해야만 전체 계획이 자유롭고 또한 기념비적 회화성도 부여할 수 있었기 때문이다.

피상적으로 보지 않는다면, 옛 장인들은 활용 가능한 수단을 통해 목표에 이르는 역량을 충분히 발휘했다는 것을 잘 알 수 있다. 이들은 자신에게 주어진 예술적 재원을 검소하게 활용하는 현명한 예술 경제인들이었다. 다르게 말하면 예술의 가치를 발현하는 비결은 장식 수단을 검소하게 활용하는 데 있다는 것을 이들은 잘 알고 있었다. 그리고 그들은 자신의 위대한 능력을 소수의 중요한 기념비 건축에 헌정했다.

어떤 시대이든 고귀하게 빛나는 아름다움은 단순성에서 온 것이었다. 그리고 이 단순성은 불멸의 고전적 특성이기도 하다. 이것은 의심할 여지 없이 모든 시대의 예술을 관통한다.

그러나 오늘날 우리 시대는 아직 이 가치를 받아들이지 않고 있다. 우리는 오히려 정반대로 생각하고 있다. 이 때문에 우리 시대에는 기록에 남길 만한 좋은 면이라고는 전혀 찾아볼 수 없는 조야함이 있을 뿐이다.

19세기 이전에도 이렇게 조야한 예술가들이 있었던가?

도시 계획가들은 중요한 기념비적인 요소가 도시의 광장과 주요 도로라고 생각한다. 도시에서 이 요소들은 마치 대연회실이 궁전에 대해 갖는 의미와 같다고 할 수 있다.[3] 고대 그리스 도시에서 예술가들은 자신의 역량을 아고라 혹은 아크로폴리스에 집중했다. 로마인들은 포룸에, 그리고 중세와 르네상스 도시들에서는 대성당, 시장, 시청사 광장에 집중했다.

광장이나 도로를 이렇게 대연회실과 비교하는 이유는 이미 우리가 알고 있던 예술의 의미뿐만 아니라, 자세히 추적해보면 예술작품이 어떤 방식으로 효력을 발휘하는지도 드러나기 때문이다.

그들은 예술작품으로서 건축물에 집중했을 뿐만 아니라, 더 중요하게는 시각적 효과에 집중하고, 더 나아가 하나의 방처럼 완결된 공간에도 집중했다. 이 목표에 도달하기 위해서는 여러 방안이 있었지만 중요한 점은 도로를 계획할 때, 지나치게 넓지 않고 짧지도 않으며, 굽은 길들을 방향이 서로 다르더라도 하나의 광장에 이르도록 처리하는 것이었다.

..

3) (역자 주) 이탈리아 르네상스의 대표적인 궁전들과 프랑스 바로크 궁전 등의 대규모 홀은 각 실 사이의 선적인 흐름이 한데 모이는 곳이다.

우리가 여러 곳에서 이런 조형의 결과를 반복적으로 발견한다면, 그것은 단지 우연의 산물일까?

옛 도시의 광장과 도로가 주는 예술적 감흥, 곧 평온하고 평안한 이유가 무엇인지 생각해보면, 이 공간들이 우리를 에워싸고 있기 때문임을 알게 된다. 이것이 바로 옛 장인들이 자연스럽게 체득하고 있던 비결이다. 과거의 위대한 화가들은 어떤 틈도 화면에 남겨두지 않았다. 오늘날에는 이와 반대이다. 오늘날 도시 확장의 체계에서 완결성은 오히려 적으로 여겨질 정도이다. 가능하면 넓고 빈 곳이 많은 회화작품, 이것이 소위 오늘날 예술작품으로서 도시이다.

과거의 장인들은 창작 과정에서 중요한 것에만 집중했다. 그리고 자신들이 세웠던 높은 예술적 기량을 발휘할 때, 단순성에 머무는 위대하고도 사려 깊은 미덕을 보여주었다. 하나의 실내 공간을 예로 들면, 가구와 공예품 혹은 회화작품의 수를 제한해서 지나치게 공간을 채우지 않는 경우 우리는 좋은 인상을 받게 된다. 그리 크지도 않고 또 벽의 기능과 모양에 따라 선정된 형식과 색조의 회화작품 하나만으로도 벽이 얼마나 아름다워질 수 있는지, 이와 반대로 회화작품들로 벽을 가득 채운 경우라면 이 그림들이 얼마나 방해하는지 우리는 잘 알고 있다.

이와 마찬가지로 단지 소수의 기념비적인 건축물만으로도 오래된 광장을 마치 고상한 연회장처럼 보이게 만든다. 이러한 예술작품으로서 광장은 예술적 능력을 온전히 집중한 결과이다. 여기에서는 진부하게 여겨질 수 있는 것도 결코 소홀하게 다루어지지 않는다. 이러한 작품은 배경이나 무대 장식을 그리는 화가라도 생각해내기 어려울 정도로 아름답다.

이렇게 풍요로움에도 불구하고 여기에는 어떤 과잉도 없다. 무엇보다도 겉치레를 두고 다투는 일도 없다. 주변의 어떤 것도 아름다운 외관에서 이 예술작품을 능가하는 경우가 없었다. 그리고 이성적인, 다시 말하면 교양 있는 겸손함은 시대를 불문하고 모든 경이로운 예술작품의 특징이었다.

과거에는 광장 시설을 예술작품으로 완성하기 위해 각 요소를 세련된 방식으로 배치했고, 무엇보다도 기념비들과 서로 조화를 이루도록 했다. 기념비들을 배치할 때는 교통을 방해하지 않기 위해 광장 한가운데 설치하지 않았다. 더욱이 아무런 배경 없이 서 있는 경우도 없었다. 그리고 주 진입구의 축선상에 서 있지도 않았다. 왜냐하면 이 축은 조각품의 배경으로서는 너무 번잡하기 때문이었다. 그 대신에 이 기념비들은 한쪽으로 치우쳐 있거나 조용히 서 있는 벽 앞에 세워졌다. 그러나 오늘날의 경우는 이와 대조를 이룬다.

대칭의 노예들인 우리로서는[4] 자만해진 나머지 이 단순한 일을 배우려고 하지 않는다. 또 잘못 배우기도 했다. 그러나 이런 부분이나 다른 여러 가지 부분에 대해 지적하는 것은 우리에게 대단히 중요하다.

"회화적"이라는 말을 통해 예술작품의 성격을 다르게 말할 수 있는지는 더 이상의 설명이 필요하지 않다. 이 말은 우리에게 이미 친숙할 뿐만 아니라, 이 말로 수백 년 동안 지속된 낭만주의 예술을 이해하기 때문이다.

그러나 낭만주의의 예술은 이제 지나갔다. 이제 우리는 어떤 형식이 되더라도 이 예술로 되돌아가는 것만큼은 더 이상 정당화될 수 없다고 용기를 갖고 소신 있게 말할 수 있어야 한다. 여기에서 용기가 필요한 이유는

••

4) (역자 주) 베를라헤가 사용한 '대칭의 노예'라는 표현에는 부정적인 의미보다는 어쩔 수 없음의 당위적 수용의 의미가 담겨 있는 듯하다. 그의 대표작인 암스테르담 증권거래소 건물은 기둥 간격부터 개별실의 넓이와 건물의 전체 높이, 중앙 홀의 크기에 이르기까지 각 공간들이 철저한 비례에 따라 배치되어 있다.

이러한 확신이 있어야 우리에게 새롭게 다가올 예술이 이미 지난 예술과는 전혀 다른 것일 수 있기 때문이다. 용기가 필요한 또 다른 이유는 르네상스 전체에도 이러한 판단이 내려졌다고 말해야 하기 때문이다. 그렇다고 해서 앞으로 다가올 예술이 과거의 예술에서 배울 점이 아무것도 없다는 의미는 아니다.

내가 이렇게 확신할 수 있는 근거는 여러 예술 분야에서 건축이 차지하는 독특한 위상의 성격 때문이다.

이 성격의 독특한 면은 이상과 현실의 상호작용에서 생기는 이중성이다. 이 가운데 현실의 특성은 실용적 동기이기도 하다. 그리고 이것은 결코 이상에 비해 덜 중요하지도 않다. 이 이중성은 많은 사람이 건축을 예술로 이해하지 못하게 만든 원인이었기 때문에 철학자들이 나서서 이 문제를 다루었다.

건축은 단지 순수하게 이상적이지만은 않다. 그 이유는 건축에서는 실용적인 목적이 근본을 이루기 때문이다. 많은 사람이 건축이 단지 "목적 자체"만은 아니기 때문에 예술이 될 수 없다고 판단한다. 비록 모든 예술은 주관적이지만, 건축에는 분명히 사람이 말하는 고유한 수공, 곧 "손으로 하는 일", 혹은 전문 영역이라는 객관적인 영역의 핵심도 존재한다. 예술가가 되기 위해서는 광범위한 전문 지식이 필요하다. 그러나 이와 반대로 누군가가 광범위한 지식이 있다고 해서 반드시 예술가가 되지는 않는다. 예술은 주관성과 함께 시작한다. 스스로 예술가라고 주장하는 몇 사람의 경우 이 주관성을 찾아볼 수 있지만, 소위 예술가라는 사람들 대부분은 이 수공의 영역조차 정복하지 못하고 있다. 산문을 공장 제품처럼 생산해 내는 사람이 있는가 하면 시를 창작하는 사람이 있고, 거리의 악사가 있는가 하면 음악을 연주하는 사람이 있고, 조각상을 틀에 맞추어 찍어내는 사람이 있는가 하면, 조각상을 형상해내는 사람이 있으며, 단순히 집을 짓는 사람이 있는가 하면 건축가가 있다. 오직 섬세한 감정의 예술가만이 수공이 어디에서 멈추는지, 예술이 어디에서 시작하는지 구별할 능력을 갖추고 있다.

여러 예술 분야에서 건축이 차지하는 특별한 위치는 바로 수공과 예술이 연관되는 곳이다. 왜냐하면 건축에서 수공은 실용적 목적을 포괄적으로 다루기 때문이다. 마치 식탁에 푸딩이 제공될 때, 여기에 생크림이 곁들여지든지, 그렇지 않든지 상관없이 푸딩은 언제나 푸딩인 것과 같다.

결국, 예술이 요구하는 것, 곧 주제를 표현한 방식이 느껴지지 않는 곳에서는 오히려 단지 수공의 요구, 곧 순수 객관의 요구만 채워지는 것처럼, 한쪽의 요구만 충족하는 것으로서도 목적은 이룰 수 있다. 그러나 이런 상태라면 건축예술(Bouwkunst)은 존재할 수 없고, 단지 건축기술(Bouwkunde)[5]만 있을 뿐이다.

기능의 요구가 해결된 상태의 주택이라면 실제로 건축적 아름다움을 드러내지 못하더라도 살 만하다. 교회 건축물도 마찬가지로 네 개의 단순한 벽만 둘러 있고 지붕만 있으면 신을 경배하는 일은 가능하다. 최초의 기독교인들은 교회에 화려함이 전혀 없다는 사실에 오히려 자부심을 느꼈고, 개신교도들도 여기에 결코 예술을 요구하지 않았다. 오히려 이들의 예배에서는 모든 겉치레가 수치스러운 것으로 배격되었다.

우리는 통상 돌로 지어진 기념비적인 다리를 지날 때처럼 우리에게 익숙

•••

5) (역자 주) Bouwkunst 독일어 번역은 Baukunst, 영역은 Architecture이다. Bouwkunde의 독역은 Baukunde, 영역은 Construction이지만 Kunde가 '이미 알려진 것', '드러나 있는 사실'의 의미로 사용된다는 점에 주목하여 활용 가능한 수단의 의미로 기술로 번역하였다.

한 순수한 구조체로서 철재 다리를 편안한 마음으로 걸어 다니거나 차를 타고 지나간다. 또 우리에게 익숙한 순백색의 석고 재료로 된 단순한 형식의 홀에서, 잘 다려진 검은색의 연미복들은 마치 의상 카탈로그에서 도려낸 듯 보이게 마련이다. 이런 홀에서 교향악단이 연주한다면, 진정으로 아름다운 선들과 고요하고 섬세한 색채로 이루어진 홀에서와 마찬가지로 아름다운 소리를 만들어낼 것이다.

요약하자면 우리가 이런 요구를 예술을 통해서 혹은 예술 없이도 채울 수 있다는 사실은 바로 건물주와 건축가 사이에서 벌어지는 끊임없는 논쟁의 원인이다. 건물주가 예술에 대한 욕구가 전혀 없어서 단지 객관적이고 실용적인 요구만을 충족하고자 하는 경우가 바로 그런 상황이다.

누구나 이미 느끼고 있듯이 독일인이 말하는 "기능 건축물(Nutzbau)"[6]과 건축작품을 더 이상 구분해서는 안 된다. 사실 이런 구분은 터무니없다. 그러나 이런 분리는 이해하지 못할 것도 아니다. 왜냐하면 우리 시대는 아무리 형편없는 것이라도 모범으로 삼는 바람에 잘못된 길로 들어섰고, 구조적인 이유만으로 형성된 것들을 예술에 포함하지 않았기 때문이다. 사실은 그 반대의 상황이 절실하게 필요한 상황이다. 순전히 구조적인 것 자체는 아무리 단순하더라도 이미 예술의 요소들을 포함하고 있다. 그러므로 중요한 것은 이 요소들을 찾아내는 것이다. 이를 위해서는 대단한 능력이 필요하다. 왜냐하면 이 도움이 있어야 예술작품과 기능 건물의 구별이 없어지기 때문이다. 그리고 이 미덕뿐만 아니라 재능을 갖추고 있는 건축가도 필요하다. 오직 이러한 건축가만이 최소의 예술 소재를 통해서,

..

6) (역자 주) 베를라헤는 이를 독일어 원어로 표기하였다. 미적인 목적보다 용도를 충족하는 건축물을 지칭한다. 기능이 주된 목적이기 때문에 "기능 건축물"로 번역한다.

혹은 아무런 전승된 예술 소재 없이도 아름다운 작품을 창조해낼 수 있기 때문이다.

예술을 잘못 이해하는 경우는 예술 없이도 실용적인 요구 사항들을 아주 편안하게 충족할 수 있다고 생각할 때이다. 그런데 유감스럽게도 오늘날 도시 계획을 보면 이런 상황이 존재한다.

도시 계획 당국자들은 교통과 보건, 그리고 미의 지침을 긴 목록으로 작성한다. 이를 통해 과거의 도시들을 아름답게 만들었던 모든 것을 포괄적으로 다루어서 어떤 것이 허용되지 않는지 정확하게 규정하려고 한다. 어떤 독단적인 사항들이 이 건설 목록에 들어 있는지 언급하려면 내가 견딜 수 있는 것보다 더 큰 인내심이 필요할 것이다. 그렇지만 나로서는 그렇게 하고 싶은 생각이 조금도 없다. 나는 단지 어떻게 예술 없이도 아주 편안하게 우리 시대의 요구를 만족시킬 수 있다고 믿는지, 혹은 어떻게 이렇게 단지 하나의 형식으로 규정해서 예술의 문제를 도외시하는지 말하고 싶을 뿐이다. 교통 도로는 반드시 명확하게 규정된 넓이를 가져야 옳다. 가능하면 넓게 조성해서 가운데는 차도, 그리고 주거 건축물들의 양옆에는 인도를 두어야 한다. 여기에 건축물의 높이와 깊이를 다루는 일련의 법규들을 부가해야 한다. 이 규정은 때에 따라 구도시에서 건축물을 개조할 때도 해당한다.

모든 도로에는 꼭 필요한 세 종류의 관이 당연히 설치되어 있어야 한다. 배관을 곡면 도로보다는 직선 도로에 설치하는 것이 간단하므로 도로를 직선으로 내야 한다는 요구는 당연한 지령처럼 들린다. 두 도로 사이의 간격을 일정한 수치로 설정하고 그 도로들의 교차점을 직사각형으로 만들면 정상적인, 다시 말하면 토지를 편리하게 사각형으로 나누는 요구를 충족할 수 있다.

이 부분에서 사람들은 건축가에게 관대하다. 무엇보다도 건축가에게 이 문제로 무리한 요구를 해서는 안 된다고 보기 때문이다. 이런 마음으로 서로 모여서 화합한다면 크게 혼란에 빠질 일은 없다.

가장 훌륭한 해법의 평면이 불규칙한 토지에서 나올 수 있다고는 누구도 생각하지 않을 뿐만 아니라, 가능하다고도 생각하지 않을 것이다. 그러나 건축가로서는 비정형 사각형의 평면에 온 정신을 당연히 집중하여야 한다. 그리고 이것이 건축 작업의 출발점이 아닌가?

현대 도시 계획의 모든 체계는 직각으로 교차하는 도로들로 이루어져 있다. 그런데 장기판 모양의 건축물 블록 구성에서 대지가 우연히 삼각형으로 남게 되는 곳에서는 광장이 생기게 된다.

이외에도 여러 가지 독특한 규정들과 이해들을 보여주는 영역을 하나 더 첨가할 수 있다. 곧, 공공 건축물이다. 간단히 말하자면 이 건축은 중요한 기념비들이며 현대 도시의 확장에서는 무엇보다도 기념비들에 주의를 기울여야 한다. 그런데 그 규정들은 현대식의 보건과 교통의 요구를 최대한 손쉽게 해결하려는 목적으로 단순히 편의를 위해 입법된 것들임이 분명하다. 그러므로 여기서도 예술에 대해서는 전혀 논의할 수가 없다.

직각 도로 체계를 고수하면 반대로 시선을 집중시킬 수 있다. "정상적인 넓이"가 평온함을 주기 때문에 도로면에서 역으로 변화를 줄 수 있다. 이미 규정으로 묶여 있는 직선의 방식으로는 상승감을 느끼게 하는 도로가 있을 수 없다. 결과적으로 직각 도로 체계의 길에서는 우연히 얻게 될 아름다움은 불가능하다. 이 엄격한 규정은 철저히 지켜지도록 요구되며, 오래전부터 우리에게 익숙하게 알려진 방식들은 오히려 엄한 처벌을 받게 될 정도이다. 진입 계단, 앞뜰 정원, 지하실 입구, 아케이드, 변형 각도, 돌출부, 차양, 그 어떤 것이라도 결국은 웃음거리밖에 되지 않을 테니 의도하지 말라는 규정이다. 그 근거는 건축가가 따라야 할 신성한 계율이 있기 때문이라 한다. "건축가 여러분이 건물을 잘 짓기 위해서는 건축선(Fluchtlinie)을 존중하라. 그러면 지구상에서 여러분의 일은 오랫동안 지속할 것이다."

마지막으로 시대정신이 문제가 된다. 그것이 무엇인지 판단하기는 대단히 어렵지만 어쨌든 존재하고 있으며, 모든 것을 변화시키는 그 무엇이다. 오늘날의 방식에서는 유명한 과거 도시의 광장들은 도시의 대연회장으로서 그 의미를 완전히 잃어버렸고, 이제는 단지 채광을 수월하게 하거나, 나무를 심거나, 자동차를 세워두거나, 대규모 건축물이 들어설 수 있도록 존재할 따름이다. 광장의 목적에 대해 주의를 기울이지도 않는다. 심지어 왜 그래야 하느냐고 묻기까지 한다. 시청사가 반드시 시장에 면해 있어야 할 필요는 없다. 왜냐하면 시장은 이제 유리재의 건축물이기 때문이다. 과거에는 제후들의 사저, 귀족들의 궁전, 근위병들을 위한 로지아가 광장을 중심으로 서로 조화롭게 어울려 있었다. 그러나 세례당과 교회의 권좌로서 주교의 궁전이 있는 대성당 광장은 오늘날에는 과도한 사치가 되어버렸다.

이제 누군가 과거의 건축가가 작업을 위해 동원할 수 있었던 모든 수단이 우리에게서 사라졌다고 말한다면, 이는 전혀 과장이 아니다. 오늘날 우리 시대의 건축가는 입고 있던 의상마저 벗어버리고 말았다. 그런데도 점잖은 체하며 도로 위를 걸어야 할 운명이다. 싼값에 그럴듯한 의상을 구할 수 있는 가게들은 넘친다. 그런 곳에 가면 이미 만들어진 옷들이 다양하게 갖춰져 있을 정도이다. 그렇지만 이런 옷들은 그들에게 꼭 맞지도 않을뿐더러, 천박해 보이는 것은 당연하다.

그렇다. 새롭게 재단된 의상이 필요하다. 과거의 의상은 이미 사라졌고 더 이상 되찾을 수도 없다.

이러한 사실을 충분히 숙고한 사람이라면 잃어버린 의상에 더 이상 연연하지 않는다. "누구라도 애걸하거나 애처롭게 하소연한다고 해도 이루어낼 수 있는 것은 전혀 없다." 폰델(Vondel)의 작품에 나오는 지스브레흐트(Gijsbrecht)처럼,[7] 실용적으로 바라볼 수 있는 재능이 있어서 옛 모티브를 되돌리는 일은 절대로 불가능하다는 것을 알 만한 안목을 가진 사람이라면 이 경구를 떠올릴 것이다.

오늘날의 건축가라면 수많은 모티브들 가운데 하나라도 사용하고자 할 때, 그 어려움이 얼마나 큰지 잘 알 것이다. 내가 염두에 두고 있는 것은 진입 계단과 같이 공공 도로에 면해 있고 오늘날 일반적으로 유효한 건축미와 공공 교통의 상황에 직접 관여하는 모티브이다. 합리적인 목적으로 의도된 과거 건축물의 진입 계단은 도시 전체를 아름답게 만들었지만, 오늘날에는 이를 위한 자리가 더 이상 남아 있지 않다. 오히려 반대로 아직 남아 있을 수가 있다고 해도 가능한 한 철거되고 있다. 성문 아치를 통해 도로를 상부로 확장하는 것은 아무도 방해하지 않는다 해도 생각할 수 없는 일이다. 콜로네이드 같은 구조는 숙소가 없는 불량배들에게 잠잘 곳으로 여겨져 경찰에게는 눈엣가시가 되기 때문에 허용되지도 않는다.

그런데도 오늘날의 건축가는 아무리 원해도 잃어버린 것에 대해서 불평하면 안 될 것이다. 왜냐하면 이렇게 불평을 이겨낸 상태에서만이 우리가

: :

7) (영역자 주) 요스트 판 덴 폰델(Joost van den Vondel, 1587~1679)은 네덜란드의 "황금기"를 주도했던 시인이다. 그의 「지스브레흐트 판 암스텔(Gijsbrecht van Aemstel)」은 새 극장의 개관을 축하하기 위해 암스테르담시가 의뢰한 것이며, 1638년 1월 1일에 초연되었다. 이 연극은 주인공 지스브레흐트가 이끈 암스테르담시와 네덜란드 지역 사이의 전쟁을 다루고 있으며, 네덜란드에서 가장 널리 알려진 작품이다. 이 작품은 1641년에서 1968년까지 매년 새해 첫날에 암스테르담 시립극장에서 상연되었다.

현재보다 더 예술적인 시대를 시작할 수 있고, 그때라야 비로소 우리는 다른 새로운 디자인 요소들을 찾기 시작할 것이기 때문이다.

건축가의 직업은 수행하기에 대단히 힘든 일이다. 그리고 대중에게 제대로 인정받지도 못하기 때문에 자신이 사는 시대의 노예와 같은 처지일 수밖에 없다. 왜냐하면 시대정신은 그보다 더 큰 권력을 가지고 있기 때문이다. 그러나 다른 측면에서 보자면 이 건축가라는 직업은 인간 사회의 삶을 더 평안하게 만들려고 노력하기 때문에 무엇보다도 아름답다. 건축가는 우리가 살아갈 사회를 물질의 외피로 감싸는 창조자이기 때문에 우리가 입을 가장 편안한 옷의 모양을 찾아 나서는 사람이다.

사회가 변화를 겪게 되거나 전혀 새로운 환경이 전면에 나타나게 되면 언제나 예술도 다른 의상을 걸친다. 여기에서 변하는 것은 형식일 뿐이지 그 본질이 아니다.

19세기 말 현재의 사회는 새롭게 변했다. 이 사회가 전적으로 새로운 조직으로 천천히 그러나 분명하게 바뀌도록 준비되어 있고, 또 여기서 준비된 것은 많은 사람이 생각하는 것처럼 형태에서의 변화가 아닐지라도 결국 성공하게 될 것이다. 이 변화를 보고도 지각하지 못하는 사람은 마치 눈뜬장님과 같다.

사회가 평등하다는 원칙은 진정으로 아름답다. 이 원칙은 바로 세계라는 커다란 공장의 윤활유와 같아서, 그곳의 기계들이 힘찬 회전 바퀴에 의해 움직일 때 커다란 소리가 함께 울려 퍼진다. 이 작은 원칙은 덜그럭거리고 또 휘파람 같은 소리도 낸다. 처음에는 잘 들리지 않는 작은 소리지만 언젠가는 차츰 이 사람 저 사람의 귀에 들리기 시작할 것이다. 결국 많은 사람이 이 소리가 무엇을 의도하는지 알아차리게 되며, 어떤 의미인지도 분간할 수 있게 된다. 이제는 이것이 대규모의 집단으로 점점 더 크게 울려 퍼져, 마지막에는 모든 사람이 이 작은 존재가 무엇을 말하는지 알게 된다.

사회는 변모한다. 그리고 이로 인해서 사회는 반드시 새로운 의상을 요구한다. 과거의 의상은 대부분 낡고 낡아서 다 헤어진 상태이며, 아무리 수선하더라도 소용없다. 새로 덧댄 곳은 이내 다시 새로움을 잃게 될 수밖에 없고 누구라도 금방 이것을 알아차리게 되기 때문이다. 새로운 의상이란 우리 안에 내재해 있어서 우리가 진지하게 찾아내야 하고 새롭게 창조해야 할 새로운 양식이다. 이를 발견해낸다면 분명히 우리는 느껴보지 못했던 환호 속에서 이것을 맞이하게 될 것이다.

그런데도 어떤가? 19세기와 20세기의 양식들은 도대체 유행의 장난에 불과하니, 누군가 우리에게서 이것들을 떼어놓는다면 얼마나 좋을까!

내가 원하는 것은 이런 양식들이 아니다. 우리는 어느 때보다 내가 생각하는 미래음악(Zukunftsmusik)[8]에서 훨씬 멀리 떨어져 있다. 진지하게 음악을 듣는 사람이라면 이 미래의 음악이 아직도 들리지 않는다고 여길 것이 분명하다. 양식은 우리의 현대적 삶을 보여주는 거울이 되어야 하는데, 오히려 양식을 꿈꾸듯 다루는 사람은 얼마나 작은 정신을 소유하고 있는지, 무엇이든 헐뜯으려고만 드는지, 또 얼마나 짧은 생각만 하는지 한스러울 정도이다. 우리의 삶이 얼마나 다양하고 오늘날의 삶이 얼마나 민첩하게 돌아가는지는 이들에게 관심 밖의 일이다. 도대체 누가 이 세계 전체를 하나의 의상으로 입혀줄 창조자가 될 것인가? 도대체 어떤 민족이 아주 강

··

8) (역자 주) 미래음악(Zukunftsmusik) 개념은 바그너의 예술에 반대해 도입되어 사용되기 시작했지만, 바그너는 오히려 반대파를 향해 미래의 예술작품에 대한 자신의 이념을 의식하여 반대로 첨예화시켜 사용했다.

력해져 전 세계에 맞는 유행의 의상을 짓게 될 것인가? 그러나 이런 질문은 말하자면 모든 나라가 독립적으로 살던 시대에나 가능했다. 그 시대에는 어느 민족 하나가 항상 다른 민족들보다 더 강한 힘, 곧 권력의 발전을 통해 모범적 사례를 만들었고, 그 문화와 사회 형태, 그리고 유행, 곧 양식을 모방하였다.

그러나 오늘날과 같이 거대한 사회 이념이 발전해나가는 상황에서 각 민족은 각자의 고유한 의미와 자신의 힘, 그리고 개별성을 분명하게 의식하고 있으며, 그 자신의 예술도 명예롭게 지켜지고 있음을 알게 된다. 다른 민족들을 둘러보고 새로운 것을 배운다고 해도 이웃의 영향을 노예처럼 단순히 따르지는 않는다.

이러한 사실은 국가뿐만 아니라 개인의 성격에서도 고유하게 나타난다. 우리에게 도래할 위대한 양식은 우리에게 여전히 요원할 뿐이다. 그 이유는 오늘날 학교 교육이 과거로 퇴보해가고 있기 때문이다. 많은 능력 있는 예술가들은 스스로 발전해나가는 데에 학교가 오히려 해롭다고 질타하고 있다. 이러한 비판적 생각은 근거가 없는 것도 아니다. 이렇게 개인의 자주적 독립의 이념은 르네상스 시대의 결실이기도 했고, 19세기 후반부에 들어서서는 완숙의 경지에 이르렀다.

우리는 세기말의 예술가가 원숭이를 흉내 내지 않는다면 그들이 하는 모든 것을 견딜 수 있을 것이다. 충분히 완성도 높은 것은 아닐지라도 독창적이라면 공공의 의견에서는 세련된 모방보다 우위를 차지한다. 그래서 "있는 그대로를 보여주라."의 경구는 여러 면에서 예술가에게 요구되고 있고, 이것은 새로운 예술관의 승리라 할 만큼 중요하다.

이 개인주의는 회화의 영역에서 보편성을 획득하기에 이르렀다. 구체적으로 말하면 인상주의의 영역이다. 이것은 세부를 전체의 관점에서 다루는 이념이며, 보편적이고 큰 감동, 더 정확하게 말하면 각인되는 인상과 관련하여 세부는 전체에 귀속된다는 생각이다.

인상주의라고 말할 때 사람들은 일반적으로 하나의 상을 재현하는 것으로 이해하고, 객관이 아니라 주관이 표현의 주도적 역할을 한다고 이해한다.

시의 영역에서도 많은 시인은 이 인상주의를 지배적인 형식으로 받아들인다. 시는 조형예술 분야가 아니기 때문에 전혀 다른 방식의 인상주의가 존재하게 되는 것은 당연하다.

그런데 인상주의가 상세한 묘사를 거부하는 것에 이의를 제기하기는 어렵다. 오히려 그 반대이다. 왜냐하면 인상주의의 표상 방식이 올바른 것이기 때문이다. 모든 예술은 주관적이다. 곧 우리가 받아들이는 감각뿐 아니라 이 감각을 재현하기 위해 예술가들에게 작용하는 형식도 주관적, 곧 주체에 속하기 때문이다. 하나의 회화작품은 이내 사라질 인상의 모방을 보여준다. 그리고 모든 세부 사항을 한순간에 다 소화해낼 수 없다는 것도 보여준다는 점은 이미 알려진 사실이다. 그리고 어떤 작품은 작은 부분까지 묘사하고 있지만, 우리가 이것을 묘사한 그대로 보지 못한다는 비난 또한 옳다. 이 경우에 우리가 보지 못하는 것을 화가는 자신의 지식을 통해 회화작품에 담는다. 다른 한편, 인상주의가 과장되고 또 미리 사물들을 생략한다는 것도 이 원칙이 옳다는 점을 부정하는 논거가 되지 못한다.

내가 건축도 이와 같은 길을 가야만 한다고 확신을 두고 주장한다면, 이는 정말로 모방을 탐해서도 아니고 소위 새로운 방향을 향한 추파 때문도 아니다. 건축은 반드시 인상주의적이어야 한다. 왜냐하면 건축은 바로 하나의 실용예술이기 때문이다. 오늘날의 상황은 이를 위해 시의적절할 뿐만 아니라, 이를 당연한 것으로 우리에게 촉구하기도 한다.

어느 시대든 건축가는 회화에서 많은 것을 배웠다. 르네상스 시대는 화가에 의해 태동하였을 정도이다. 그러므로 오늘날의 건축가도 화가에게 배울 수 있으며, 반대로 화가도 최상의 건축 도면이 보여주는 엄정함을 여러모로 연구하는 것도 가능하다.

인상주의 건축이 무엇인지, 이 두 단어가 무엇을 말하는지 이해하는 것은 어려운 일이 아니다. 그런데도 이를 해명해야 할 것 같다. 왜냐하면 이미 오래전부터 잘 알려진 진실을 다시 언급한다는 인상을 주기 때문이다.

우선 포괄적인 접근 또는 매스의 분할이 가장 우위에 있어야 한다. 그런데 이렇게 말하면 어느 건축 세미나에서나 첫 시간에 소개하는 것과 다를 바가 없다. 건축물의 개념을 설정할 때 우선 조화로운 매스를 위해 고민해야 하고, 그런 다음 세부 사항에 집중해야 한다고 말하기 때문이다.

이 말은 여전히 유효하다. 그렇지만 더 정확하게는 다음과 같이 표현해야 한다. "조화로운 매스 분할"이라는 말은 "특징적인 외형(실루엣)은 단순한 하부구조와 조화를 이루어야 한다."는 의미이다. 단지 내가 강한 인상을 주는 외형이라고 말할 때는 박공널, 지붕창, 난간 혹은 탑처럼 솟은 형상물들과 같은 온갖 종류의 것들로 채워진 외형을 의미하는 것으로 오해해서는 안 된다. 이렇게 하면 많은 나의 동료들이 내 의견을 나눈다면서 자부심에 차 외칠 것이기 때문이다. "내 작품을 좀 보게! 자네가 의도한 것이 여기 있지 않은가."

이런 종류의 것에 대해서 나는 이미 충분히 봤고, 이제는 오히려 더 단순하고, 훨씬 순수한 특징을 가진 외형을 생각하고 있다고 다시 한 번 반복해서 말하고자 한다.

두 번째로 언급한 문장은 다음처럼 바꾸면 좋겠다. 우리는 디테일을 가능한 한 검약하게 제한해야 하고, 좀 더 풍요롭게 할 디테일은 눈에 특별히 띄는 곳에만 한정해야 한다. 이렇게 단순하고 겉으로 보기에는 아주 간단히 시공할 수 있는 계획안을 실제로 엄밀하게 시공하는 경우 우리는 어떤 인상을 갖게 될까?

보라, 거리의 풍경은 복잡하다. 그러나 여기에 맞서 붉은 회색의 거대한 벽면이 높이 솟아 있다. 위로는 흐릿하지만 뾰족하고 단순한 모서리와 아름다운 윤곽선의 벽면은 마치 공중에 떠 있는 것처럼 보인다. 화려하고, 자연처럼 모든 곳이 다듬어져 있으며, 수천 가지 색채의, 그런데도 고요한 자태의 이 벽면은 진한 색의 면들과 대비를 이루며 오직 몇 곳만 풍요로운 조각상들로 장식되어 있다. 그리고 대부분 단순하게 남겨져 일부분만이 섬세하게 의상처럼 장식된 곳. 이렇게 진지한 작품, 그것은 스스로 말을 걸어 오며 우리에게 감동을 준다. 이 작품은 세상의 혼란과 상실된 질서에서 벗어나 스스로 높게 솟아 있다. 몰취미로 인해 그 순수함을 완전히 잃지는 않은 것으로, 마지막 순간에 이르러 우리에게 생각을 바꾸도록 한다. 그리고 이 작품은 이상을 품고 있을 모든 젊은이에게 더 나은 일을 하도록 가르친다.

건축을 더 단순하게 정의하는 또 다른 근거가 우리 현실 가까이에 있다. 이 근거는 주관적인 것과는 다른 것이다. 바로 시간과 돈이 관련된 새로운 견해들이며, 이 둘은 우리를 압박한다. 다시 말해 도시와 관련하여 우리에게 새로운 정의를 내리도록 강요한다. 도로들은 길고, 자로 잰 듯이 반듯하고, 서로 직각으로 교차하고 공공 도로에 대해서는 전혀 손을 대지 못하도록 요구한다. 이런 종류의 도시 계획은 글자 그대로 모든 분야에서 과거의 계획들과 구별될 뿐만 아니라, 그 자체로 일반적인 단순화를 가리킨다.

예를 들면 "함께 사는(en masse)" 주거 건축에서 주거 블록은 매스로 이해되어야 한다. 블록 하나의 임대주택을 전체로 이해하는 대신, 오늘날에는 과거 네덜란드식 주택처럼 각 주택을 세밀하게 조절된 프로그램에 따라 지어서 지루한 단일성을 피하고 있다.

이러한 방식 그 자체는 반대할 것이 못 된다. 그러나 안타까운 것은 단지 그 결과가 박공판, 돌출 창, 모서리 탑, 지붕창, 첨탑 등이 서로 부조화를 이루어 구식이고 어디선가 훔쳐 온 듯 흉하게 사용된 장식재들(모티브들)로 마치 눈사태처럼 뒤죽박죽된다는 점이다. 이런 건축 방식을 막기 위해서 사람들은 균등하게 건축된 주거 블록들로 새로운 도로들을 채우고 있지만, 이런 모습의 인상은 미학적으로 발달한 사람 모두에게는 대단히 끔찍하다. 여기에 적용된 원칙은 실용적일 뿐만 아니라, 그 자체로 올바르며 누구에게도 비난받지 않을 것이다. 그런데도 이 원칙을 실행할 때 예술적 프롤레타리아(Kunstproletariat)가 창피함을 모른 채 생산에만 주력했기 때문에 세련된 솜씨라고는 전혀 없었다는 점이 문제이다. 마음에도 없는 가르침, 손쉬운 사용법들, 외국에서 수입한 물건들을 기껏해야 복사하거나 형편없는 물건들을 아무 때나 복제하는 일, 확신도 없이 그저 옛 네덜란드식이 되고자 하는 탐욕, 이런 것들이 얼마나 무차별적으로 자행되는가! 좋은 원칙이 나쁘게 사용되는 것을 지적하는 것보다 더 생산적인 논의 방식은 없다는 것을 깨달아야 한다. 각진 인상주의적 실루엣을 드러내면서도 다양한 입구에 미세하고 단순한 변화를 가미한다면, 집합 주거 블록은 얼마나 힘 있는 아름다움을 발산하고, 그 성격에 꼭 맞는 간명한 크기를 지니게 될까? 진지하게 고민하는 사람들은 공공 도로에 전혀 손대지 못하기 때문에 이제 이 실루엣을 가장 중요한 일로 여겨야 할 상황이 되었다.

게다가 이렇게 건축하면 새로운 주거지역에서 대칭의 문제, 곧 아찔할 정도로 정체불명의 수많은, 아니 수천 가지의 창문들에 특히 질서를 부여하려고 할 때, 반드시 이 대칭의 원칙을 적용해야 한다는 압박에서 벗어난다.

또한 불필요한 처마돌림띠도 전체를 위한 인상에는 아무런 영향을 주지 못하기 때문에 당연히 포기할 수 있다. 다행스럽게도 이 방식은 과거 네덜란드식을 빌려서 현대식으로 개조한 창문과 디테일에 설치된 모든 석재 블록을 더 이상 필요 없는 것으로 만들고 있다. 이 블록들은 잘못 이해되었고 엉뚱하게 적용되었기 때문에 이때의 정면은 마치 속이 잘 채워진 고깃덩어리의 단면처럼 보인다.

사람들은 건축물 자체뿐만 아니라, 일반적으로 건축 방식도 단순하게 하고자 한다. 두 번째 요인, 곧 건축의 속도에 관련된 시간 때문이다. 나는 바로 이를 지적하고 싶다. 그리고 이 속도의 문제는 임대건축물을 위해서도 꼭 필요하다.

건설 과정에서 속도를 높이면 건설비용을 대략 15퍼센트 정도 절감할 수 있으나, 조용히 앉아 고민할 시간이나 엉뚱한 실험을 할 기회가 주어지지 않는다. 건축가는 반드시 주어진 시간 내에 준공해야만 한다. 그렇지 않으면 이자 지급 요구로 건물주에게 손해를 끼치기 때문이다. 수많은 화려한 디테일, 조각물, 이 모든 것이 과거 낭만주의 시대에서는 건축물의 윤곽을 아름답게 하기도 하고 또 각별하게 만들어준 일도 있었다. 그러나 오늘날 이런 매혹적인 건축물은 더 이상 우리가 고려해야 할 대상이 아니다. 왜냐하면 우리에게는 이렇게 진지하게 건축물을 시공할 시간이 없기 때문이다. 오늘날 건축가는 실용의 관점에서 실무에 임한다. 그래서 이들에게 과거 건축 방식을 요구하는 일은 커다란 해악을 끼친다는 것은 누구나 잘 알고 있다. 다시 한 번 강조하지만, 오직 위기의식의 상황에서만 건축가는 건설 과정에 보조를 맞출 수 있다. 건축가가 해야 할 일은 세계 곳곳에서 생기는 모든 세세한 일에 관여하는 것인데, 우리나라처럼 기초 자원이 부족하고 산업 시설도 거의 갖춰져 있지 않은 곳에서 이 작업은 대단히 부담스러운 일이 아닐 수 없다.

　이렇게 건축가가 기초의 문제와 씨름하고 있는 와중에 이미 지붕의 장식은 새로운 문제로 떠오른다. 정면 디테일을 연구하고 있을 때면 이미 사람들은 실내 가구의 도면들을 요구하는 식이다. 지붕의 높이가 결정되지도 않았는데 실내장식을 위한 주문을 끝낸 상태여야 한다. 그렇지 않으면 몇 달 동안 기다려야 하기 때문이다. 이런 방식이기 때문에 능력 있는 예술가로 여겨지는 건축가들에게서 수많은 일이 생겨난다. 19세기 말의 건축가는 충분하지 못한 시간 내에 자신의 과제를 완성해야 하므로 거의 언제나 골치 아픈 상황에 봉착하게 마련이다. "시간이 돈이다."[9] 이 원칙은 그러므로 이들에게 더없이 자명해 보인다.

　이런 상황이기 때문에 건축가는 반드시 자신의 업무를 단순화해야 한다. 그리고 그가 예술적인 것을 창조하려면 아무리 뛰어난 능력을 소유하고 있어도 지금과는 전혀 다른 개념과 방식으로 작업해야 한다.

　사람들은 "건축가"는 여러 건축물을 한 번에 설계할 만큼 유능한 사람이어야 한다고 말한다. 더욱이 양식의 측면에서도 네덜란드식, 프랑스식, 독일 르네상스 양식, 고딕 양식, 로마네스크 양식 등 더 이상 알 수도 없는 양식으로 설계를 해야 한다고 한다. 작품의 숫자로 건축가의 능력을 재려는 사람에게는 이런 설계가 예술과는 전혀 관계가 없다는 사실을 말해주어야 한다.

　이런 건축물의 시공은 높은 수준에도 도달하지 못할 뿐만 아니라, 설계 사무소의 공간 하나만 있으면 가능하다. 예술은 주체의 주관성이 있는 곳에서 시작한다. 이 시대를 이해하고 또 그에 맞는 예술적인 것을 창조하려

9)　(역자 주) 베를라헤는 이 문장을 영어로 표기하고 있다.

면 건축가는 불필요한 것을 모두 내던져버려야 한다. 시간을 빼앗기만 하고 이 시대의 요구에도 부합하지 않는 모든 항목도 치워버려야 한다. 전체의 인상을 방해하는 것도 모두 치워야 한다. 고유한 특징의 커다란 면들을, 경계를 정의하는 선만을 추구해야 한다. 오늘의 건축가는 인상주의자가 되어야 한다!

처마 선도 방해되지 않으려면 그 전체가 건축물에 조화를 이룰 때뿐이다.

마지막으로 단순성에 이르는 세 번째의 중요한 요소가 있다. 그것은 돈이다. 더 정확하게 말하자면, 부족한 재원이다. 돈이 부족하다는 것은 우리 시대가 가난하기 때문이 아니다. 오히려 새로운 개념 때문이다. 거대한 건축물들을 위해서 이제는 거대 자금을 더 이상 동원할 수가 없다. 아주 드물게 행정부 청사와 같이 막대한 비용이 드는 건축물이 생긴다. 그러나 이제 더 이상 궁전과 같은 건축물은 지어지지 않는다. 르네상스 시대에는 궁전들이 결정적 역할, 곧 양식을 결정하는 요인이었다. 그리스, 로마, 이후에는 중세 성당 건축이 이 역할을 했다. 따라서 이들은 건축의 역사와 발전에서 커다란 의미가 있었지만, 이제는 시민의 주거 건축이 이 역할을 대신한다. 이 주거는 더 화려하거나 덜 화려하지만, 특별히 사치스러운 것은 거의 없다.

부를 획득한 시민들의 "궁전"들에 대해서도 더 이상 의미를 다룰 필요가 없다. 이들이 19세기 후반 건축의 발전에서 하나의 의미를 갖는다면 그것은 호기심의 충족일 뿐이다. 이제는 더 이상 오래 인내하며 사치스럽게 건축해야 하는 대성당의 시대가 아니다. 곧, 놀라운 아름다움으로 민족 전체가 자기 돈을 봉헌해가며 전적인 신뢰와 확신으로 신을 위해 봉사하는 것 이외에, 다른 어떠한 목적도 갖지 않는 건축물을 짓는 시대가 아니다. 그 비용은 너무 많이 들어 『천일야화』의 동화 속 왕자도 감당하기 어려울 정도였다. 이제 이 시대는 지나갔다. 상업을 통해 큰돈을 벌어 그 안에서 헤엄칠 만큼 부유하게 된 도시들이야 어떤 지출도 아까워하지 않고 시청사를 건축해서 시민들이나 후손들에게 권력과 부를 과시할 수도 있었다. 그러나 이런 시대는 지나갔다. 사치를 당연히 낭비로 간주하게 된 원인은 바로 강력하게 발전하고 있는 민주주의 원리에서 찾을 수 있다. 왜냐하면 공동체의 이익을 도모하는 많은 일들이 실행되어야 하며, 여기에 비용, 즉 많은 돈이 투자되어야 하기 때문이다.

정부가 건축해야만 하는 경우 비용을 최대한 줄이는 것은 가장 중요한 미덕이다. 이 시대는 대규모의 노동자 주거, 완전히 새로운 도시들을 건축할 것을 요구한다. 가난한 계층의 사람들이 사는 주거는 대단히 회화적인 성격이기는 하지만 실제로 건강에 좋지 않고, 또 낡은 상태이기 때문에 대체되어야 한다. 그런데 이 시민들이 어떻게 살고 있는지를 보면 그 주거 상황은 끔찍하다. 아무리 심장이 차가운 사람도 이들 주거가 어떤지 보게 되면 동정심을 가질 수밖에 없다. 그래서 새로운 주거가 필요하고 의심할 여지 없이 최소의 수단으로 실행해야 한다.

우리 시대는 광범위한 학교건축을 요구한다. 실용적이어야 하고, 여러 요구 사항에 들어맞으며 당연히 적은 비용이 들어야 한다. 저렴하고 또 저렴해야 한다. 정부는 어떤 요구 사항도 소홀히 하면 안 되기 때문이다. 사치스러운 학교건축을 요구한다면 이를 들어주는 것은 어려울 수밖에 없다.

건축가는 이 상황에 대응해야 한다. 의식적으로 이 어려운 요구를 효과적으로 수행하기 위해서 단순하지만 특별한 수단을 동원해야만 한다. 이런 이유로 건축가는 인상주의자가 되어야 한다. 왜냐하면 오직 인상주의적인 건축 방식으로만 이 목표에 도달할 수 있기 때문이다. 그리고 이렇게 해야 우리 시대에 부를 축적한 개인이 비용을 지급할 때 부지중에 경제적인 건축의 방향으로 갈 수 있다. 그리고 건축가도 무엇을 설계하든지 "비용이 얼마나 드는가?"라는 질문에 응해야 한다. 그가 답으로 적당한 비용을 제시하면, 자연스럽게 "좀 더 비용을 낮출 수는 없는가?"라는 대답을 듣게 된다. 이 상황에 덧붙이고 싶은 말은 우리나라 건축가가 이 문제로 인해 가장 많은 고생을 한다는 사실이다.

> "네덜란드인이 흔히 저지르는 잘못은 돈은 너무나 적게 내면서 요구는 너무나 지나치다는 점이다."[10]

적은 비용으로 건축하는 일은 대단히 어렵다. 그러나 이 요구가 과연 낙담할 만한 일인가? 건물주가 건축가에게 모든 부분에서 절약하라고 요구하면, 이미 이로써 건축가를 충분히 망연자실하게 만든 것이 아닌가?

아니, 전혀 그렇지 않다. 이것이 나의 대답이다. 나는 이 대답이 시간 개념을 더 잘 이해하고 또한 역사적 형태들을 둘러싸고 사사로이 논쟁하는 일에서 해방될 수 있는 유일한 길이라고 믿기 때문이다. 이렇게 해야만 단순성이 완전하게 이루어질 수 있고 이미 쓸모없게 된 형태들을 더 이상 찾는 일 없이 인상주의자의 이념에 도달할 수 있게 될 것이다.

나 개인으로서도 만약 어느 건축가가 최소의 건축비용으로 하나의 특징 있는 건축물을 창조해냈다면 그는 위대한 업적을 실천하였다고 생각한다.

∴

10) (역자 주) 베를라헤는 원문에서 이 문장을 영어로 표기했다.
"That is the fault of the Dutch:
He is paying too little and asking too much."

아름다움은 돈과 상관없다. 실제로 이것은 기정사실이지만 거의 어떤 건축가도 이해하지 못하고 있는 하나의 규칙이다. 그가 이를 실용적으로 증명하고 있어서 위대하다는 것이다. 이 규칙이 공공의 영역에서는 완전히 반대로 이해되고 있어서 더욱 위대해 보인다.

이 말은 전혀 모순이 아니다. 오히려 사람들이 큰소리로 외쳐대야 할 진실이다. 나는 여기에 다음 문장을 덧붙이고 싶다. 사치에 들일 돈이 적으면 적을수록, 특색 있는 해결을 위한 기회는 더욱더 많아진다. 왜냐하면 내가 확신하고 있는 것처럼, 오늘날의 건축가들이라고 하면 근본에 다시 도달하기 위해 지금까지 배운 모든 잡동사니 같은 형태들을 내다버려야 하기 때문이다.

게다가 돈을 지나치게 많이 쓸 수 있는 상태가 되면 결국 수많은 오해로 점철된다. 예를 들어 기차역의 실내장식을 사치스럽게 장식한다면 이는 과도한 일이 아닐 수 없다. 사람들이 이곳에 머무는 시간은 불과 몇 분인데, 이를 위해 엄청난 비용을 들여 치장한다는 것은 있을 수 없다. 대기실도 어느 가정의 거실처럼 꼭 그렇게 아늑할 필요는 없다. 이것은 여러 가지 예들 가운데 하나이지만 나열하자면 끝이 없다. 결론을 말하자면 오늘날의 건축가는 인상주의자가 되어야 할 것이다.

인상주의라고 해서 어떤 전혀 새로운 것이라고 믿어서도 안 된다. 그리고 이것이 지금까지는 알려지지 않았고 우리 시대에만 속하는 것도 아니다. 확신하건대 그렇지 않다. 과거의 여러 건축가를 연구해보면 그들 가운데 황금산의 정상에 서 있는 최고 건축가도 인상주의자였다는 결론에 도달하게 된다. 그리고 이들이 찾고자 했던 것도 위대한 순간들이었다. 장차 다가올 예술도 이미 존재했던 예술에서 이 한 가지를 배워야만 할 것이다. 대담하고 단순한, 그리고 대중을 사로잡게 된 선들의 구성이다. 이제 이 새로운 예술가들에게 주어진 과제는 이를 다르게 표현하는 것이다. 주제는 같을 수 있다. 그러나 이를 다르게 표현한다면 이 변형(Variation)은 우리에게 새로운 무언가로 비추어질 것이다. 예술이 우리에게 감정을 자극하는 유일한 것은 바로 그 형식이다.

우리에게 새롭게 주어질 다른 표현 방식은 기존의 것과는 다를 것이다. 왜냐하면 디테일, 더 정확하게 말하자면 장식은 이제 사라지게 되거나 무미건조해질 것이기 때문이다. 지난 과거 낭만주의 예술의 대가들은 온갖 화려함을 다 동원해서 전체와 여러 부분 사이의 조화를 보여주었다. 오늘날도, 어느 시대라도 이에 감동할 것이다. 앞으로 다가올 위대한 예술의 장인들은 많은 건축가에게 자부심이었던 수많은 디테일을 이제는 전적으로 포기하도록 노력해야만 한다. 그런데 혹시 이 과정에서 인상주의의 가치가 덜하거나, 혹은 재능이 덜해도 괜찮다고 여겨질까? 전혀 그렇지 않다. 이는 마치 우리가 노트르담 대성당과 파르테논 신전 가운데 무엇이 가치가 덜한지 묻는 것과 다르지 않다. 위대한 예술의 힘은 인상주의 예술에도 똑같이, 아니 더 나아가 더 많이 필요하다. 왜냐하면 단순하고도 위대한 아름다움은 말할 수 없이 어려울 뿐만 아니라, 우리가 크나큰 노력을 기울여야 비로소 이루어낼 수 있기 때문이다. 우리는 얼마나 오랫동안 이 노력을 그렇게도 복잡한 외형의 창작을 위해 남용해왔던가! 예술을 이렇게 만든 순진함이 이제 우리에게는 더 이상 남아 있지 않게 되었다. 아직도 남아 있어 우리를 방해한다면 이 잔재들을 이제는 내던져 버려야 한다. 이 일이 간단해 보이지만 실제로는 대단히 어려울 뿐만 아니라, 오직 탁월한 재능을 소유한 사람들만이 이렇게 순수하고 근본적인 예술을 창조할 수 있다.

건축가는 인상주의자가 되어야 한다!

이 시대가 우리에게 왜 이런 요구를 하는가라는 물음에 대해 나는 확신하고 실용적인 이유를 들어 설명했다. 이렇게 노도처럼 밀려와 우리를 움직이게 하는 것에는 이상적인 이유도 있다. 그리고 이들은 분명히 더 진지한 성격의 것들이다.

내가 서두에 말했던 사실, 곧 예술 없이도 건축물이 요구하는 모든 사항을 해결할 수 있다는 주장에 비추어보면, 결국 이 시대가 경제적인 이유뿐 아니라, 여러 다양한 종류의 생각들 때문에 절약을 강요하고, 또 어떤 방식으로라도 사치를 포기하려고 하는 시대이기 때문에 실제로 예술 없이도 지낼 수 있다는 생각도 가능하게 된다. 그런데 건축에서 어떤 비용의 추가 없이도 아름다운 작품을 창작할 가능성이 있다는 것을 증명하는 능력이 이제 더 이상 존재하지 않는다고 생각하면, 이는 진정 통탄할 일이 아닐 수 없다. 아무리 민주주의로 움직이는 사회라도 인간에게는 타고난 예술 의지가 있는데, 이 예술을 단지 건조한 방식으로 이해해서 모든 것을 유용성에 직접 들어맞게 하거나 사회의 공동이익에 봉사하지 않으면서 마치 범죄 취급을 하는 것은 걱정스럽고 두려운 일이 아닐 수 없다.

그러므로 이제 건축가들이 고민해야 할 것은 이 올바른 시대를 위해 타당한 예술로, 다시 말하면 추가 비용을 요구하지 않는 예술로 무장하는 일이다. 이들이 이러한 준비를 하지 못하면 엔지니어들이 이 과제를 빼앗아 갈 것이며, 이들에게는 "용도 건축물"의 제작이 주된 업무가 될 것이다. 이 단어는 오늘날 건축가들의 귀에는 날카롭게 들리겠지만, 미래에는 사람들이 모두 이 이름을 모든 건축물에 붙여줄 것이기 때문에 다르게 들릴 것이다. 건축가들이 이 위대한 인상주의의 예술에 주목하지 않으면 그들의 과제는 이 지구상에서 사라질 것이다. "세상의 명성은 이렇게 사라진다.

(sic transit gloria mundi)"[11] 그러나 그들이 준비되어 있다면, 앞으로 다가올 세대들은 과학적인 건축가(Baumeister)를 예술가와 구별할 수 있을 것이며, 건축가를 엔지니어와 구별하게 될 것이다. 이렇게 된다면 건축가들의 일은 앞으로도 존속하게 될 것이다. 왜냐하면 우리 인간은 예술이라는 이상(Kunstideal) 없이는 살아갈 수 없기 때문이다.

건축가라면 반드시 시대와 함께할 수 있다는 것을 입증해야 한다. 왜냐하면 이렇게 해야만 미래에도 여전히 일을 할 수 있기 때문이다.

더 나아가 건축예술에서 위대한 인상주의를 이해해야만 하는 또 다른 이상적인 이유도 존재한다. 중세 이후 건축은 점차 예술 영역에서 자신의 위치를 잃어버렸다. 건축예술은 더 이상 조각과 회화를 자신의 목적을 위해 이용할 수 없고, 더 이상 주도권도 갖지 못하게 되었다. 그 이후의 시대에도 이 세 자매예술은 각자 자신만의 고유한 길을 가게 되었다. 건축예술은 이제 지위가 낮아져서 이 세 예술 가운데 가장 미천한 것으로 여겨졌다. 중세와 고대에서는 그렇게도 높은 위치에 서 있었고, 스스로 아름다우며, 자부심에 차 있고, 다른 자매예술들로부터 존경을 차지하던 이 건축예술은 이제 이미 말했던 것처럼, 많은 사람이 예술로 여기지도 않을 지경에 이르렀다.

19세기 후반에 이르러 수많은 능력 있는 예술가의 노력 덕분에 오랫동안 화가와 조각가들조차도 건축이 예술인지 의심할 정도로 일방적이었던 생각은 이제 전적으로 건축예술을 인정하는 방향으로 바뀌게 되었다. 오늘날에는 모든 예술이 공존하고 있는 것을 눈으로 목격할 수 있다. 이렇게

..
11) (역자 주) 이 라틴어 속담은 솔로몬의 반지와 관련된 히브리어 "감 쩨 야아보르(gam zeh ya'avor)", 다시 말해 "이 또한 지나가리라."라는 말과 같은 맥락이다.

예술들이 서로 어울려 위대한 이상에 도달하려는 노력은 어느 시대라도 마찬가지였다.

　재능 있는 화가와 조각가라면 회화와 부조를 박물관에 보관하기 위해서가 아니라 실제로 건축물 장식을 위해 창조하려고 할 것이다. 위대한 기념비적 프레스코 시대의 회화작품이 건축예술에 대한 경외심에 가득 차, 커다란 벽면을 장식하며 의미를 표현한 것과 마찬가지이다. 이들은 건축을 부정하지 않고 오히려 보완하려고 하는 자세로 자신들의 작품을 통해 보여줄 의미를 우리 눈에 생생하게 펼쳐 보였다. 이들 화가와 조각가는 자신들의 위대한 예술을 선과 면으로 이해하며 건축가들에게 손 내밀고 있었다. 오늘날에도 건축가들이 무지로 인해 이 손들을 뿌리치지 않고 잡기를 바랄 뿐!

　이 새로운 예술을 이해하고 최상의 창조적 능력을 갖춘 예술가가 이 위대한 단순함을 자신의 예술에서 표현할 때, 그리고 이때에만 그는 과거의 시대처럼 미래의 위대한 예술에서도 주도권을 차지하게 될 것이다.

「건축예술의 양식에 관한 고찰」

Gedanken über Stil in der Baukunst

1904

「건축예술의 양식에 관한 고찰」 1922년 네덜란드어 출판 표지
(표지 그림: 요한 브리데 Johan Briedé)

출처: H. P. Berlage, *Gedanken über Stil in der Baukunst*(Leipzig: Julius Zeitler, 1905)

사실 우리 시대 현대라는 것은 사려 깊음이다.

—페르베이(Alb. Verwey)

몇 달 전 어느 아름다운 가을날 저녁 나는 브뤼헤의 "사랑의 호수(Liebesteich)"를 가로지르는 돌다리 위에 서 있었다. 마침 석양이 지고 있었고, 도시와 전원을 붉게 물들이며 그 무엇에도 비교할 수 없는 가을 저녁의 분위기가 대기를 감싸고 있었다. 말보다는 침묵이 어울리는 풍경이었다.[1]

오른쪽으로는 플랑드르 초원이 펼쳐져 있었다. 우리 네덜란드 사람들은 이 언덕을 그 무엇과도 바꾸려 하지 않는다. 소들이 노닐고 나무들로 둘러싸인 목초지 사이에 넓은 시골길이 나 있다. 그리고 네덜란드의 풍경을 대

∴

1) (영역자 주) 1905년에 독일어로 출판된 이 글은 이후에 "Beschouwingen over stijl"이라는 제목으로 네덜란드에서 출판되었고, 베를라헤의 텍스트 모음집인 *Studies over bouwkunst, stijl en samenleving*(Rotterdam: W. L. & J. Brusse, 1910)에 실렸다. 네덜란드 본에서 이 텍스트는 페르베이의 인용구, "Het eigenlijk moderne, in onzen tijd, is bezonnenheid.(사실 우리 시대 현대라는 것은 사려 깊음이다.)"로 시작한다.

단히 매력적으로 만드는 요소인 수공간도 존재한다. 수공간은 넓은 강이라기보다는 다양한 작은 물길들인데, 이들이 초원을 여러 곳으로 나눈다. 이 도시에는 오래된 성곽이 여전히 남아 있다. 요새는 무너졌지만, 해자는 흙으로 메우지 않아 바닥이 드러난 채로 있고, 예전의 문들도 차량 통행을 위해 철거하지 않은 채 남아 있다. 누구라도 브뤼헤의 교통 문제를 생각하면, 실로 웃음이 나온다.

새롭게 조성된 구역은 없다. 이 때문에 도시 운하를 따라 내륙 쪽으로 있는 단독주택이나 공방들, 창고들이 지금도 도시에서 시골로, 고지대에서 저지대로 자연스럽게 이어지고 있다.

도시 왼편으로는 석양 때문에 지붕들이 평상시보다 더 붉게 물들어 보이는데, 이 색조는 연못의 수면 위로도 강렬하게 투영되고 있다.

놀랍도록 섬세한 색조를 띤 노트르담 성당과 생소뵈르 성당[2]의 탑들은 집들 위로 솟아오른 나무들과 조화를 이루며 장중한 분위기의 풍경을 자아내고 있다.

이 모든 광경은 숭고한 고요함 그 자체이다.

이러한 광경을 보노라면 온갖 생각이 떠오른다.[3]

나는 아침 일찍 식사도 하기 전에 산책을 나섰다. 자그마한 과일 가게에 도착했는데, 그곳은 시장은 아니었다. 강둑을 따라 나무가 줄지어 선 운하 옆에 좌판이 마련되어 있었고 여인네들이 그곳에 앉아 있었다.

• •

2) (영역자 주) 생소뵈르(Saint-Sauveur)는 브뤼헤의 대성당(cathedral)이다.

3) (역자 주) '양식'을 고찰하는 이 글은 다소 감상적인 어조로 시작되는데, 그 이유는 다의적이다. 베를라헤는 양식을 논하기 전에, 당시의 사회 경제적 상황들에 대한 소회를 밝힌다. 특히 '자본'의 지배를 비판하며 민중의 승리와 이를 통한 공동체의 표상인 건축의 회복을 주장한다. 역사적 질곡을 겪은 브뤼헤의 해질 무렵 풍경은 이렇게 암울한 자본의 시대 속에서도 우리가 지향해야 할 도시 풍경의 아련한 초상으로 비친다.

이 가게 옆에는 경사진 다리가 솟아 있었고, 다리의 아치가 운하의 잔잔한 수면 위를 가로지르고 있었다. 선창가에서 나는 그야말로 혼자였다. 그 후에 나는 운하를 따라, 자갈들 사이로 풀이 자라난 적막한 거리와 골목길을 지나다니며 도시 전체를 배회했다. 모든 길가에는 같은 모양의 작은 집들과 계단 모양의 박공지붕들이 줄지어 서 있었다. 그런 다음 나는 중앙 광장으로 갔다. 시장 건물의 육중한 탑은 아래쪽의 텅 빈 광장을 내려다보고 있었고 그 광장에는 국가의 두 영웅인 브레이델(Breydel)과 데코닝(De Coninck)의 조각상들이 어울리지 않게도 외로워 보였다.[4]

나는 시청사에 이르게 되었는데 훌륭한 고딕 양식의 건물이었다.

단순한 선들로 놀랍게도 균형을 이룬 오래된 로마네스크 교회의 입구를 지나갈 때는 기도가 절로 나왔다.

나는 노트르담 성당에 부속된 채 경이로운 건축물 군을 이루는 오래된 귀족 저택을 방문했다. 이 주택은 완벽하게 수리되었고 내부는 여전히 예전의 아름다움을 간직하고 있었다.

같은 날 늦게 성 요한 병원[5]과 시립 박물관에서 나는 아름답고 뛰어난 중세의 회화작품들을 보았다. 그런 다음 앞에서 말한 것처럼 사랑의 호수를 가로지르는 다리 위에 선 채, 멋진 일몰 풍경에 빠져들었다.

∴

4) (영역자 주) 얀 브레이델(Jan Breydel, 1264-1330년경)과 피터 데코닝(Pieter de Coninck, 약 1255-1332 혹은 1333)은 1302년에 플랑드르가 프랑스에 대항해 일으킨 유명한 봉기를 이끌었다. 그 결과 5월 18일에 프랑스 수비대는 대대적으로 학살되었고(브뤼헤의 아침 Brugsche Metten), 플랑드르 코르트레이크에서 벌어진 황금 박차 전투(Guldensporenslag, 쿠르트레 전투)에서 강력한 프랑스 군대는 패배했다. 이들의 공훈을 기리기 위해 청동 조각상 두 점이 P. 데 비뉴(P. de Vigne)에 의해 제작되었다. 이 조각상은 1887년에 브뤼헤의 마르크트 광장에 세워졌다.

5) (영역자 주) 플라망어로는 Sint Jans Hospitaal, 프랑스어로는 Hôpital Saint-Jean.

갑자기 운하의 둑 위에 흐릿하게 솟아 있는 어떤 것을 보았는데, 그것은 그야말로 풍경 한가운데에서 하늘을 향해 비명을 지르고 있었다. 공장의 굴뚝이었다. 바로 그 순간에 나는 19세기에 사는 우리가 잃어버린 것이 무엇인지 깨닫게 되었다. 비록 지금 이 도시는 죽었지만, 생명력으로 가득했을 600년 전에는 어떤 모습이었을지 회상하게 되었다. 그리고 현대의 대도시를 생각해보았다. 긴 도로와 전차, 철도역, 그리고 이곳에 속한 모든 것들. 이렇게 비교해보니 깊은 절망감이 엄습해 왔다.[6]

기술과 산업 분야가 아무리 발전했다고 하더라도, 이전 시대에 존재했던 것과 비교할 만한 것을 우리에게 줄 수는 없기 때문이었다. 바로 아름다움과 관련된 것이다. 내가 말하고 싶은 것은 아름다움이다.

상황을 아무리 좋게 보려고 해도 19세기는 추함의 세기였다고 주장하는 데는 무리가 없다. 이것은 하나의 시대에 관해서 내릴 수 있는 최악의 평가이다. 이렇게 전혀 달갑지 않은 판단을 내리기 위해서는 모든 것을 침착하고 냉정하게 바라보기만 하면 된다. 이때 인위적인 꾸밈이 없는 시대에 사는 우리를 쉽게 유혹하고 모호하기만 한 아름다운 것에게 우리의 마음을 빼앗겨서는 안 되며, 그 가치를 과대평가해서도 안 된다.

19세기는 추함의 세기였다. 우리의 부모와 조부모, 그리고 우리 자신도 이전의 어느 때보다 추한 환경 속에서 살아왔고 여전히 이러한 환경에서 살아가고 있다. 다시 반복해 말한다. 모든 것을 침착한 눈으로 바라보라. 여러분은 우리가 오늘날 가지고 있는 것을 과거 시대의 것과 비교해본

6) (역자 주) '굴뚝'에 함축된 자본주의 도시의 암울한 풍경은 19세기 사회주의 문학과 미술의 단골 주제였다. 「예술과 사회」에서 마르크스를 언급하기도 했던 베를라헤는 굴뚝의 이미지에서 노동착취의 현실도 읽어내고 있다.

다면, 오늘날 부모님들이나 우리가 사용하는 그 어떤 오브제도 아름답다고 할 수 없다. 그에 반해 여전히 우리의 마음을 사로잡는 것은 대체로 이전 시대에서 유래된 것이 확실하다.

지금의 주택 내부를 들여다보면, 우리는 소위 가정용품이라고 불리는 잡동사니 같은 물건들에 아연실색하게 된다.

그 안에는 의자, 탁자, 화병조차 조금이라도 우리를 만족시키는 것이 없다. 우리가 절망하거나 화를 내지 않는 유일한 이유는 애석하게도, 혹은 어쩌면 운 좋게도 그 모든 것에 길들며 성장해왔기 때문이다.

주택 자체를 살펴보면, 사람들은 칭찬하지만, 최악의 대량생산물인 투기성 건물은 건축예술이라고 부를 수 있는 유형과는 전혀 상관이 없다. 건축가 주택을 아무리 잘 설계해도 이러한 투기용 건물들을 이겨낼 수 없는 상황이다. 이 생산물들이 어떻게 가능하게 되었는지 아무리 생각해도 처음부터 좋은 결말을 전망할 수 없다.

바로 이 대량생산이 우리 도시의 주변부를 파괴하고, 외곽의 녹지에 이르는 길을 거칠게 만들었기 때문에 도시에서 시골로 이어지는 그 멋진 모습은 황폐화되고 말았다.

우리의 도시는? 우리의 새로운 도시구역들에 대해 도대체 무슨 말을 할 수 있을까? 환형 도로는 구토가 날 지경이다. 아! 거기에 사치스러운 건물들만 없었어도!

물론 그 가운데 많은 상업 건물과 사무소 건물은 재능 있는 건축가가 설계한 것도 있다. 마찬가지로 많은 개인 주택 중에는 거주자가 편안함을 느끼는 것들이 있다. 그러나 "화려하게 치장된" 건물들은 여전히 내겐 역겨울 뿐이다. 서로 경쟁하는 대로변의 파사드는 끔찍하기까지 하다.[7] 왜냐하면 많은 질적인 문제를 제쳐두더라도 이 새로운 기념비적인 건물들에는

"증권거래소의 상세"

결정적으로 '어떤 무엇인가'가 빠져 있기 때문이다. 이전 시대에 이것은 아무리 평범한 주택이라도 우리에게 감명을 주는 것이었다.

맙소사! 좀 더 많은 화강암을 사용했다고 우쭐대듯 이웃과 끊임없이 경쟁해야만 할까? 기둥을 화강암으로 처리하거나 주두를 도금하면 무엇인가

:.

7) (역자 주) 재개발이라는 이름으로 구도시가 정비되고 도로가 넓혀지면서, 대로를 에워싸는 건물들은 저마다의 파사드로 시선을 사로잡고자 했다. 빈의 링슈트라세가 대표적 사례인데, 이 환형대로 조성을 추진한 합스부르크 왕가는 젬퍼를 비롯한 여러 건축가를 불러들여 권력을 미적으로 드러낼 수 있는 정면의 건축물을 요구하기도 했다.

매력적인 것이 그 안에 있다고 생각하는 듯하다. 창문부터 지붕에 이르기까지 난간 장식을 하거나 건물 모서리마다 돌출 창이나 둥근 지붕을 두면, 이런 것들에는 아주 유혹적인 무언가가 있는 것처럼 여겨지는 모양이다. 그러나 그렇게 하지 않았더라면 옳은 답이 되었을 텐데! 이 문제는 나중에 좀 더 다루기로 하자.

넓은 도로가 나 있는 우리의 새로운 도시들은 어떨까? 단조롭고 공허하기 짝이 없는 크고 넓은 도로라니. 내 말은 사람이나 교통수단이 없다는 것이 아니라, 그곳에 예술적 내용이 빠져 있다는 뜻이다. 따라서 우리는 중세 도시의 좁은 골목길을 애타게 그리워할 수밖에 없다.

그리고 빌라들이 모여 있는 도시공원도 더 나을 것이 없다. 다시 한 번 나는 빌라들이 있는 공원에 대한 내 혐오감을 억누를 수가 없다. 그 이유는 똑같다. 비록 건물 하나하나에는 노력과 재능이 엿보이지만, 모두 통일성이란 찾아볼 수 없는 끔찍한 대량생산품이다. 시골집도 도시의 기념비적인 건축을 닮아가고 있다. 있을 법한 모든 건축 프로그램이 심지어 조그만 집에도 강제로 적용되고 있다. 작은 탑과 조그만 돌출창, 발코니, 중세풍 창유리 등.

그리고 수많은 도시의 상점들, 수많은 상품이 나열된 현대식 백화점의 내부 사정은 도대체 어떤가? 그곳에 가면 우리는 무엇이라도 살 수 있고, 도대체 살 수 없는 것이 무엇인지 기술하는 것이 불가능할 정도이다. 이 상점들에 쌓인 물건들을 보면 우리가 위에서 거론한 내부는 오히려 더 이상 놀랍지도 않다. 이 점은 너무 자주 언급되었기 때문에 이미 앞서 말한 것을 다시 반복할 필요는 없을 것이다.

우리는 추함의 시대에 살고 있다. 우리 시대는 예술적 표현이 부족할 뿐만 아니라 정신이나 지성의 차원에서도 추악했고 여전히 그렇다. 이 말은 우리에게 지식인이 없다는 말이 아니다. 오히려 학문, 특히 자연 과학 분야에서 뛰어난 석학은 셀 수 없이 많다. 그러나 정신의 영역에서 추함을 언급할 때 내가 의미하는 것은 인간 존재의 공통적 목적이라고 부를 수 있는 무엇, 곧 목적을 향해 함께 노력하는 마음이 완전히 빠져 있다는 사실이다. 삶에서 헌신할 대상이 결여되어 있다. 궁극적으로는 교육이 아니라 문화의 결여이다. 왜냐하면 우리는 선조들보다 더 많이 교육받고 있으며, 화형과 종교 재판, 노예들은 더 이상 존재하지 않기 때문이다. 하지만 문화는 교육과 전혀 다르다. 한 사회가 함께 노력한 결과와 정신적 핵심과 그것의 물질적 투영체인 예술 사이의 조화가 바로 문화 아닌가?

인류는 공동체의 측면에서 보면 더 이상 이상을 가지고 있지 않다. 공동체적이며 정신적 이해관계는 개인의 이해, 그것도 순전히 물질적인 속성인 돈에 의해 대체되어버렸다.

이렇게 널리 알려진 이 사실을 내가 다시 반복하는 일은 불필요하다고 할 수도 있을 것이다. 지극히 옳은 생각이다. 그러나 우리는 예술이 타락하는 과정에서 경제적 이유를 무시할 수는 없다.

금융자본의 지배가 낳은 온갖 죄악 중에서 가장 심각한 것이 있다. 바로 본질을 위해서 외형에 가치를 두는 것이다. 따라서 자본은 물질적 기만뿐만 아니라 정신적 기만이 왕좌에 오르는 데 일조했다. 자본이 성장함에 따라 자본에 대한 숭배가 뒤따랐고, 그것도 정신적인 숭배였다. 이로써 최악의 상황이 초래되었다. 욕심 없는 마음은 덕목이 아니라 어리석다고 여겨졌다.

돈은 예술을 포함해 모든 것을 가능하게 만든다. 돈을 많이 들일수록, 더욱더 예술적이라는 것이다. 이로써 이제는 원인과 결과를 혼동하게 되는 치명적인 일이 벌어진다. 무언가 비싼 것이라면 그것도 예술이라는 것이다.

예술의 문제에 관해서 대중은 완전히 판단 능력을 잃었기 때문에, 자본에 대한 이러한 숭배는 무엇이든 비싼 것이 예술로 여겨진다는 심각한 결과를 초래했다.

따라서 우리의 주제인 건축예술의 차원에서는 서로 더 비싼 재료를 사용하려는 경쟁이 일고 있다. 이 사실의 끔찍한 결과는 재료를 모방한다는 것이다. 왜냐하면 진짜 재료의 비용을 지급할 수 없는 사람은 당연히 똑같은 효과를 위해 모조품을 찾기 때문이다.

이제는 지성의 영역에서와 마찬가지로 예술에서도 외형은 본질을 대신하고 있다. 기만이 예술을 지배하고 있다. 이렇게 철저하게 이용된 자본이 어떤 황폐한 결과를 초래했는지는 누구나 잘 알고 있다. 거짓말은 규칙이 되었고, 진리는 예외가 되었다. 그리고 소위 공식적인 진리는 항상 진정한 진리 옆에 비켜서 있다. 다시 말해 이 진리는 거짓으로 여겨진다.

이쯤에서 막스 노르다우(Max Nordau)를 거론하려고 한다. 그가 문제작을 저술한 데는 분명히 충분한 이유가 있었다.[8]

본질을 위한 외형. 이것은 오늘날 구호가 되었다. 돈이 많이 든 것 또한 예술이다. 이러한 맥락에서 특이한 사실 하나를 거론해야 할 것 같다. 오늘날처럼 인위적인 꾸밈이 없는 시대에 오히려 회화작품들이 자신의 주장을 펼치고 있을 뿐만 아니라, 이 회화예술이 커다란 일을 해냈다는 점이다.

..

8) (영역자 주) 원래 쥐트펠트(Südfeld)라는 이름의 막스 시몬 노르다우(Max Simon Nordau, 1849-1923)는 부다페스트에서 태어났다. 그는 의사로 교육받았으며, 파리에서 일을 시작했다. 이곳에서 그는 일하던 시간 대부분을 보냈다. 조지 모스(George L. Mosse)가 지적했듯이, "그는 그 세대에 속했던 사람들이 부러워할 정도로 그렇게 특유의 충만한 열정으로 9편가량의 소설과 단편 소설, 희곡 7편, 15편의 에세이와 문화비평문을 썼다. 이 중에 몇 작품은 여러 권의 분량이었다. 말년에 그는 시온주의에 바치는 연설문과 글들을 발표했다. 노르다우가 지적 규율과 권력 의지를 지속해서 강조했다는 점이 조금은 의아하다."

이렇게 복잡한 상황에서는 어떤 것에 대해서도 확고한 결정을 내리기 어렵고, 또 원인과 결과를 정확하게 구분해내기도 어렵다. 그리고 사회적 관계의 상호작용을 주목하면 특히 더 그렇다. 개인들의 독점적인 이익을 위해 더 고가로 팔리는 그림들, 곧 회화예술의 호황이 자본의 주도권과 연관되어 있음은 의심할 여지가 없다. 이것은 서글프지만 사실이다. 곧 미술 작품은 냉정한 물질 만능의 거래상들에 의해 사고파는 상품이 되었고, 거래상이 없다면 이제는 화가도 존재하지 않게 되었다.[9]

그리고 다음과 같은 결과들이 생긴다. 대부분 백만장자는 더 비싸게 미술품을 사들이며, 미술품이 더 고가일수록 더 뛰어난 예술을 소장한다고 생각한다. 어쨌든 그들은 이것을 좋은 투자라고 생각한다. 화가의 명성은 자본화되고 있다. 예술은 그 본연의 내적 가치가 아니라 돈에 따라 정해진다. 그렇다고 고가를 지급한 모든 미술품이 예술을 대변하지 않는다는 말은 아니다.

"본질을 위한 외형"이라는 이 표어, 다시 말해 기만 혹은 비싸게 지급한 외관예술(Scheinkunst)[10]로 인해 가장 피해를 많이 입은 예술은 무엇일까? 그것은 바로 건축이다. 일차적으로는 부자가 되기 위해, 이차적으로는 부자처럼 보이는 외형을 위해 이곳에서 어떤 일이 벌어지는지 얼핏 보기만

..

9) (역자 주) 백화점의 사례를 통해 '상품의 물신화'를 짧게 지적한 베를라헤는 여기에서 예술의 '상품화'에 대해 거론하는데, 이것은 그의 작품인 암스테르담 증권거래소를 생각하면 역설적이기도 하다. 증권거래소는 '상품과 자본의 거주지'라고 할 수 있다. 베를라헤는 이러한 건물에 고딕 성당의 형태와 구조를 현대적으로 표현했다. 물론 중앙의 거대한 홀을 통해 공동체적인 공간을 의도하긴 했지만, 건물의 프로그램과 건축가의 의지, 즉 자본과 공동체는 자본주의 사회에서 평행선을 달리는 개념들일 뿐이다.

10) (역자 주) 'Schein'은 철학에서는 '가상'으로, 미학 분야에서는 '외형'으로도 번역된다. 여기에서는 대상이 건축물인 속성을 반영하여 외관으로 번역한다.

해도 자명하게 인식할 수 있다. 그 유명한 환형 도로는 이러한 외관예술의 가장 뚜렷한 증거이다. 그리고 유감스럽지만 솔직하게 말하자면, 이 점과 관련된 가장 최악의 사례는 분명히 독일에 있다고 할 수 있다.

이 사태의 원인 역시 그리 멀리 않은 곳에서 찾을 수 있다. 1870년 전쟁이 벌어진 이후 독일은 대대적인 산업의 호황과 이에 따른 국가의 부가 축적된 곳이다. 부는 항상 건축에서 가장 단적으로 드러난다. 돈을 많이 버는 사람이 호화로운 주택을 짓는다.

급속하게 축적된 이러한 부와 이에 상응하는 표현에서 발견되는 특징은 건축에서 다소 과시적인 성격으로 드러난다는 점이다. 한편으로 이런 경우의 건축물은 고가이기도 하지만, 다른 한편으로 그것은 외관건축(Scheinarchitektur)[11]일 뿐이다. 이것은 결코 아름다운 건축이 아니며, 너무나도 아름다운 전통을 지닌 국가가, 힐데스하임이나 뉘른베르크와 같은 도시가, 또는 브뤼헤를 연상하게 하는 도시들 혹은 아름다움에서 브뤼헤보다 더 뛰어날지도 모를 도시들이 보여줄 수 있는 것은 아니다.

이 건물들에는 손대지 않은 곳이 없을 뿐만 아니라, 구조적으로 기만이 아닌 것이 없다는 것은 그저 놀라울 따름이다. 외관건축은 아주 뿌리 깊이 만연해 있어서 심지어 새로 들어선 함부르크 시청사에서도 드러난다. 이 건축물은 흔히 최고의 건물로 여겨지지만 내가 아는 한 이 건물의 신축에 7명의 건축가가 참여했다. 그러나 이 건물의 "육중한" 화강암 기둥은 단지 외관건축일 뿐이다. 왜냐하면 기둥들은 육중하지 않으며, 더욱이 이 화강암조차도 그저 모조품일 뿐이기 때문이다.

: :

11) (역자 주) 베를라헤의 주장에서 '외관건축'은 '건축예술(Baukunst)'의 반대에 있는 것이며, 건축예술의 회복을 통해 극복되어야 하는 것이다.

모방의 외관건축, 다시 말하면 기만이 이렇게 지명도 있는 건축물에서 발견된다면, 다른 건물들에서 이런 일이 더 양심 없이 진행되는 것은 더 이상 놀라운 일이 아니다. 자연과 거리가 먼 자연석, 온갖 목적에 사용되지만 사용되었는지조차 의심할 수 없도록 항상 숨겨진 주철. 상상할 수 있는 대로 사치스러운 재료의 모방, 실제로 궁륭천장이 아닌 궁륭천장들. 이것들은 그 많은 사례 중 일부일 뿐이다.

물론 이러한 사태는 독일에서만 일어나고 있지는 않다. 런던에 세워진 타워브리지의 웅장하고 기념비적인 주각들도 주철 건축 위에 덧씌워진 것이다. 석조 건축으로 대충 흉내만 낸 모습이다.

거짓은 규칙이 되었고, 진실은 예외적인 것이 되었다.

정신의 삶이 그런 것처럼 예술에서도 마찬가지이다.

이 사태의 결과는 정신적 나태이다. 왜냐하면 공동체의 삶에 정신적 내용이 빠져 있기 때문이다. 이로 인해서 혹은 이에 수반되는 결과는 예술적 나태이다. 대중이 성급한 마음으로 끊임없이 돈을 추구할 때, 그들 사이에는 지루함이 생길 수밖에 없다. 이 상태를 벗어나려고 술집이나 공연장을 찾는다면 누구라도 분노하게 되지만, 훈계를 위해 반드시 도덕적 개혁론자나 칼뱅주의자가 필요하지는 않다. 이러한 상황 때문에 지금은 술집이나 극장 설계가 특히 호황을 누리고 있고, 특급 사치스러움, 다시 말해 공허하고 허풍 가득한 현란함을 지향하는 건축이 나타나고 있다. 이러한 현란함은 극단까지 치닫고 있고, 매음굴 같은 속성으로 대중들을 현혹하고 있다. 쾌락이 "집단으로" 향유되는 술집들이 증가하면 이에 상응하여 정신적 공허함도 커지는 형국이다. 더 이상 유쾌한 카바레나 맥주집은 없다. 더 이상 샤누아(Chat Noir)나 아우어바흐 켈러(Auerbachs Keller)[12] 같은 곳도 없다. 과거의 위대한 인물들은 이런 곳에서 서로 모였고, 위대한 그들의 사상이 태어난 곳도 의심의 여지 없이 이곳이었으며, 서로의 교류를 통해 이 사상을 더 깊이 있게 펼쳐갔음이 분명하다. 지금은 선택 가능성이나 겉모습은 상상할 수 없을 정도로 커졌지만, 이 모든 것은 정신적 교류의 내용에 전혀 도움이 되지 않는다. 오히려 이 호황은 일반적으로 정신의 황폐화를 초래했다. 이 현상은 지금 여러 주점을 채우고 있는 자기만족에 빠진 대중에게 전형적으로 나타난다.

이런 상황에서 예술가와 지성인은 고독을 자청하며 이러한 경향에 저항하고 있다. 이러한 고립은 이해할 수 있지만, 사실은 비난받아야 마땅하다. 왜냐하면 이 고립은 참기 어려운 아집, 다시 말해 지적이며 예술적인 우쭐함으로 이어지고, 지속적인 접촉을 통해 서로를 이해하고 지원해주는 것을 배우려는 사람들 사이에 혐오와 질투를 초래하기 때문이다. 이들은 서로의 등 뒤에서 서로를 경멸하고 공격하며, 일부러 대중 앞에서 모든 사람이 저마다 자신만이 잘 안다고 주장한다. 연극무대는 극단적으로 퇴락하고 말았다. 왜냐하면 남자 주인공, 여자 주인공, 제3자 사이의 연이은 다툼을 다루는 연극만이 청중을 끌어들이고 있기 때문이다. 드라마도 카페 샹탕(café chantant)[13]으로 대체되었다. 그 이유는 간단하다. 고되고 스트레스 많은 하루의 일을 끝낸 후에는 누구라도 소화가 부담스러운 식사를 하고 싶지 않기 때문이다.

최악의 광경은 일요일에 벌어지는 일이다. 이날도 역시 잘 견뎌야 하기 때문이다. 경이로울 정도로 분위기 좋은 교회의 종소리가 울려도 거의 누

---

12) (영역자 주) 샤누아는 파리의 몽마르트르에 있던 카바레였으며, 1890년대의 진보적 음악가들이 자주 드나들던 곳이다. 라이프치히의 아우어바흐 켈러는 학창시절 괴테가 자주 들렀던 맥주집이며, 『파우스트』(1808)에서 파우스트와 메피스토, 학생들이 만나는 장소로 활용된다.

13) (역자 주) 샹탕은 주로 음악을 듣는 카페로 프랑스에서 시작하였다.

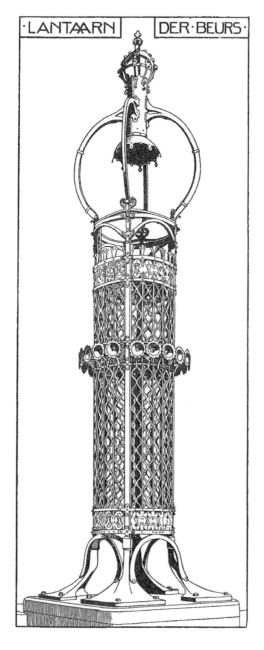

·LANTAARN· ·DER·BEURS·

"증권거래소의 등"

구도 듣지 않거나 아예 들리지 않게 되는데, 어쩌면 이것은 그런대로 괜찮은 편에 속한다. 왜냐하면 경건함으로 예배에 참석하는 것이 이제는 더 이상 마음에서 우러나와서가 아니기 때문이다. 올곧은 경건성이 사라지면서 마치 신실한 모임을 알리는 소리도 침묵 속으로 사라진 듯하다. 결과적으로 이 모든 것이 우리가 교회에 가는 이유는 일요일 아침을 잘 보내기 위한 것이지, 내적인 감정의 충동을 만족시키기 위한 것이 아니라는 느낌이 들게 한다. 게다가 이런 도시의 일요일은 끔찍하다. 도시라면 지적이고 정신적인 삶의 구심점이자 핵심일 뿐만 아니라, 이들을 반영해야 할 곳이지만, 오히려 이제는 고상한 지루함만을 투영하고 있다. 동기가 부재한 곳에는 당연히 어떠한 결과도 있을 수 없다.[14]

우리는 그 어느 때보다 추한 시대라고 불러야만 할 시대에 살고 있다. 몇몇 문학작품들과 바그너가 없었더라면, 예술적 감정이 풍부한 사람들은 삶에서 전혀 기쁨을 찾지 못했을 것이다. 그리고 적어도 겉으로는 무엇인가를 이룰 만한 이 시대에도 그것을 실현할 수가 없다. 아름다운 형태를 위한 충동이 빠져 있기 때문이다. 우리가 가진 전부는 외형이 진리라고 믿는 것과 성공을 드러내려는 과시뿐이다. 이 과시야말로 19세기의 산물이다.

그렇기에 나는 다시 한 번 브뤼헤를 떠올려보고, 신실한 신앙심으로 가득한 중세 시대의 일요일 아침 풍경을 그려보게 되었다. 혹은 시장이 열리는 장날(축제) 풍경도 그려본다. 왁자지껄함과 흥겨운 다툼들이 있다. 그러나 이들 교회의 진지함과 축제의 분위기는 모두 같은 정신성을 기반으로

..

14) (역자 주) 베를라헤는 여기에서 19세기의 '추함'이 종교의 영역까지 퍼져 있음을 지적하고 있다. 베를라헤는 사회주의적 사상을 견지하면서도, 궁극적으로 평등한 사회와 그 건축은 진정한 종교의 회복을 통해서 이루어낼 수 있다고 믿고 있다.

한다. 그러므로 이들은 같은 예술적 토대 위에 서 있다. 둘 다 고상한 문화의 표현이다.

혹은 나는 더 앞선 시대로 거슬러 올라가 아테네 제전이 치러지는 광경을 그려본다. 축제를 벌이고 기념하기 위해 많은 선수와 제물용 황소, 시녀들이 프로필레아의 관문을 통과해 아크로폴리스까지 오른다. 이런 축제는 그 전체가 정신적 삶의 구현체로서 그리스인의 삶이 최고조에 다다랐을 때야 비로소 가능했다.

나는 이집트인의 신전 축제와 더 고상했던 문화의 이상적 빛 속에 있던 "이제 죽을 자들이 경의를 표하나이다.(morituri te salutant)"라며 마지막 말을 남긴 채 사형수들이 치르는 로마의 경기장 행렬도 그려본다. 다시 한번 강조해 말하겠다. 우리에게는 문화가 결핍되어 있다. 바로 이 부재 때문에 우리는 "좋았던 옛 시절"이라고 말한다. 그렇기에 우리는 고대 도시를 방문할 때마다 그 시절을 부러워할 수밖에 없다. 당시 그곳에서 일어났던 온갖 끔찍한 일을 우리가 알고 있음에도 불구하고 우리가 되찾으려고 하는 것은 바로 그 시대의 아름다움이다. 우리는 고상한 문화를 지닌 "비문명화된" 그리스 시대를 동경한다. 우리는 중세의 바바리아인을, 그 높은 책임감과 시민의 질서 의식을 동경한다. 이것은 그들의 위대한 건축술에 그대로 구현되었고, 우리는 그 불멸성을 이해하지만, 우리로서는 이를 따를 수가 없기 때문이다.[15]

나는 오늘날의 공허함은 끔찍하고, 상업주의는 혐오스럽다는 것을 단번

..

15) (역자 주) 베를라헤는 이러한 축제의 현대적 모습을 '노동'과 '모임'에서 찾기도 했다. 암스테르담 증권거래소의 회화 장식을 통해 그는 화가와 조각가, 건축가가 협업하여 '노동의 찬가'를 공동체의 무대 배경으로 새겨 넣었다.

에 알게 되었다. 철저하게 실용적이며 계산적인 목적의 수준에서 단 한치도 벗어나지 못한 상태이다. 그리고 모든 인간이 자기만의 자리를 차지하려고 싸우는 것을 볼 때, 또한 옳든 그르든 관계없이 모든 수단을 동원해 "내 자리 만들기(ôte-toi de là pourvu que je m'y mette)"를 위해 싸우는 것을 볼 때, 다수의 이익보다는 개인의 이익을 위해서 무엇인가를 하는 것을 볼 때, 어떤 일을 도모하거나 반대하기 위해 싸우는 것이 아니라, 어떤 사람을 옹호하거나 반대하기 위해 싸우게 될 때, 확신하건대 우리는 크나큰 비애만 느낄 뿐이다.

감사하게도 우리는 이제 이 재앙과 같은 상황을 인식하게 되었고, 이를 바탕으로 사태를 개선할 수 있는 실마리를 찾고 있다. 이제 우리는 스스로 자유를 확보해야 한다. 이외에 다른 대안은 없다. 모든 노력을 원인에 집중해야만 한다.

그러나 어떻게? 이 사태의 절망적인 상황은 오래전부터 감지되어왔고, 최근에 발발한 것이 아니다. 하지만 상황이 대단히 복잡해졌기 때문에 잃어버린 이상을 되찾을 방법을 찾기란 쉽지 않은 것이 분명하다.

우리는 그 모든 다양한 징후의 관련성을 밝혀내기 위해 원인과 결과를 자세히 조사해야 한다. 예술의 발전에 대해 거론하거나, 정치 및 경제적 요인들을 고려하지 않은 채 발전을 설명하면 틀림없이 구태의연하게 들릴 것이다. 올바른 근거에 대한 해명도 빠지게 될 것이다. 그러나 외부의 영향 없이 성장하는 예술이란 없다.

지난 세기 후반에 이르러서야 절망적인 상황을 인식하고 자본의 무자비한 지배에 저항하기 시작하였다. 사회민주주의에 대한 목소리는 계속 높아졌고, 역사 이래 가장 큰 운동이 되었다. 그것은 도래해야만 했다.

애초에 이 운동은 순전히 경제적인 반응이었고, 정신적 반응과는 무관한 것이었다. 그러나 이 운동은 정신적인 반응일 수 있고, 또 그렇게 될 것이다. 사회민주주의 철학은 정신적인 것을 포함한 모든 발전을 경제적 용어로 설명하기 때문이다. 아마도 우리가 당시의 경제적 조건만 본다면 조형예술의 진보란 있을 수 없었으며, 진보의 첫 씨앗조차 발아할 수 없었을 것이라는 결론에 다다를지 모른다.

그러나 사정은 그렇지 않았다. 경제적 반응이 생기는 것과 거의 동시에 예술적 반응 또한 나타났으며, 예술은 여러 방면에서 전쟁을 벌였다. 기만의 외관예술에 대항한 전쟁, 텅 빈 부유함의 예술에 대항한 전쟁, 허위와 무취미의 형태에 대항한 전쟁 등이다. 모든 나라에서 소위 역사적 양식의 재현으로서 네오고딕과 네오르네상스는 산업의 시작과 자본의 지배와 정확히 맞물려 진행되었다. 주목할 만한 일치이다. 그런데 마치 예술적 발명의 힘은 산업의 성장으로 인해 약해지고 곧이어 소멸했으며, 이로 인해서 정신적 진공 상태가 시작되는 것처럼 보인다. 그리고 과거 양식의 복고는 궁극적으로 총체적인 정신의 공허함에서 나온 결과가 아닐까? 그런데 이것은 확실히 복고주의를 주도한 예술가들의 잘못이 아니다. 왜냐하면 이들 중에는 어느 시대에 속하더라도 최고라고 평가될 사람이 많기 때문이다.

가장 유명한 이름들을 언급해야 한다면, 독일에서 시작할 수 있다. 이탈리아 르네상스를 부활시킨 위대한 고트프리트 젬퍼(Gottfried Semper)에게 최고의 경의를 표해야 할 것 같다. 그에 대해서는 나중에 다루겠다. 그에 앞서 아름답고 훌륭한 기념비를 통해 그리스 양식을 표현한 건축가 카를 프리드리히 슁켈(Karl Friedrich Schinkel)이 있다. 이 두 건축가를 뒤이어 재능 있는 네오르네상스학파의 건축가가 다수 나타났다. 그리고 이 학파는 더 세분해서 네오이탈리아식, 네오그리스, 신독일의 르네상스로 분류된다. 네오고딕은 이미 존재하고 있었고, 다른 복고 양식들과 나란히 발전해나갔다. 오스트리아에서는 젬퍼의 영향으로 젬퍼학파가 형성되기도 하였다. 이곳에는 젬퍼 이외에도 네오르네상스 건축가로서 하인리히 폰 페르스텔(Heinrich von Ferstel)[16]이 있었고, 또 네오고딕주의자인 프리드리히 폰 슈미트(Friedrich von Schmidt)[17]도 있었다.

나의 조국 네덜란드에서 처음으로 언급할 만한 건축가로 페트루스 카이페르스(Petrus Cuypers)가 있다. 그는 네오고딕주의자이자 지난 세기의 가장 중요한 건축가 가운데 한 사람이다.[18] 1840년대에는 신고전주의학파를 뒤이은 네덜란드 르네상스학파가 이미 활약 중이었다.

프랑스와 영국에서도 이와 같은 건축 운동이 일어났다. 피에르 비뇽(Pierre Vignon)이 이끈 신고전주의는 제국주의 양식을 뒤이어 발전해나갔고,[19]

16) (영역자 주) 하인리히 폰 페르스텔(1828-1883)은 1855년에 시작해 1879년에 완성된 보티프 교회의 설계 공모전에서 당선된 건축가였다. 그는 이 프로젝트를 성공시키며 화려한 경력의 시작을 알렸다. 이 시기는 빈의 링슈트라세 개발과도 일치한다. 페르스텔의 대표적 작품 중에는 비엔나의 슈베르첸베르크플라츠에 있는 대공 루트비히 빅토르 궁전(1864-1869), 초기 이탈리아 양식을 띠는 오스트리아 응용예술 박물관(1868-1871), 성기 이탈리아 양식으로 된 빈 대학교(1873-1884)가 있다. 이 건물들은 링슈트라세에 세워졌다. 너무 유명한 나머지, 베를린 의사당 공모전에 출품한 계획안에 페르스텔이 사용한 필명은 '브라만테'였다.

17) (영역자 주) 쾰른에서 성당의 메이슨 롯지에서 훈련받은 프리드리히 폰 슈미트(1825-1891)는 비엔나의 보티프 교회의 공모전에 출품하여 3등상을 받았다.(주석 7 참조) 1863년에 그는 비엔나의 성 슈테판 성당의 상주 건축가로 고용되었으며, 다양한 건축 작업들을 감독했으며, 독일과 오스트리아의 교회 설계에서 중요한 입지를 차지했다.

18) (영역자 주) 19세기의 가장 유명한 네덜란드 건축가인 페트루스 요제푸스 후베르투스 카이페르스(Petrus Josephus Hubertus Cuypers, 1827-1921)는 비올레르뒤크의 합리주의와 고딕 복고의 문화적 주제들, 다른 한편으로는 20세기 초에 네덜란드에서 유행하던 진보적 건축을 잘 접목시켰다. 이러한 진보적 건축은 그의 많은 제자들과 조수들의 작품에 뚜렷이 드러났다. 이들 중에는 라우베릭스(J. L. M. Lauweriks)와 바젤(K. P. C. de Bazel), 발렌캄프(H. J. M. Walenkamp)가 있다. 비록 대표적인 공공 프로젝트인 암스테르담 중앙역(1876-1889)과 라익스 국립박물관(1875-1885)으로 가장 잘 알려져 있지만, 카이페르스는 1853년에 네덜란드에서 가톨릭 신앙이 회복된 후에 중요한 교회들을 많이 지었다. 또한 그는 오래된 교회의 복구 작업에도 활발하게 나섰다.

샤를 페르시에(Charles Percier)의 재능에 힘입어 네오르네상스 양식도 태동
하여, 대단히 유능한 유진 비올레르뒤크(Eugène-Emmanuel Viollet-le-Duc)
가 사도 역할을 하던 네오고딕과 함께 나란히 발전해갔다.[20]

영국에서는 다소 보수적인 방식으로 르네상스 운동과 함께 네오고딕이
발전했다.

다시 강조하지만, 이제 외관예술, 곧 형편없는 구성과 모방의 예술에 대
항해서뿐만 아니라, 지난 여러 세기의 위대한 거장들이 더 높은 차원의 계
획으로 이루어낸 예술에 대항하여 전쟁을 일으키기 시작했다는 것도 특이
한 사건이 아닌가? 역사적 양식들을 진지한 방식으로 재현하려는 것이 이
거장들의 목적이었다. 그런데 그들과 전쟁을 벌이는 이유는 사람들이 그
들 작품의 가치를 찬양하거나 숭앙하지 않기 때문이 아니고, 또 누군가는
그들보다 더 잘할 수 있다고 생각할 만큼 고지식하기 때문도 아니다. 정
말로 그렇지 않다. 이 참에 말해두자면, 우리는 그들의 완벽성에 도달하기
에는 거의 불가능해 보이기 때문이다. 오늘날의 젊은 건축가들은 그들에
게 조금은 겸손해질 필요가 있다. 여하간 전쟁을 벌이는 이유는 우리 시대
는 과거 어떤 시대와도 다른 모습이기 때문에 과거의 형태들을 다시 수용
하려고 하는 예술은 순수하게 윤리적인 의미에서 판단한다면, 외관예술일

..

19) (영역자 주) 피에르 비농(1763–1828)은 비교적 잘 알려져 있지 않은 건축가였다. 그는 두 해
(1793/1794)에 걸쳐 새 프랑스 공화국의 건축총감독으로 고용되었으며, 1806년 이후에 파
리의 마들렌 사원 개축 작업에 주도적으로 관여했다. 울리히 티메(Ulrich Thieme)와 펠릭
스 베커(Felix Becker)의 책 *Allgemeines Lexikon der bildenden Künstler*(Leipzig: E. A.
Seemann, 1940, 34: 358)에 따르면, 비농은 "자부심은 강했지만 건축 실무의 경험은 전혀
없는 사람이었다."

20) (영역자 주) 샤를 페르시에(1764–1838)는 프랑스 건축 아카데미에서 건축을 배웠고, 여기
에서 대상을 받기도 했다. 1794년에서 1814년까지 협업한 퐁텐(Pierre-Francois-Léonard
Fontaine)과 함께 그는 제국양식을 창시한 사람으로 알려져 있다.

수밖에 없으며, 아무리 이 예술이 고도의 직관과 비판적 수준에 서 있다고 하더라도 이에 대항해야 하기 때문이다.

나로서는 이미 다뤄진 이 주제를 지나치게 오래 다루면 안 될 것 같다. 이제 카를 셰플러(Karl Scheffler)가 근작 『예술의 전통(*Konventionen der Kunst*)』에서 언급한 내용을 다루려고 한다.

그는 모든 예술은 영혼의 언어가 되려고 하는 한 전통에 의지하게 된다고 주장한다. 그리고 오늘날에는 예술을 위한 올바른 기초가 없다고 덧붙이고 있다. 지난 세기는 희생자와 천재들로 넘쳐났지만, 이들은 시대로부터 반향을 얻지 못했기 때문에 과거 전통에 눈을 돌려 결국 전통적인 것에 머물렀다는 것이다. 이와 달리 다른 사람들은 새로운 세계이념(Weltideen)을 쫓아 분투하고 있었다. 그렇지만 여전히 의심에 찬 상태였고, 이 이념들이 아직은 무르익지 않았으며, 명료하지 않은 예언을 서툰 언어의 도구로 더듬거리고 있었다.

예술의 전장에서는 언제나 천재적인 인물들이 싸움에 뛰어들게 마련이다. 르네상스 시대나 심지어 고딕과 같은 시대에도 마찬가지로 이 천재들은 불멸의 작품들을 성취했으며, 이들이 발산한 에너지의 양을 척도로 삼아보면 과거 그 어느 거장의 것에도 뒤지지 않을 정도였다. 그렇지만 그들의 영향은 단지 에피소드에 머물 수밖에 없었다.[21]

애석하게도 앞에서 언급한 위대한 예술가들의 작품 역시 이러한 에피소드에 지나지 않는 역할을 했다. 대단한 재능에도 불구하고 이 예술가들은 우리 시대에 살았기 때문에 에피소드 차원 그 이상으로 오르지 못했다. 단지 그들의 작품은 잠정적인 영향만 주었을 뿐, 의미 있는 사건이 되지 못

••
21) (원주) Karl Scheffler, *Konventionen der Kunst*(Leipzig: Julius Zeitler, 1904, pp. 15-16).

"증권거래소의 모서리 입구"

했고, 따라서 지속하지 못했다. 이것이 그들의 비극적 운명이었다. 왜냐하면, 모든 인간과 마찬가지로 그들도 다양한 삶의 조건에 종속되어 있었기 때문이다.

지난 세기에도 건축은 대단한 것들을 창조해냈다. 원대한 일을 이루고자 했고, 또 결국 이루어냈다. 그러나 이 건축은 원론적으로 잘못된 기초 위에 섰거나, 기초라고 할 만한 것 자체가 아예 없었기 때문에 결국은 외관예술에 머물고 말았다. 일상의 의미에서가 아니라, 좀 더 높은 차원의 의미에서 그렇다. 바로 이런 상황이기 때문에 반발이 생겼다. 금융자본의 지배는 경제적 투쟁의 씨앗을 발아시키는 조건이듯이, 외관예술의 지배는 결국 예술적 반응의 싹을 틔웠다.

처음에 자본은 오직 좋은 것만을 약속했고, 실제로 이로운 효과를 주었듯이, 역사적 양식들도 처음부터 좋은 것을 약속했고, 절대적 퇴보라는 늪에서 건축을 건져 올렸다는 점에서 중요한 역할을 했다. 역사적 양식은 필요한 것이었다. 우리는 이제 경제적 발전 외에도 정신적 발전을 감지할 수 있다. 그러나 이러한 발전은 서로에게 속해 있기 때문에 둘은 맞물려 있고, 원칙적으로 같으며, 또 서로를 보완한다. 이 둘의 주도자들은 서로를 이해하고 멀리 있는 목적지를 향해 같은 길을 함께 걸어간다.

그러나 대대적인 투쟁이 이제 시작되었다.

그러나 투쟁을 시작하기 전에 먼저 준비해야 할 것이 있다. 첫째, 우리는 종국에 가서 어떻게 변혁(Umwälzung)을 꾀하고, 그 이후 무엇을 성취할 것인가? 그런 다음, 어떤 수단을 동원해 투쟁을 이어나가야 하는가?

경험상, 여러 가지 일들이 있다고 할 때 이들의 근본적인 원리가 잘 알려져 있거나 혹은 이미 존재하고 있어서, 이를 근거로 서로 합의할 수 있더라도, 그러한 합의가 예술과 연관될 때는 다소 어려운 문제가 된다. 하나의 요소, 즉 개인의 취향만큼은 절대 제거되지 않기 때문이다. 그리고 실제로 작업하는 예술가는 철학적으로 (예외가 있긴 하지만) 자신들의 예술과 그 근거, 결과 등을 적절한 말로 설명하지 않는다는 사실이 어쩌면 다양한 견해가 존재하는 이유일 것이다.

"예술"에 관한 견해와 통찰력, 철학은 그들의 작품 자체에 놓여 있다. 그들이 예술에 관한 원인과 결과에 특별히 신경을 쓰지 않는 이유는, 그들이 가진 창의적인 충동 때문이다. "예술가는 말 대신 작품을 해야 한다."[22]는 주장은 언제나 진리이다. 진정한 철학자에게 조언을 구하는 길을 선택

••

22) (역자 주) 괴테가 1815년 시 모음집에 내세운 모토: "Bilde, Künstler! Rede nicht!" 베를라헤는 Bilde 대신 Schaffe라고 인용하였다.

한다고 해도 그들 사이에는 견해의 차이가 있어서, 이 역시 결함이 있다. 아무리 위대한 사상가조차 건축에 관련해서는 결론을 내지 못하고 있다. 특히 건축이 예술인가 아닌가의 문제에서 그렇다. 칸트, 쇼펜하우어, 졸거, 크라우제, 헤겔, 트란도르프, 바이세 등의 책을 읽어보면 건축은 정의하기가 어려울 뿐만 아니라, 건축이 어떻게 존재하는가를 논하기는 더욱 어렵다는 것을 알 수 있다.[23] 철학자는 실제로 작업하는 예술가가 아니기 때문이다. 그리고 모든 이론은 회색이지만, 황금 나무의 생명은 녹색이기 때문이다.[24] 내가 위에서 거론한 독일어 표현의 의미는 아주 간단하다. 베토벤이나 바그너에게 작곡을 가르친 주인공은 어떠한 학자도 아니었으며, 프락시텔레스나 미켈란젤로에게 조각을 가르친 사람도 결코 학자가 아니었다는 말이다. 그리고 어떠한 철학자도 라파엘이나 렘브란트에게 그림 그리는 일을 가르친 적이 없을 뿐만 아니라, 익티노스나 브라만테에게 건축하는 법을 알려주지도 않았다. 새로운 예술의 아버지로 불리는 러스킨도 결국은 지식인에 머물렀기 때문에 우리에게 직접적인 도움을 주지는 못했다. 이 또한 결과적으로 분명해 보인다. 왜냐하면 철학은 현상을 통해서만 결론을 끌어내기 때문이다. 인간의 이념이 무엇인지는 선험적으로 정의될 수 있지만, 예술만큼은 결코 미리 규정할 수 없다.

이러한 관점에서, 프랑스의 비올레르뒤크나 앞서 언급한 독일의 젬

..

23) (역자 주) Mallgrave, H. F. (ed.), *Hendrik Petrus Berlage: Thoughts on Style 1886-1909*, "Architecture's Place in Modern Aesthetics", The Getty Center for the History of Art and the Humanities, 1996, pp. 95-104, nn. 3-8 참조.

24) (영역자 주) 여기에서 베를라헤는 괴테를 암시하고 있다. 『파우스트』 1권(1808)의 "Studier-zimmer": "Grau, teurer Freund, ist alle Theorie/Und grün des Lebens goldner Baum. (서재에서: 친구여, 모든 이론은 회색이라네./하지만 삶의 황금빛 나무는 언제나 푸르게 자라나네.)"

퍼 같은 위대한 실무 건축가들은 『건축사전(*Le Dictionnaire raisonné de l'architecture*)』과 『양식론(*Der Stil in den technischen Künsten*)』과 같은 위대한 저술을 통해 실무에 적용이 가능한 실용미학을 제시해준다는 점에서 더 없이 좋은 스승이라고 할 수 있다.[25]

그렇다면 이 모든 것은 무엇을 위한 것인가?

우리는 다시 양식이 필요하며 이를 소유하기 위해서다. 이 양식을 위해서라면 왕국뿐만 아니라 천국도![26] 이것은 절망에 차서 외치는 소리이다. 그리고 양식은 우리가 잃어버린 위대한 행복이기도 하다. 외형이 아니라 본질을 되찾기 위해서는 외관예술, 곧 기만과 싸우는 일이 결정적이다.

우리는 이제 건축의 본질을 원한다. 다시 강조하지만 우리는 진리를 원한다. 예술에서도 기만은 법칙이 되어 있고, 진리는 예외적인 것이 되고 말았기 때문이다.

따라서 우리 건축가들은 진리에 이르기 위하여, 다시 말하면 건축의 본질을 파악하기 위해서 노력해야 한다. 이제 건축예술은 구축의 예술이며 언제나 그럴 것이다. 다양한 요소들을 조합하여 하나의 전체, 곧 공간을 에워싸는 전체를 구축하는 일이다. 이 근본 원리가 지금은 공허한 공식이

••

25) (영역자 주) Eugène-Emmanuel Viollet-le-Duc, *Le dictionnaire raisonné de l'architecture française du XI^eau XVIe siècle*, 10 vols.(Paris: B. Bance [vols. 1-8], A. Morel [vols. 9-10], 1854-1868); Gottfried Semper, *Der Stil in den technischen und tektonischen Künsten: oder, Praktische Aesthetik*, 2 vols.(Frankfurt: Verlag für Kunst und Wissenschaft, 1860-1863)

26) (역자 주) 베를라헤는 양식의 본질을 '고요'로 정의한다. 이 고요는 모든 혼란 속에서 정제되어 나온 물질적이며 정신적인 정수를 뜻하므로, 종교적 의미도 지녔다고 할 수 있다. 따라서 지상과 종교적 피안 모두 이 고요의 본질인 '양식'이 필요하다고 지적하고 있다.

되었기 때문에 무엇보다도 우리는 일의 근본으로 되돌아가서 다시 구축을 잘할 수 있도록 노력해야 한다. 그리고 이 일을 자유롭게 하기 위해서는 될 수 있는 한 가장 단순한 형식으로 해야 한다. 이제 다시 자연스럽고, 이해가 가능하도록 건축물을 지어서 건물이 치장의 외피로 인해 감춰지는 일이 없도록 해야 한다.

이것 말고도 더 할 일이 있다. 우리 건축가들은 우선 골조를 연구해야만 한다. 마치 화가와 조각가가 형상에 맞는 형태를 부여하기 위해 연구하는 것처럼 말이다. 왜냐하면 모든 자연물의 외피는 일정한 방식으로 내부의 구조를 엄밀하게 반영하고 있기 때문이다. 자연물은 우리에게 가장 완벽한 구조를 보여주기 때문에 우리는 이를 건축물이라고 부를 수도 있다. 여기에서도 구조의 원리가 지배적이며, 외피는 잘 맞지 않는 양복처럼 느슨하고 내부 구조를 부정하는 껍질이 아니라, 내부 구조와 맞춰져 있고, 마지막에 가서 구조를 장식하게 된 것처럼, 우리도 이런 형태를 다시 찾아야 한다. 우리는 이를 단호하게 해야 하며, 불필요한 모든 것을 제거해야 한다. 왜냐하면 오늘날의 건축은 그 근본까지 부패해 있어서 우리가 이상적 목표에 도달하려면 어떠한 타협도 해서는 안 되기 때문이다. 무엇인가를 시인한다는 것은 만사를 있는 그대로 둔다는 의미이다.

따라서 현재로서는 완벽한 건축물의 조형에 이르기 위해 골조, 즉 거칠더라도 가능한 한 절제된 구조를 연구할 필요가 있다. 그러나 외피와 혼동해서는 안 된다. 심지어 무화과 나뭇잎[27]으로 마무리하는 경우조차 우리가 갈망하는 진리를 위해서라면 이를 걷어내야 한다.

..

27) (역자 주) 뒤러의 「아담과 이브」의 그림처럼 흔히 서양 조형예술의 역사에서 성기가 노출되지 않도록 무화과 나뭇잎을 사용하였다.

지금까지 건축은 마치 형편없는 유행을 따라 옷을 입는 사람과 같았다. 이 건축을 멋 부리는 남자나 화류계 여인, 혹은 위버멘쉬(Übermensch)나 슈퍼우먼(Überdame)으로 부르든 중요하지 않다. 이렇게 유행하는 옷들은 벗겨내야 하고, 건강한 본성, 곧 진리라는 벌거벗은 형태가 드러나도록 해야 한다.

이를 성취하기 위해서는 고대인이 건물에 변함없는 매력을 부여할 수 있었던 비법, 다시 말해 우리가 아무리 노력해도 성취할 수 없었던 결과에 그들이 어떻게 도달했는지를 배워야 한다.

이제 드는 생각은, 어떤 일들이 있었다고 해도, 다시 말하면 우리가 이해하려고 해도 설명되지 않거나, 우리가 기대했던 것에서 벗어나는 일들이 생긴다고 하더라도 하나의 위대한 특성, 나는 이를 가장 중요한 근본적인 특성이라고 하고 싶은데, 이것이 우리 눈에 띄게 된다. 바로 "고요(ruhe)"이다. 소규모의 작품들에서는 감정을 자극하는 고요였고, 위대한 기념비 건축에서는 숭고한 고요였다. 이와 대조적으로 오늘날 우리의 건축은 차분하지 못해 불안한 인상을 주고 있다. 그래서 나는 양식(Stil)과 고요(Ruhe), 이 두 단어는 같은 뜻이라고, 곧 고요는 양식과 같고, 양식은 고요와 같다고 주장하고 싶다. 이 개념과 이를 경험한 사실에 비추어볼 때, 우리는 다음과 같은 결론을 내릴 수 있다. 과거 건축은 양식을 지녔기 때문에 우리에게 만족스럽고 쾌감을 안겨주는 고요를 드러낸다. 양식은 바로 "고요"의 원인이다. 따라서 양식이 무엇인지, 그 원인을 연구하는 일, 곧 원인을 묻는 일은 중요하다.

여기에서 이제 그 원인을 찾는다면, 앞서 언급했던 책, 곧 『양식론』과 이 책의 저자이자 위대한 독일의 예술학자이며 건축가인 고트프리트 젬퍼에게 도움을 구해야 한다고 믿는다.

내가 이 책을 선택한 이유는 이 책의 여러 문장은 인용할 만한 가치가 있고, 또 예술에 관련한 글이나 저술에서 모토로 선택한 경우가 많기 때문이기도 하다. 그리고 무엇보다도 이 문장들을 연구하는 것은 그 자체만으로도 기쁜 일이다.

먼저 다음과 같은 사실을 지적하고 싶다.

이미 언급했던 것처럼 젬퍼는 진정한 의미에서 철학자가 아니었다. 이 이유에서 나는 이 책에 관한 연구를 권장하고 싶다. 왜냐하면 젬퍼는 무엇보다 (그리고 아주 강조되어야 할 점인데) 창작을 했던 예술가였기 때문이다. 그리고 그의 책은 그야말로 "실용미학"이기 때문이다. 근래에 들어서는 오직 비올레르뒤크만이 그와 견줄 만하다.

그의 미학적 관찰은 너무도 고원한 사상이기 때문에 누가 보더라도 철학적으로 정초된 특징을 가지고 있다는 점을 즉각적으로 인지하게 된다. 이와는 별개로 위대한 예술가라고 하면 그 정도가 크든 작든 철학적 성격을 공유하고 있음은 사실이다. 왜냐하면 진지하고 고귀한 예술은 감정의 표현일 뿐만 아니라 날카로운 사유의 결과이기도 하기 때문이다. 젬퍼는 높은 경지에 이르려고 노력하였으며, 이와 동시에 우리에게 다음과 같이 말하고 있다. "좋은 것은 아주 가까이 있는데, 왜 당신은 먼 곳으로 헤매고 있는가?"[28] 그러나 이렇게 가까이 있는 것이 오늘날 우리에게는 너무나 어

..

28) (영역자 주) 비록 이 인용문은 젬퍼에서 나온 것이지만, 문체와 어조 면에서 뚜렷이 젬퍼에 반하고 있다. 아마도 베를라헤는 『파우스트』 1권에 나오는 훈계를 어렴풋이 대략 기억해 표현한 듯하다.["Auerbachs Keller in Leipzig": "Man kann nicht stets das Fremde meiden,/ Das Gute liegt uns oft so fern."("라이프치히의 아우어바흐켈러(맥줏집)": "인간은 낯선 것

"증권거래소의 탑"

렇게 보인다. 그런데 이것은 우리가 사는 이 시대가 적대적인 생각들, 신비화, 그리고 복잡성이 뿌리 깊이 박힌 상태이기 때문이어서 그렇다. 그리 놀라운 일도 아니다.

　다른 모든 위대한 사상가와 마찬가지로 젬퍼는 미래를 내다보았다. 하이네가 말했던 것처럼 그는 "여러 세기에 걸쳐 두루 인정받을 만한 사람들" 가운데 하나였다.

　이제 『양식론』의 "서문"에 있는 문장을 인용하려고 한다. 이 주제와 관련해서는 내가 아는 한 가장 멋진 말이기도 하다.

_{● ●}
　　을 항상 거부할 수는 없다./좋은 것은 종종 우리에게서 멀리 있다.")]

자연은 아주 적은 모티브로도 무한한 풍부함을 보여준다. 그리고 자연은 자신의 근본 형태를 끊임없이 반복해 창조해나간다. 이 형태는 여러 피조물의 형성 단계에 따라, 또한 다양한 존재 조건에 따라 수천 가지로 변하며, 어떤 부분은 짧아지고 어떤 부분은 길어지며, 부분만 완성되거나 혹은 어떤 부분이 암시만 되는 방식으로 나타나 보인다. 그리고 자연은 새로운 것을 창조해나갈 때 과거의 동기를 관찰할 수 있는 진화의 역사를 따른다. 이와 마찬가지로 예술에도 몇 가지 안 되는 표준 형태와 유형이 놓여 있을 뿐이다. 이것은 태고의 전통에서 비롯되어 항상 다시 등장하고 창작을 위해 무한한 다양성을 제공하며, 자연의 유형처럼 역사를 지닌다. 여기에서 우연한 것은 전혀 없다. 오히려 모든 것은 상황과 관계의 조건을 따른다.[29] *

모든 예술가의 작업실 벽에 격언으로 걸려 있어야 할 문장으로서 이보다 더 멋진 표현이 있을까 묻고 싶다. 자연, 오로지 자연만이 우리에게 길을 보여줄 수 있다고 주장하다니 그렇다. 다음과 같은 의미에서 특히 더 그렇다.

1. 자연 스스로는 가장 단순한 수단으로 무한히 다양한 형태의 예술작품을 창조한다.
2. 자연은 결코 임의로 작동하지 않기 때문에 논리적이다.

..

29) (원주) Semper, *Der Stil in den technischen Künsten, Bd. 1. Prolegomena, p.viii.* (역자 주) Gottfried Semper, *The Four Elements of Architecture and Other Writings,* trans. Wolfgang Herrmann & Harry F. Mallgrave(New York: Cambridge Univ. Press, 1989, p. 183.) 참고.

예술가들에게 더욱더 분명하게 요청해야 할 사항이다. 예술가라면 자신이 행하는 모든 것을 숙고하고, 모든 창작물은 가장 작은 디테일에 이르기까지 이 의도를 드러낼 수 있도록 노력해야 한다. 어떤 것도 자의적으로 하지 말고, 무엇보다 모티브를 최소한 적게 사용해야 한다. 다시 말해 단순해야 한다.

예술의 완성도는 가능한 한 다양한 모티브를 통해야만 이룰 수 있다고 믿는 사람에게 젬퍼는, 이는 예술가에게는 결코 진실이 아니라고 경종을 울리고 있다. 오히려 예술가는 우리 모두의 모태인 자연을 연구해 이 자연이 얼마나 절제 있게 작동하는지, 그런데도 위대하고 무한한 예술적 풍요에 이르는지 이해하고 있다. 바로 이 때문에 예술의 주인은 바로 자연이다.

이제 다음 문장을 보려고 한다.

"그렇다. 위대한 태고의 창조자인 자연조차도 자신의 고유한 법칙을 따른다. 자연이 할 수 있는 유일한 일은 자신을 재생산하는 것이기 때문이다. 이 자연의 원형(Urtypen)은 그 새싹이 발아시킨 것들 속에서도 항상 같은 모습으로 머문다."

따라서 예술가라면 모티브들을 절제해 사용해야 할 뿐만 아니라, 어떤 모티브도 실제로는 새로 고안해낼 수 없음을 깨달아야 한다. 자연이 원형의 형태들을 재구성하는 것처럼, 예술가가 할 수 있는 일은 근원적 예술 형태를 재구성하는 것이다. 예술가라도 새로운 형태를 창안해낼 수 없다. 그런데도 만들려고 시도한다면, 그들의 작품은 지속적인 가치를 가질 수 없음을 알게 될 것이다. 왜냐하면 그것은 자연스럽지 않고 진리와도 거리가 멀기 때문이다!

이뿐만이 아니라 더 중요한 것이 남아 있다.

젬퍼는 양식론 서두에서 아주 독창적인 주장을 펼치고 있다. 바로 다양한 요소들을 하나로 짜 맞추어 갈 때 필수적인 요소로서 "이음매(Naht)"에 대한 분석이다. 그는 "위기(필요, Not)를 덕(Tugend)으로 만들기, 필요에서 장점 만들기"라는 구문에서 사용하는 "위기"라는 단어와 "이음매"라는 단어 사이에는 어원학적 연결고리가 있는지, 그리고 이 구문이 "이음매에서 덕을 만들기"를 의미해야 하는 것은 아닐지 묻고 있다. 다시 말해, 구조에 필요한 요소들을 조합할 때 꼭 필요한 "이음매"를 제거하려고 시도해서는 안 된다는 것이다. 오히려 그것을 하나의 미덕, 즉 장식적 모티브로 만들어야 한다. 따라서 예술가라면 여러 가지의 구조적 난점을 장식 모티브로 활용해야 할 것이다.

이러한 언급을 보면 젬퍼가 진정한 합리주의 양식에 찬사를 보내고 있음을 알 수 있다. 그런데도 그는 중세 예술, 곧 고딕 예술에 대해서는 긍정적으로 평가하지 않는다.

그러나 이 문장은 비올레르뒤크가 주장하는 중요 교의인 "구조에 의해 결정되지 않는 형태는 그 어떤 것이라도 거부해야만 한다."와 일치하지 않는가?[30]

나는 젬퍼의 책에서 여러 구절을 발췌하였는데 어쩌면 이들은 서로 관련성이 없어 보이나, 사실은 서로 연결되어 있고 더구나 양식의 근본을 밝혀준다. 우리가 지금 질문해야 하는 것은, 과거의 작품은 고요한 인상을

··

30) (영역자 주) Eugène-Emmanuel Viollet-le-Duc, *Entretiens sur l'architecture*, 2 vols. (Paris: A. Morel, 1863-1872), i: 305: "Toute forme qui n'est pas ordonnée par la structure doit être repoussée."

주지만, 왜 우리 시대의 창작물은 고요하지 못한 인상을 주는가이다. 고요
는 가장 중요한 특징이며, 그 자체는 원인이 아니라 오히려 수많은 특징의
결과이다. 이 특징은 금방 눈에 띄며, 천 미터의 거리에서 떨어져 보더라도
오래된 건물과 새 건물을 구별할 수 있게 해준다.

이제 이 원인이 "양식"이라면 결국 양식이 궁극적으로 의미하는 바가 무
엇일까라는 질문이 남는다. 이에 대해 젬퍼는 다음과 같이 대단히 탁월하
고 다른 말로는 형용할 수 없이 훌륭한 정의를 내리고 있다.

> "양식은 예술의 현상과 그 생성의 역사가 일치하는 것이다. 특히 창작 과정
> 의 전제 조건과 상황의 일치이다."[31]

이 주장은 과정 자체를 강조하고 있고, 특히 오늘날의 상황에서도 중요
시할 만하다. 이 맥락에서 나는 좀 더 실용적이고 예술작품과 관련되어 있
어서 다음의 정의를 잘 이해할 수 있다.

> "양식은 다양성 속의 통일성이다."[32]

∙∙

31) (영역자 주) Gottfried Semper, *Über Baustyle*, 취리히 시청사(Rathaus in Zürich)에서 행한
강연, 1869, Herrmann/Mallgrave 번역, "On Architectural Styles," 1989, p. 269.
32) (영역자 주) 비록 괴테가 이 적절한 문구를 잘 사용했을지라도, 통일성은 다양성 속에서
만 표상될 수 있고, 다양성은 통일성 속에서만 표상될 수 있다는 낭만주의적 역설은 통
상적으로 아담 뮐러(Adam Müller)의 말로 간주한다. 유진 앤더슨의 「현재의 위기에 대
한 대응」을 참조. 이 글은 존 B. 홀스테드가 엮은 *Romanticism: Problems of Definition,
Explanation, and Evaluation*(Boston: D. C. Heath, 1965), pp. 96-103에 실려 있다. 그
러나 괴테는 이 글이 출판된 후 뮐러의 *Vorlesungen über die deutsche Wissenschaft und
Literatur*(Dresden: C. G. Gartner, 1806)를 읽었다. Oskar F. Walzel, *Romantisches*, vol.
2, Adam Müller's Ästhetik(Bonn: Ludwig Röhrscheid, 1934) 참조.

이 정의는 내가 틀리지 않다면, 괴테에게서 온 것이다.

우리가 이 내용을 받아들인다면, 우리는 한 걸음 더 나아갈 수 있다. 왜 냐하면 이를 통해서 우리는 궁극적인 목표, 곧 고요에 도달할 수 있기 때 문이다. 통일성이 있는 곳에 고요가 있다.

그렇다면 어떻게 우리는 통일성을 다양성 속으로, 곧 조합될 부분들의 다양성 속으로 가져올 수 있을까? 나는 젬퍼에게서 그 단서를 발견한다.

자연을 스승처럼 따라야 한다. 곧 모티브를 선택할 때 절제가 필요하다. 그렇게 할 때 고요를 방해하는 혼란의 요소들로부터 보호받을 수 있다. 이 를 행할 때는 너무 건조하게 될까, 다시 말하면 상상력이 부족하게 될까 걱정할 필요가 없다. 왜냐하면 자연이 증명하고 있듯이, 위대한 예술적 풍 요는 가장 한정된 제약들 속에서 가능하기 때문이다. 진정한 거장은 제약 이 있을 때 비로소 자신이 장인임을 보여준다고 괴테가 말하지 않았는가? 그리고 특히 무엇보다도 모티브를 선택할 때는 논리적이어야 한다.

만일 누구라도 이러한 방식으로 작업하면 우리가 추구하는 다양성 속의 통일성에 좀 더 가까이 접근할 것이다.

자연은 의식과 무관하게 법칙에 따라 작용한다. 이 법칙은 확고하며, 예 술가라면 자연이 이에 영원히 순종한다는 사실을 관찰을 통해서 알 수 있 다. 이 과정에서 자연은 무한한 다양성을 보여준다. 바로 이곳에 자연의 무한한 아름다움이 존재한다. 그러나 한없는 풍부함과 창조의 다양성 속 에서도 자연은 결코 불안해하거나 서두르지 않는다. 드넓은 풍경 속에 피 어 있는 수백만 송이 꽃의 눈부신 색채는 그 숫자가 수백만이 되더라도 결 코 눈에 거슬리는 법이 없다. 그러나 조그마한 정원에 우리가 볼품없는 작 은 화분 몇 개를 가져다 놓는다면 이들은 곧바로 정원과 대조를 이룰 것 이며, 배경을 고려하지 않고 이 화분들을 놓더라도 그럴 것이다. 그렇지만 예술적 의도에 따라, 즉 양식에 따라 배치될 때는 이러한 부조화는 곧 사라진다. 그 이유는 자연에서는 다양성 속의 통일성이 지배적이지만, 이 정원에서는 통일성 속의 다양성이 개입되어 있기 때문이며, 예술적으로 전체를 창조하려는 의도가 있었기 때문이다.

건축적으로 구현된 경이로운 공원과 정원들, 티베리우스의 정원에서 귀족의 영국식 정원에 이르기까지 이들은 자연이 아닌 곳에서 위대한 예술작품을 창조하려는 의도를 탁월하게 증명해 보여주고 있다. 이것은 자연그 자체가 가져다준 요소들을 통해 다양성 속의 통일성, 곧 양식을 성취하려는 시도를 의식적으로 보여주는 것이다. 예술사에도 양식, 즉 고요를 추구할 때 예술적 창조성이 나타난 특별한 사례가 있다. 그리스 신전이 그렇다. 도시에 있는 경우가 아니라면 그리스 신전은 방치된 수풀 한가운데에서 있기도 하다. 이와 대조적으로 로코코 궁전은 반듯하게 절단된 나무들로 조성된 정원에 자리 잡고 있으며, 이것은 동적인 것과 정적인 것 사이, 달리 표현하면, 분주함과 고요 사이의 균형을 찾으려는 예술가의 노력을 드러내는 증거이다.

자연도 균형을 이루기 위해 스스로 노력한다. 왜냐하면 너무 현란한 색채가 통일성을 저해할 때 자연은 녹청으로 그 위를 덮기 때문이다. 이러한 방식으로 자연은 우리를 돕는다. 새롭게 형성된 것은 항상 불편한 인상을 주기 때문이다.

이런 방식으로, 흔히 듣는 말처럼, 시간은 우리의 작품을 더욱 아름답게 한다. 그렇다고 해도 시간이 개입했다는 이유만으로 오래된 예술작품이 아름답다고 결론을 내리면 안 된다. 그렇지 않다. 진정 그렇지 않다. 우리가 그린 그림이 300년이 지난다고 해도 그 그림은 렘브란트 풍이 될 수없고, 심지어 2천 년이 지나도 우리의 건물들은 페스툼의 신전이나 아미앵

성당의 "양식"을 갖지 못한다. 시간은 무엇이든 더 아름다워지도록 할 수는 있다. 그러나 추한 것을 아름답게 만들지는 않는다. 자연은 불안해 보이지 않는다. 그 이유는 "양식"을 가졌기 때문이다. 우리가 앞선 시대의 예술작품을 고찰해보면 마찬가지로 이들은 우리를 혼란스럽게 하지 않는다. 이들도 양식, 다시 말해 다양성 속의 통일성을 지녔기 때문이다.

심지어 바로크 시대의 기념비도 마찬가지이다. 이들을 보면 비난받아 마땅한 조야함과 과잉되고 과도한 형태의 유희성이 있기는 하지만, 이 작품들은 여전히 고요의 느낌을 준다. 이와 달리 냉정한 우리 시대의 새로운 가로는 우리를 오히려 혼란스럽게 만든다. 그 모든 과도함에도 불구하고 바로크 양식은 고요함을 느끼도록 하지만, 새롭지만 무미건조한 오늘날의 모습은 혼란을 불러일으킨다.

마찬가지로 지난 세기 초기와 중기에 지어진 르네상스 말기 양식의 주택도 어떤 건축가의 작품이든 상관없이 여전히 통일성을 보여준다. 르네상스 양식은 너무도 강력한 힘을 지녔기 때문에 말기에 지어진 평범한 주택들조차 여전히 감탄을 자아내는 특질이 있음을 증명해 보인다.

어떻게 하면 다양성 속의 통일성에 다시 도달할 수 있을까? 새롭게 발명한다고 해서 해결책이 되지 않으며, 치유로 이어질 처방도 아니다. 오히려 예술적 실험부터 시작해야만 최종 목표에 도달할 수 있는 기나긴 길이 있을 뿐이다.

위에서 언급했던 것처럼 우리는 먼저 자연 전체가 어떻게 작용하는지 연구해야 하며, 우리의 관심사인 특별한 부분을 위해서는 고대의 기념비도 연구해야 한다. 그것을 모방하거나 세부 모티브를 추출하기 위해서가 아니라, 그 건물들에 양식을 부여해준 바로 그 요소들을 찾기 위해서이다.

"증권거래소의 입구"

이렇게 하면 "질서(Ordnung)", 다르게 표현하면 규칙성이 양식의 근본적인 원리라는 점이 즉각 확연해지지 않는가? 심지어 구체적으로 보이지 않는 곳에도, 심지어 학술적으로 규정된 평면도조차 없는 곳에서도, 일상적 의미의 대칭이라는 말과 전혀 관계가 없는 곳에도 그렇지 않은가? 우리가 고전의 오더(Ordnungen)[33]에 대해 거론하는 것도 단순히 우연이 아니다! 자연이 고정된 규칙에 따라 작동한다는 점에서, 자연에는 질서가 지배하는 것을 알 수 있고, 고대의 기념비에도 분명한 질서가 있다는 것을 알 수

••

33) (역자 주) 여기에서 베를라헤는 Ordnung 개념을 이중적으로 사용하고 있다고 보고 "질서"와 "오더"(복수형 Ordnungen의 경우)라고 번역하였다. 그가 인용부호로 강조할 때는 그 단어의 본래 뜻을 염두에 두었고, 이들을 복수형으로 사용할 때는 의역, 곧 건축역사에서 그리스 고전의 오더를 의미하는 것으로 파악하였다.

있다. 따라서 우리의 건축도 다시 분명한 질서에 의해 규정되어야만 한다. 기하학적 체계를 따르는 설계는 앞을 향한 거대한 진전이 아닐까? 이것은 이미 많은 현대의 네덜란드 건축가들이 작업하고 있는 방식이다.

이 자리에서 이 체계를 상세하게 논의할 수는 없지만, 이를 고전 예술의 모듈이나 중세의 삼각 체계와 비교할 수 있다.

한 가지, 이 방식 자체는 목적이 아니라 수단이며, 그 수단만으로는 누구라도 예술가가 될 수 없다는 점은 염두에 두어야 한다.

오늘날 소위 새로운 양식을 찾으려는 엄청난 노력은 오직 "다양성 속의 통일성"을 찾기 위한 것이라고 보아야 한다. 다시 말해 모티브에 질서가 스며들도록 하는 것이다. 거친 열정으로 곳곳에서 임의로 끌어온 수많은 모티브에 고요를 부여하는 일이다.

그리고 우리는 당연히 이 과정을 의식적으로 해야 한다. 우리가 어떤 일을 하려면 의식이 있어야 시작할 수 있기 때문이다.

이 모든 것은 어쩌면 자명해 보인다. 그러나 내가 먼저 말했던 것처럼, 자연은 무의식적으로 작동하지만, 그런데도 양식이 있다. 그리고 내가 방금 말한 것처럼, 인간은 자연을 모델로 삼아 의식적으로 작업해야 한다. 이 두 주장은 마치 상반된 것처럼 보이므로, 여기에 대해서는 해명이 필요하다. 특히 이 시각에서 사회적 현상과 만나게 되면 더욱 그렇다.

오늘날 사회 양상과 그 과도함에 만족하지 못하는 모든 사람, 자연으로 돌아가기를 원하고 대지로 회귀하라고 설교하는 모든 사람, 오늘날의 의미에서 인간은 더 이상 군집하는 동물이 아니라고 주장하는 사람들, 도시들은 사라져야 한다고 주장하는 사람들, 그들은 우리 건축가에게 이렇게 말한다. "농가로 돌아가라, 농가는 단순한 요구가 낳은 결과이다." 아주 옳은 말이다. 그러나 그것은 농부의 요구일 뿐이다. 우리의 궁전 역시 요구를 반영하였다. 철학적 차원에서 볼 때, 지어진 모든 것은 필요의 결과이다. 그런데 자연으로 돌아가라니? 그렇다면 우리의 도시들도 역시 자연이다. 즉 모든 것이 자연이다. 여기에는 서로 다른 것들이 섞여 있다.

우선, 도시들이 사라지는 경우가 있다고 하더라도, 인간은 한순간도 고립되기를 원하지 않는다. 단지 스스로 사회 밖에 머물기를 원하는 영혼을 지닌 소수의 사람만 예외일 뿐이다. 오히려 우리는 정신적 욕구를 채우려고 하며, 이를 위해 온갖 노력을 기울이는 과정에서 함께 모이게 된 것이다. 여기에는 자연에 있는 벌이나 개미 집단의 예도 도움이 될 정도이다.

자연스러운 인류의 발전은 사람들이 원하는 것과 정반대의 방향으로 진행되고 있다. 도시는 문화의 시작이 아니라 끝에 서 있다. 지금 벌어지고 있는 상황처럼 도시는 조밀하고 촘촘한 구조에서 좀 더 공간적으로 발전된 모델로 점차 변형되고 있을지라도 말이다. 이 발전의 끝에 소위 미래의 전원도시가 있는데, 빠른 교통수단을 통해 가능하게 되었고, 자연에 대한 사랑도 배제할 필요가 없는 도시이다.[34] 오히려 도시의 아름다움에 가장 감동된 사람들은 한결같이 별이 빛나는 밤의 숭고함이나 가을 숲의 깊은 분위기에도 가장 매료되는 사람이다. 건축은 예술이어야 하는데, 농가는 예술작품이 아니라는 이유와는 상관없이 농가로 회귀하는 것은 불가능하다. 왜냐하면 농가는 고정된 규칙 내에서 자연이 무의식적으로 진화하는 것과 같은 연속적인 방식으로 진화했고 무의식적으로 발전했기 때문이다.

∙∙

34) (영역자 주) "미래의 전원도시"에 대한 베를라헤의 언급은 에버니저 하워드의 중요한 책의 제목을 지칭한다. 이 책은 1898년에 *Tomorrow: A Peaceful Path to Real Reform*(London: Swan Sonnenschein, 1898)으로 출판되었다. 이 책의 직접적인 결과로 1899년에 전원도시협회가 창립되었고, 1903년에는 하트퍼드셔 레치워스에 첫 번째 전원도시가 조성되었다. 1902년과 그 이후에 하워드의 텍스트는 *Garden Cities of To-morrow*(London: Swan Sonnenschein, 1902)라는 제목으로 재판되었다.

그리고 자연의 산물처럼 농가도 조건에 순응했다. 바로 이러한 이유로 농가는 아름다우며, 풍경과 하나가 된 것이다. 원시인이 특별한 의식 없이 만든 것이 아름답듯이 이와 같은 차원에서 농가는 아름답다. 이 특징은 아동 예술에서도 나타난다. 순진하고 자연적이며, 자연스러움 때문에 양식적으로 타당하며 감탄스럽다. 바로 이런 이유로 단순한 창작물 또한 자연과 조화를 이룬다. 농부의 의상(노동자의 의복도 포함하여)이 아름다운 것처럼, 농가도 아름답다. 이것들은 아름다운 무언가를 만들어내려는 의도 없이 발전해왔으며, 바로 그 때문에 자연과 조화를 이룬다. 이와는 대조적으로 유럽식의 복장들, 특히 일요일의 의상을 들녘에서 보면 아주 우스꽝스럽게 보인다. 그런데 바로 여기에 소위 회화적 매력의 비밀이 놓여 있다. 무의식적인 아름다움이 화폭의 예술, 곧 모방의 회화예술로, 또한 조각과 같은 장르로 이끌었다.

건축은 자연과 또 원시 민족에서 보편적 가치를 배울 수 있는 것과 마찬가지로, 농가를 설계할 때는 농부의 주거에서 배울 수 있다. 곧 원초적인 형태의 단순성이다. 그러나 농가 그 자체를 그대로 다시 지을 수는 없다. 왜냐하면 우리가 의도하는 것은 예술작품이기 때문이다. 이것은 오로지 의식적인 노력, 곧 아름다운 무언가를 만들겠다는 의식적인 의도로만 열매를 맺을 수 있다. 그리고 아름다운 것이란 곧 올바른 양식을 의미한다.

이 점은 충분히 설명할 수 있다. 양식에 근거한 전원주택은 풍경에 잘 어울릴 것이며 농가보다는 더 높은 질서의 아름다움을 구현할 것이기 때문이다.

이와 같은 이유로 양식적으로 세심하게 만들어진 옷, 국가적 복장이나 심지어 군복까지 또한 자연과 조화를 이룬다. 왜냐하면 이 의복들은 더 높은 질서의 아름다움을 구현하기 때문이다. 더 나아가 보편적으로 의식적 양식 자체, 곧 건축적 아름다움은 더 높은 질서의 아름다움, 다시 말하면 회화적 아름다움이기 때문이기도 하다. 여기에서 중요한 것은 어떻게 의식적인 작품으로 전환할 수 있는지 알아내는 일이다. 왜냐하면 농가는 여러 기술적 오류들을 별개로 하더라도 예술적으로, 곧 미적인 완벽함에서도 여전히 불완전함을 보여주기 때문이다.

문화가 성숙해가는 과정은 우리에게 의식적으로 작업하도록 강요한다. 그래서 농가의 주거로 되돌아간다는 것은 더 낮은 문화, 궁극적으로는 문화가 없는 상태로 퇴보한다는 것을 의미한다.

젬퍼는 "진보된 예술의 경우, 사용하는 재료가 논리적 창작을 위해 예술적으로 다루어질 때 재료의 한계와 장점은 비로소 의식적으로 구분되기 시작한다."고 생각했다. 젬퍼 이전 헤겔도 다음과 같이 지적했다.

"예술미는 자연보다 더 고원하다. 정신에서 잉태되어 거듭나는 아름다움이기 때문이다. 그리고 정신과 그 산물이 자연과 그 현상들보다 더 높은 곳에 있는 것처럼, 예술미는 자연미보다 더 고귀하다."[35] *

따라서 다시 강조해 말하겠다. 자연에서 배워야 한다. 그러나 자연이 무의식적으로 한 것을 우리는 의식적으로 하도록 배워야 한다. 이러한 정신으로 작업한다면, 우리는 모든 양식의 시대가 성취한 것을 다시 획득할 수 있을 것이다. 왜냐하면 이들 시대의 기념비들은, 그리고 사소한 물건들조

..

35) (원주) G.W.F. Hegel, *Vorlesungen über die Aesthetik* in: Hegel, *Werke*, 2. Aufl. (Berlin: Duncker & Humblot, 1842), 10.1. (영역: Georg Wilhelm Friedrich Hegel, *Aesthetics*, trans. T. M. Knox(Oxford: Clarendon, 1975), i : 2)

차도 모두 양식의 본질적인 특질, 즉 다양성 속의 통일성을 보여주기 때문이다.

나는 이 시점에서 이집트 예술에 관한 젬퍼의 해석을 소개하려고 한다.

"이집트 건축의 기본적인 특성은 마치 배아처럼 나일강에 담겨 있는 듯하다. 그리고 히드라(Hydra) 형태와 도리아 양식의 개별 유형들 사이의 유사성도 대단히 놀랍다. 왜냐하면 이 두 형태는 건축에서 나중에 고안된 것들이 어떤지 예고해주며, 두 민족의 본질을 기념비적으로 표현하려고 시도했기 때문이다."[36]

모든 양식은 청년기의 단계, 수년의 거친 시기, 그리고 완숙의 시기를 거쳐 장년, 다시 말해 고요한 힘과 의식적인 실천으로 성장하는 것이 틀림없다. 우리는 여전히 청년기 단계에 있다. 의식적인 작업은 아직 시작도 하지 않았다.

따라서 이렇게 의구심이 가득한 혼돈의 시대, 즉 과거를 돌아보지 않고, 거대한 도시의 팽창으로만 내달리고 있는 시대에서 우리는 새로운 양식을 그야말로 몹시 갈망하고 있다. 최종적으로 기념비적인 양식을 찾으려고 한다. 왜냐하면 종국에는 건축만이 시각적 형태를 통해 민족의 위대한 행위와 신성한 감정을 불멸의 것으로 만들 수 있고, 이것을 다시 성취하게 될 기념비들은 오직 정신적이며 지적인 중심에, 다시 말해 미래의 도시에 지어질 수 있기 때문이다.

농가로 되돌아가면, 우리 건축가들은 특별히 할 일이 없을 것이다. 왜냐하면, 우리는 아무 걱정 없이 농가를 짓는 일을 농부들에게 맡길 수 있기

..

36) (역자 주) Gottfried Semper, *op. cit.* (1860-1863), 2,5: 5.

때문이다.

그렇지 않다면, 우리는 이상적인 경우를 생각해볼 수 있다. 그리고 이것이 우리 건축가가 해야 할 일이다. 그 결과는 최상의 아름다운 것이 될 것이지만 먼 미래가 되어야 비로소 이 목표에 도달할 수 있을 것 같다. 그리고 이것은 단번에 성취할 수도 없을 것이다.

내가 다시 강조해서 말하겠다. 단번에 되지 않는다. 진정 그렇지 않다. 왜냐하면 우리 사회가 얼마나 급격히 변화하고 있는지, 이것이 일으키거나 혼란스럽게 하는 것이 얼마나 엄청난지 보고 있어서 나는 기념비적 양식의 건축예술작품을 장려하는 것은 고사하고 기대조차 할 수 없다고 확신하게 되었다. 당분간 나로서는 그러한 작품이 지어지기는 불가능하리라 본다.

그렇다면 우리 시대의 새로운 양식은 없는 것일까? 이미 여러 저널이 반가운 소식을 발표하지 않았는가? 나로서는 당분간 이 반가운 소식에 거리를 두려고 한다. 이 양식과 관련해서 지금까지 성취한 것에 대해 과대평가하지 않으려고 하기 때문이다. 박물관 내부 홀이나 일본식 상점을 한 번만 보아도 우리는 여기서 검소한 분위기를 느낀다. 양식에 도달하기 위해서는 특정 전통과 장식 요소가 서로 합일이 되어야 한다. 이 합일이 바로 원리상 근본에 속한다. 그리고 유럽의 여러 나라에서 출현한 소위 현대 양식을 들여다보면, 내가 아무리 긍정적으로 평가한다고 해도 거부감이 생긴다. 왜냐하면 점점 더 교통이 발달하기 때문에 국가 간의 경계는 지워질 것이라고 기대하지만, 이와 대조적으로 모든 예술 활동은 오히려 국가별로 한정되는 경향을 드러내기 때문이다. 적어도 내가 아는 한, 새로움을 추구하는 모든 건축가는 위에서 지적한 것처럼 단순하고 정직한 구조의 원리를 신봉하지만, 대부분 이 원리들은 말로만 남아 있거나, 잘못 이해되고 있는 지경이다.

DETAIL· DER · BEURS

    "아르누보"를 예로 들면, 의심할 여지없이 대단히 뛰어난 능력을 갖췄던 앙리 반 데 벨데가 주창한 것이지만, 그 전체의 양상은 건강한 구조의 원리와는 정반대가 아닌가? 그리고 그 결과로, 이 "새로운 예술"은 이 원리를 잘못 이해하였기 때문에 그 영향은 이미 크게 줄어들지 않았는가? 이제 미래를 위해 우리가 나아가야 할 방향은 가치를 향해 오직 정직하고 단순한 구조를 가장 명료하게, 다시 말하면 가장 신뢰할 수 있는 방식으로 작업하는 것이다. 중세 예술은 이 목표를 위해 우리에게 더할 수 없는 가치를 보여준다.

나는 앞에서 위대한 실용미학자였던 두 사람, 젬퍼와 비올레르뒤크를 언급하였다. 나는 양식의 문제에 관한 한 비올레르뒤크의 업적을 젬퍼의 것에 비해 낮게 평가할 필요는 없다고 믿는다. 왜냐하면 그는 원칙적으로 중세 예술이야말로 새로운 시대를 위한 올바른 기초라는 통찰력을 가지고 있었기 때문이다. 그에 따르면 중세 예술은 순전히 구조의 바탕 위에 서 있었을 뿐만 아니라, 옛것과 새것 사이를 이어주었다. 그러므로 우리는 이 고리를 다시 올바른 자리에서 이어가야 한다. 고전 예술, 곧 이탈리아의 르네상스나 18세기 중반 네오르네상스 운동 전체는 단지 한시적인 가치를 지닐 뿐이었다. 원칙적으로 구조적이지 못하고, 오로지 장식적인 방향으로 퇴락해간 예술을 새롭게 하는 일은 이미 시작부터 걱정스러운 것이었다. 왜냐하면 이를 실천하려던 소위 예술가 사도들은 곧 자가당착에 빠져들었고, 이 모순을 피해 갈 수도 없었기 때문이다. 젬퍼조차도 중세 예술의 원리를 누구보다도 더 잘 이해했던 건축가였지만 이 모순에서 벗어나지 못했다. 오늘날 독일은 바로크 양식의 부흥을 새로운 예술이라고 여기고 있지만, 이는 대단히 유감스러운 일이 아닐 수 없다. 이 양식은 우리가 교훈을 얻을 수 있는 마지막의 것이며, 역사적으로 이미 종말을 고했기 때문이다.

바로 이 때문에, 유럽의 모든 나라에서 전개되었던 네오르네상스 운동은 아무리 재능 있는 예술가들이 주도했더라도 자포자기식 행동일 뿐이었고, 셰플러의 지적대로라면 천재적인 무기력, 에피소드였을 뿐이다. 정확히 이 이유 덕분에 그와 다르게 전개된 신중세 운동(neo-mittelalterliche Bewegung)은 오히려 현대 예술을 위한 예비학교로서 원칙적으로 좀 더 좋은 결실을 맺게 해주었다. 그리고 이 때문에 영국의 대규모 운동은 커다란 영향을 미칠 수 있었다. 그들이 추구한 것이 바로 네오고딕이었기 때문이다.

이미 언급했던 것처럼, 나는 단순한 형태와 정직한 구조의 원리를 잠정적으로 우리가 따라야 할 올바른 원칙으로 여긴다. 나는 이를 교리로 주장하고 싶다. 진정한 예술가라면 우리에게 원리가 있는 한 세상은 몰락하지 않는다는 것을 확신하도록 해주기 때문이다.

우리는 성급하게 앞선 세대들이 수 세기에 걸쳐 이루었던 것을 25년 만에 성취하려고 시도해서는 안 된다. 만일 우리가 일을 서두르면, 요즘처럼 빠르게 돌아가는 시대에는 그와 관련해 큰 위험들이 뒤따를 것이다. 어딘가에 걸려 넘어질지 모르고 또 그러다 보면 처음부터 새로 시작해야만 할지도 모른다.

이것 이외에도 건축설계 과정에서 건축가가 직면하는 문제들은 전보다 훨씬 더 어렵고 복잡해졌다. 공무원의 요구, 위생의 규제들 때문이다. 새로운 재료도 매일 새롭게 등장하기 때문에 실무적으로 검증 과정을 거친 다음 미학적으로 사용해야 한다. 그리고 시공 기간이 짧을 수밖에 없는 것은 항상 "시간이 돈"[37]이기 때문인데 이 모든 것을 차치하더라도 더욱 어려운 문제는 물질적 문제와 관련된 시공업자와의 잦은 분쟁이다. 왜냐하면 시공은 건축가와 시공업자의 공동 작업이어야 하지만, 시공업자는 원론적으로는 건축가의 하위에 있기 때문이다. 이 상황에서 우리는 어떻게 "다양성 속의 통일성"을 추구할 수 있을까? 그러나 이 분쟁은 불쾌한 일이기는 하지만 서로 협업해야 할 예술가 사이의 의견 충돌에 비하면 아무것도 아니다. 화가나 조각가는 상이한 예술관을 갖고 있기 때문에, 건축가를 이해하지 못하거나 이해하려 들지 않기 때문이다. 최악의 경우는 다양성 속의 "정신적 통일성"이 빠진 경우이다. 한편으로 물질적 원인이, 다른 한편으로 정신적 원인이 이 위대한 통일성에 반해서 작동하여 더 높은 이상으로

··
37) (영역자 주) 원본 텍스트에서 베를라헤는 이 단락을 영어로 쓰고 있다.

의 비상을 방해하는 한, 우리는 앞으로도 오랫동안 비참한 상황에 머물 수밖에 없다. 기념비적 건물을 지을 때 극복해야 할 어려움 또한 너무도 극심하기에, 이 상황이라면 진정한 예술작품 또한 기대할 수 없을 것이다.

결국 우리는 어떤 완전한 것에도 도달할 수 없다는 절망적인 자각에 이를 수밖에 없다.

그러나 우리가 애타게 기다리는 양식, 곧 다양성 속의 통일성, 고요와 질서는 이미 이집트 신전과 그리스 사원, 로마네스크 성당, 힌두 사원, 고딕의 성당, 르네상스의 시청사 등에서 훌륭하게 구현되어 있다. 이 찬란한 시대의 작품은 높거나 낮은 여러 층위의 질서를 통해 통일성을 보여주었다. 그리고 이들 작품은 결코 개인이 노력한 결과가 아니었다. 이와 달리 오늘날은 개인주의와 주관주의가 최고조에 이른 시대이며, 최근에 올브리히(Olbrich)가 한 표현을 보면 그 극단을 볼 수 있다.

"예술가여, 당신의 세계를 표현하라. 이전에도 없었고, 앞으로도 없을 세계를."[38]

이제는 모든 것이 개인에 의해 이루어지며, 이 상황에서 타인에 대한 증오는 더 심해지고, 상대방의 불행을 보고 기뻐하는 일이 더욱 성행한다. 다른 사람을 모방한 것 같지 않다는 조건만 채운다면 모든 것이 용서될 수 있다. 그래서 통일성을 성취하기 위해서는 앞선 사례를 새롭게 재창조하는

: :
38) (영역자 주) 이는 헤르만 바(Hermann Bahr)가 비엔나 분리주의(Secession) 건물을 위해 지은 경구였는데, 다름슈타트 소재 에른스트 루트비히 하우스(Ernst-Ludwig-Haus)의 정문 위에도 새겨졌다. 요제프 마리아 올브리히가 설계한 이 건물은 1901년 5월에 열린 「독일예술 기록전(Ein Dokument Deutscher Kunst)」 전시회에 맞춰 완공되었다.

것이 가장 중요한 일임에도 불구하고, 이제 사람들은 형편없지만 새로운 것을 만드는 것을 선호한다.[39]

오늘날에는 경제뿐만 아니라 정신적으로도 투쟁을 벌이고 있다. 개인에 저항하는 다수, 다수에 저항하는 개인의 투쟁이다. 경제적인 관점에서만 협력이 없는 것이 아니라 정신적인 관점에서도 마찬가지이다. 정신적 협력이 가능하지 않은 이유는 함께 일하는 데에는 희생, 즉 자기 자신의 의견을 더 높은 무언가에 종속시켜야 할 필요가 있는데, 우리가 사는 이 냉소적인 시대는 희생을 모르기 때문이다.

그 결과, 무질서, 즉 양식의 결핍이 만연하고 있다. 경제나 정신에서 불안이 지배하는 한, 우리가 갈망하는 성장과 발전은 기대할 수 없다.

이와 반대되는 표어 "전체를 위한 하나, 하나를 위한 전체"에 경의를 표하는 시대가 다시 가능할까? 우리가 이해하는 한, 이것에 대한 환상을 품는 것도 어렵다. 그렇지만 미래를 위한 기념비적 예술을 향한 희망과 확신은 여전히 확고히 남아 있다. 그러나 이 미래는 여전히 멀리 있다. 이렇게 보는 이유에 대해서는 내가 충분히 설명했다고 생각한다. 그런데 우리의 목표, 곧 양식을 전혀 갖지 못하고 있는 상태에서 벗어나기 전까지 얼마나 많은 일이 더 일어나야만 이를 극복할 동기가 부여되겠는가?

좀 더 높은 차원에서 여러 사건과 현상들의 관계를 연구해보면, 오랜 시간이 지나야지만 새로운 예술 시대의 입구에 도달할 수 있다는 인식에 이른다. 그것도 우리가 흔히 보는 것처럼 그 조건은 단순히 하나의 징후, 곧

∴

39) (역자 주) 이 단락에서 베를라헤는 자본과 마찬가지로 대표적인 비판의 대상인 '개인주의'를 겨냥하고 있다. 공동체와 노동의 가치를 지향하는 그에게 '개인'의 강조는 추함을 조장하는 정신적 폭력이다. 그러나 짐멜은 돈과 개인성의 긍정적 차원을 분석한 바 있다. 사회적 분석가와 정치사회적 운동가가 보이는 현상에 대한 다른 해석이라고 할 수 있다.

예술적 징후 자체에만 집중하지 않는다는 것이다. 따라서 경제적, 정신적 무정부상태가 만연하고 있는 현실은 우리가 도달하려고 하는 곳과는 정반대이다. 무엇보다도 자본주의 정신의 파괴적인 영향력도 대단히 커서 적어도 이를 무력화시키기 위한, 위대한 노동자 운동은 더욱 활발히 전개되어야 한다. 왜냐하면 기념비적 예술, 진정한 양식에 대한 기대를 가로막는 것은 돈 그 자체가 아니라 바로 이 자본주의 정신이기 때문이다.

그리고 이 일은 정치적 갈등 없이는 일어날 수 없다. 어떤 나라의 정치적 운동을 비교해보더라도 뚜렷이 일치하는 점이 있는데, 바로 이 운동은 예술의 흐름과 상호 관련을 맺고 있다는 것이다. 개인의 의견과 견해를 대변하는 어떤 정치적 정당이나 단체도 과거에 진보적이었던 정당을 대신하고 있다. 왜냐하면 이 정당은 자신의 이상을 상실했고, 이제는 이러한 이상도 없이 힘없는 중도정당으로 남아 있기 때문이다. 이 혼란의 와중에 두 개의 정당이 출현하고 이들은 극단적으로 서로 다른 입장을 대표하여 투쟁을 벌이지만 결국에는 어느 하나가 승리자로 득세하게 된다. 이제 이 승리가 노동자 운동에 돌아갈 것은 필연적 역사의 논리인 것으로 보인다.

이와 같은 현상이 새로운 예술 운동에서도 나타나고 있다. 여기도 마찬가지로 많은 개인의 양식들만큼이나 다양한 예술 노선과 집단들 사이에 무질서한 혼돈이 일고 있고, 이들을 보면 두 개의 노선으로 크게 나눌 수 있다. 하나는 교회의 노선, 곧 중세의 정통파 프로테스탄트적이고, 다른 하나는 모던의 노선이며, 이는 현재 계속 발전하고 있다. 이 노선은 정치 정당과 달리 아직 명확하게 규정된 국제적 프로그램을 갖추고 있지는 않다. 여기에는 여전히 무정부주의적인 요소가 남아 있다. 예술 운동은 정치적 운동과 다르기 때문이다. 그렇지만 이 혼돈 속에서 궁극적으로 하나의 노선이 성립될 것이다. 이 노선은 여러 요소

를 통해 감지되며, 이 요소들이 바로 새로 도래할 양식의 기초가 될 것이다.[40]

두 가지 발전 과정, 즉 물질적이거나 정신적인 과정은 동시에 완성을 향해 움직인다. 현재 정신적 발전이 이루어지고 있는 사실을 보면 이를 알 수 있다. 현대의 예술 운동은 다양한 모습으로 드러나고 있다. 그러나 전체를 보면 정신적인 진화 과정이 아니고 무엇이겠는가? 그리고 이 혼란에서 결국은 견고한 예술이념(Kunstidee)이 우뚝 서게 될 것이다. 정치적 진화가 완성에 이르는 순간, 예술의 진화도 그 돌파구를 마련할 것이며, 바로 이 지점에서 우리는 양식의 발전에 이바지할 것이다. 그런 다음에야 우리는 다시 세계감(Weltgefühl)[41]을 논할 수 있을 것이다. 왜냐하면 모든 인간을 위한 위대한 평등의 원리는 종교뿐만 아니라 정치 경제 분야를 주도할 것이기 때문이다.

세플러가 했던 말을 다시 인용하겠다.

"세계감, 곧 태고의 전통(Urkonvention)에 기초하지 않은 예술은 존재하지 않는다."

• •

40) (역자 주) 작은 활자체로 표기된 이 두 문단은 독일어 원본에는 실려 있지 않다. 본 국역에서는 새 독어본, 또한 영역본과 마찬가지로 베를라헤가 네덜란드본인 "Beschouwingen over stijl(pp. 71-72)"에 기록했던 대로 추가해서 싣는다.

41) (역자 주) Weltgefühl: 영역은 universal attitude라고 하였지만, 세계감이라고 번역하는 것이 직역에 가까울 것이며, 소위 형이상학자들이 디디고 있는 근거이다. 슐라이어마허에게 세계감은 형이상학자를 무한과 결속하는 방식이었고, 무한을 고향으로 삼는 자에게만 이 세계감의 영예가 주어진다고 했다. 헤겔은 고전(das Klassische)에서, 니체는 1870년경 독일의 위기시대에서 유일한 창조주로서 이 세계감의 발전과 전성기를 보았다.(H. Fischer, *Erlebnis und Metaphysik*, München: C.H. Beck, 1928, reprint: Paderborn: Sarastro, 2012, p. 307)

"삶의 근본이념에 보편적으로 타당한 전통은 조형예술을 위해서도 대단히 중요하다."[42]

이것은 탁월한 지적이 아닌가? 오늘날의 예술가들은 이 이상적인 근본이념을 잃어버렸기 때문에 장식의 영역에서 의미 있는 것을 성취하지 못하고 커다란 무력감에 좌절하고 있지는 않은가? 셰플러는 이어서 다음과 같이 말하고 있다.

"과거의 예술 시대들이 완성될 수 있었던 것은 오로지 사람들이 종교를 통해 하나가 되었기 때문이다. 오늘날의 예술 생산이 파편처럼 분산된 이유는 보편적으로 수용될 세계이념이 부재하기 때문이라고 해명할 수 있다. 양식은 한계 상황을 극복함으로써 존재한다. 양식은 기초를 위해서 체계가 필요하며, 양식 자체가 하나의 체계이다. 인류는 의식을 가지면 가질수록, 더욱 이 체계가 필요하다. 많은 의구심에 대한 답도 가능한 한 이 체계 안에서 찾아야 하며, 모든 삶의 모순도 이곳에서 해결해야 한다.

두 전통, 두 종교 사이의 시대는 시각예술이 열매를 맺을 수 없는 때이다. 사회적 이상의 본질에 대한 합의가 더 이상 유효하지 않은 상황에서 이제 각 개인은 스스로 서는 수밖에 없다. 보편적으로 이해 가능한 어떠한 상징들도 그에게 허용되지 않기 때문이며, 또한 그는 자신이 지각하는 것에 대한 유추도 이제 스스로 새롭게 찾아야만 하기 때문이다. 그런데 이렇게 지각한 것이 자신에게는

42) (영역자 주) 베를라헤의 인용문은 셰플러의 텍스트를 축약한 것이며, 발췌한 단락 중에는 베를라헤가 직접 손으로 필사한 것도 있다. Berlage Papers, Nederlands Architectuurinstituut, Rotterdam, Dossier 163. 참조.

상징적일지라도 다른 사람들에게는 그렇지 않으며, 따라서 그는 이해되지 못한 상태로 남는다. 종교의 부재 기간에 나타나는 독특한 양상은 바로 모두가 고독 감을 느낀다는 것이다. 그러나 문화를 창조하기 위해서는 반드시 연대감이 있어야 한다."[43]

이 말은 타당하지 않은가? 이 고독감이야말로 우리 시대의 모든 예술가가 경험하는 것이 아닐까? 대중이 이들을 이해하지 못하고 있기 때문이며, 그 원인은 바로 이들이 대중의 이해를 넘어서는 예술이념들을 고수하고 있기 때문이다. 이들의 작품이 진부하고 고루한 일상의 이야기와는 다른 언어를 말하고 있을 때, 대중은 이를 이해하기는커녕 욕설을 퍼부을 것이다. 더욱이 신문에서도 소위 비평가라는 사람들이 나서서 이 새로운 예술가들이 하는 일은 모두 무의미하고 엉터리라는 것을 일반인들이 모두 알아야 한다고 주장할 것이다. 물론 이들은 예술가들보다 참조하고 있는 것이 훨씬 적은데도 이를 바탕으로 글을 쓸 뿐만 아니라, 창조하는 것보다 비판하는 것이 더 쉽다는 점도 언제나 망각한다.
　계속해 더 인용하겠다.

　"오늘날은 두 가지 상황 사이에 놓여 있다. 한편으로는 종교와 철학의 전통이 결핍되어 있고, 다른 한편으로는 이 전통에 대한 갈망 때문에 새로운 예술들이 발현되고 있다. 그런데 기독교는 죽었기 때문에 새로운 형태의 보편적 세계 개념은 자연 과학의 연구 결과에 기초해야만 하지만 아직 시작조차도 감지하기

∴

43) (영역자 주) 베를라헤는 셰플러의 글을 정확하거나 기분에 따라 다양하게 인용하면서 다르게 표현하고 있다.

어려운 상태이다.[44] 예술가들은 이 딜레마에서 서로 나뉜다. 그 한 부류의 예술가는 이교도이든 기독교이든 과거의 형태를 선택해서 새로운 지각 형태에 이것을 끼워 맞추려고 한다.

실용을 추구하는 예술가들이 기능적 아이디어라고 부르는 것은 본질적으로 인과관계론, 다시 말하면 신 관련 아이디어이며, 테이블이나 의자, 주택, 상업 건축물을 합리적 방식으로 구축하겠다는 시도의 기원은 종교적 열망에 따라 추동된 저류에 근거한다."[45]

그렇다. 그리고 바로 이 마지막 문장을 통해 우리는 무의식적으로 새로운 운동의 이상적인 근거가 무엇인지 볼 수 있다. 합리적인 구조는 새로운 예술의 근간이 될 수 있다. 이 원리가 충분히 받아들여지고 보편적으로 적용된 때라야만, 우리는 새로운 예술의 문턱에 들어섰다고 할 수 있다. 그리고 또한 새로운 세계감, 모든 인간의 사회적 평등이 선언되는 바로 그 순간 새로운 예술이 가능할 것이다. 이 세계감은 세속을 벗어난 이상, 곧 종교적 의미의 이상이 아니라, 이와는 다른 지상의 이상과 결부된 것이어야 한다. 이렇게 된다면 이때 우리는 모든 종교의 최종적인 목적에 더 가까이 다가갈 뿐만 아니라, 기독교의 이상도 실현하게 되는 것이 아닐까? 기독교의 교리 전체는 결국 모든 인간의 평등이며, 이것이 모든 이상적인 고찰의 첫 번째 조건이 아닐까?

이런 상황이어야 예술은 다시 세계감을 의식적으로 표현하기 위한 정신

••

44) (영역자 주) 이 단락은 셰플러의 책에서 약간 변형되어 인용되었다.

45) (독어본 주) Karl Scheffler, *op. cit.*, pp. 15–16. 그런데 이 인용문의 마지막 문장은 셰플러의 책에는 없다.

적인 기반을 갖게 될 것이다.

또, 이런 상황이어야 건축적 예술작품도 개인에 국한된 속성이 아닌, 공동체 전체의 산물이 될 것이다. 장인의 지도하에 모든 작업자가 함께 정신적으로 세계감에 공헌을 하게 될 건축예술 말이다. 이러한 종류의 협력은 중세를 제외하고는 어떤 위대한 문화의 시기에도 일어나지 않았기 때문에, 우리는 오늘날에도 노동자들이 자신의 작업에 관심을 두지 못하고 있다는 사실을 잘 알고 있다. 세세한 개인의 감정을 내세우기보다는 시대정신을 목적으로 하며, 주도적인 예술가가 이 정신의 번역가가 되어야 한다고 하면 오늘날에는 받아들여지지 않을 것처럼 보인다. 왜냐하면 내가 알기로는 어떤 예술가도 미래예술에 열광하거나 공동사회의 예술에 대해서 논하는 경우를 본 적이 없기 때문이다. 오히려 이들은 서로 협력해야 한다고 하면 가장 반동적 자세를 보인다. 그래도 개인은 과거의 경우처럼 뒤로 물러서야 한다. 공동체가 아니라 아이디어를 위해 그렇다. 중세 성당의 건축가가 누구인지, 이집트 건축가의 이름이 무엇인지 누가 묻겠는가? 사람들은 단지 건축물이 서도록 했던 통치자만을 알 뿐이다.

그러나 우리는 건축 양식을 위한 기나긴 길 위의 출발점에 서 있다고 주장할 수 있으며, 나는 어떤 것도 이 운동을 멈추게 할 수 없다고 믿는다. 더 나아가 건축은 20세기의 예술이 될 것이다. 이것 역시 내가 현재의 사회적, 정신적 징후에서 도출해낸 확신이다. 노동자 운동이 발전하면 우리 대중에게 가장 가깝고 우리에게 없어서는 안 될 예술, 바로 건축예술도 함께 발전하기 때문이다.

건축예술의 진화는 어떤 시대라도 일상 용품과 가재도구의 진화와 함께 시작되었다. 그런데 오늘날 이 용품과 가구, 실내가 얼마나 미친 듯이 뒤바뀌고 있는지 보면 특이한 일이 아닐 수 없다. 젬퍼의 지적대로, 이집트의 양식은 나일강이라는 그릇에서 태동하여 신전으로까지 발전했듯이 미래의 예술도 마찬가지로 앞으로 생겨날 새로운 용기에 잉태되어 있을 것이다.

이렇게 된다면 건축은 다시 예술 중에서 첫 번째 위치를 차지할 것이다. 그 이유는 바로 건축은 본래 민중예술(Volkskunst), 즉 개인의 예술이 아니라 모든 이의 예술이며 시대정신이 반영되는 공동체의 예술이기 때문이다. 하나의 건축물을 세우기 위해서 실용예술 전체가, 또한 노동 인력 모두가 필요하다. 건축물의 시공에는 모든 인력이 함께 작용해야 하며, 모두 경제적으로 독립적일 때만 이 인력은 정신적인 목적에 봉사할 것이다. 건축은 무엇보다도 민족 전체의 위대한 재능의 발현이다. 모두가 이상적인 목표를 향해 서로 협력할 때, 위대한 건축은 완벽에 이를 수 있다. 이 놀라운 완벽함이 바로 고도의 건축예술의 비밀이며, 이 때문에 이 위대한 건축은 개인이 성취할 수 있는 것이 아니다.

이것뿐만이 아니다.

건축예술은 20세기의 조형예술이 될 것이다. 600년 전에 그랬던 것이 마지막이었다. 회화와 조각도 다시 건축에 봉사하며 함께 진보할 것이며, 좀 더 높은 경지에 도달하도록 보조할 것이다. 그렇지만 회화와 조각은 미술품이나 살롱 조각품(Salonfigur)이라는 현재의 성격을 상실할 것이다. 이 장르의 작품들은 원론상 정신적으로 낮은 단계의 예술을 대표하기 때문에 부차적인 위상에 있다. 오늘날의 사회적, 예술적 발전 양상을 통해 예견하자면, 실용예술이 성장하면서 이에 대한 사람들의 관심이 대단히 커졌고, 상대적으로 회화작품이나 조각작품의 수는 해마다 크게 줄어들 것이다. 우리 공동체에서 다양성 속의 통일성에 대한, 질서에 대한, 곧 양식에 대한 갈망은 이미 지배적이다. 양식이 과거에 존재했었고 앞으로도 다시 존재하게 될 것이며, 아직 우리가 규정할 수 없는 다른 형태로 존재할 것이지만 나로서는 우리 사회가 양식에 대해 거론하는 것은 좋은 일이라고 생각한다. 그러나 이 새로운 공동체는 지금 브뤼헤의 모습과는 정반대일 것이며, 정신적으로도 완전히 다른 성격일 것이다. 이제 오늘날의 예술가들은 예술적으로 새로운 사회를 다시 아름답게 해야 하는 멋진 임무, 곧 이 사회의 위대한 건축적 양식을 준비해야 하는 임무에 직면해 있다. 아마도 이보다 더 멋진 일은 없을 것이다. 왜냐하면 새 시대는 다시 문화를 가질 것이기 때문이다. 한 번도 존재한 적이 없었던 과제들을 멋지게 제시할 것이다. 새로운 공동체는 중세 시대와 그 이전 어떤 시대의 것보다 더 고원한 정신적 지평 위에 서게 될 것이다. 그리고 경제적 평등이라는 완벽한 원리의 결과로서 이상도 더 높아질 것이다. 이 이상을 물질적으로 반영할 때도 더 아름답게 할 것이며, 건축적 기념비들, 또한 그 전체 양식도 마찬가지로 아름답게 할 것이다. 믿음이 있는 사람들은 서두를 필요가 없다. 한편으로 우리는 이 멋진 시대가 이룬 것을 결코 보지 못하리라는 점은 암울한 일이다. 그러나 다른 한편으로는 추함과 서로의 증오, 물질적 냉소주의의 사막에서 우리는 예술이 마치 재에서 나온 불사조처럼 비상하는 희망을 품고 있고, 여기에 기초를 놓는다는 것은 커다란 위로이다.

후기

모든 위대한 문화 시대의 시작은 진정한 건축의 원리가 지배하고 있었다. 바로 훌륭하고 정직한 구조의 원리이다.

내 작업에서도 이 구조를 주도적인 원리로 삼았다. 과거에 발전시킨 고찰에 따라 나는 가능한 한 단순성에 이르도록 절제하고, 구성과 장식의 문제에 있어서는 최대한 자연적인 것으로 여겨지는 해결안들을 찾았다.

이를 위해 다음 설명이 도움이 될 것이다. 이것은 내가 말한 원리의 해명이라고 할 수 있다. 건축은 공간을 에워싸는 예술이기 때문에, 구조적이고 장식적인 면 모두에서 공간에 가장 중요한 가치가 부여되어야 한다. 그리고 건축물은 일차적으로 외부로 향한 선언이 되어서는 안 된다.

공간을 에워싸는 것은 벽을 통해 이루어지기 때문에 이렇게 하나의 공간 혹은 다양한 공간들은 벽체의 다양한 구성을 통해 외부로 표현된다.

이 의미에서 벽은 가장 중요한 가치를 부여받게 된다. 벽은 그 본성상 평면 상태여야 한다. 너무 많은 분절은 벽으로서의 본래 특성을 잃게 한다.

따라서 벽의 건축은 면 위의 장식에 한정된다. 돌출된 요소들은 구조에 필요한 것들로만 남겨져야 한다. 창문 밑틀이나 낙수구, 홈통, 처마돌림띠 등이다. 소위 "벽의 건축"을 따르면 수직적 분절 요소들은 저절로 사라진다. 각기둥이나 기둥과 같은 지지체들에는 돌출된 주두를 두지 않아야 한다. 오히려 벽의 표면 내에서 구성을 마무리해야 한다.

벽면을 실제로 장식하는 것은 창문이다. 당연히 창문은 필요한 곳에만 배치하고, 그런 다음 크기를 조절할 수 있다.

물론 이런 구성은 개별적으로 색채나 조각 장식의 가미를 배제하지 않는다. 단지 이것이 주도해서는 안 되며, 올바른 위치를 찾는 데 가능한 한 세심한 주의를 기울여야 한다. 원론적으로 이들 장식은 벽면 장식에 머물러야 한다. 다시 말해 벽 안으로 들어가야 하며, 소위 형상(조각물)들도 결국에는 벽의 장식 요소가 되어야 한다.

무엇보다도 우리는 노출된 벽을 최대한 순수하게 아름다운 상태로 보여주어야 하며, 지나치게 화려한 장식은 가능한 한 피해야 한다.

결과적으로, 개인적 해석과는 상관없이, 일반적으로 같은 원리를 다음 양식에서도 볼 수 있다.

1. 이집트 양식에서

2. 그리스 양식, 좀 더 정확하게 페리스타일의 신전보다는 안티스 신전
   에서

3. 벽 앞에 열주를 두지 않는 로마 양식에서

4. 로마네스크 작품들을 포함한 중세 양식에서
   그러나 고딕은 급속히 혼란스러운 선들과 형태의 유희로 빠져들었다.

5. 여전히 중세 예술의 영향권에 있었던 르네상스 초기에서
   그러나 르네상스는 고전의 기둥 체계를 벽장식에 적용하면서 진정한
   원리를 저버리고 말았다. 르네상스는 점차 장식예술이 되었고, 장식
   적인 양식으로는 로코코 양식이 가장 큰 성공을 거두었다.

「건축예술의 발전 가능성에 관하여」

Over de waarschijnlijke ontwikkeling der architectuur

1905

OVER·DE·WAARSCHYN
LYKE·ONTWIKKELING
DER·ARCHITECTUUR

ONTWERP·VAN·EEN·VREDESPALEIS

Over de waarschijnlijke ontwikkeling der architectuur 표지. 「평화의 궁전을 위한 디자인」(베를라헤의 1907년 디자인에 근거한 요한 브리데의 1910년 그림)

출처
처음 출간. *Architectura*, 13, no. 29(1905년 6월 22일): 239–240; no. 30(7월 29일): 247–248; no. 31 (8월 5일): 259–260; no. 32(8월 12일): 266–267; no. 33(8월 19일): 273–274; no. 36(9월 9일): 303–304; no. 41(10월 14일): 371–373; no. 42(10월 21일): 379–381.
단행본. H. P. Berlage, *Over de Waarschijnlijke Ontwikkeling der Architektuur*. Delft: J. Waltman Jr., 1905.
편집본. H. P. Berlage, *Studies over Bouwkunst, Stijl en Samenleving*(Rotterdam: W. L. & J. Brusse, 1910), 79–104.

모토: 나는 부르주아의 독선보다는

우아한 자의 실수가 더 좋다 …

—반 데이셀(van Deyssel)[1]

「건축예술의 양식에 관한 고찰」[2]이라는 제목의 강연에서 나는 우리 시대에는 아직 양식이 없으며, 양식의 발전은 오직 정신적인 기초 위에서 가능하다는 점을 해명했다. 양식은 세계이념의 물질적인 형태이며, 공동체의 정신적 이상의 산물이다. 이 이상이 없다면, 양식의 발전을 논할 수 없다.

나는 셰플러가 쓴 책, 『예술의 전통』에서 다음과 같은 문장을 인용한 적이 있다. "오늘날은 두 가지 상황 사이에 놓여 있다. 한편으로는 종교와 철학의 전통이 결핍되어 있고, 다른 한편으로는 이 전통에 대한 갈망 때문에 새로운 예술들이 발현되고 있다."[3]

..

1) (영역자 주) 로데베이크 반 데이셀(Lodewijk van Deyssel)은 1890년대 후반 *Tweemaande-lijksch Tijdschrift*(격월로 발행되는 간행물 — 역자 주)에 관여했던 문화평론가인 카렐 J. L. 알베르딩크 테임(Karel J. L. Alberdingk Thijm, 1864–1952)의 필명이다.
2) (역자 주) 본 번역본 앞 장의 강연, 50–108 참조.

다시 말해서 현재는 과도기, 혹은 셰플러가 말했듯이, 두 문화의 시대 사이에 존재하는 "종교의 대공위시대"[4]이다. 그러므로 모든 역사 복고적 양식의 표현은 일시적인 사건으로 여겨질 수밖에 없다. 다음과 같은 이유 때문이다. "수백 년 전 특별한 상황 속에서 생긴 전통이 다음 시대에서도 아무런 생명력 없이 표류할 때보다 심각한 것은 없다."[5] 이 관점에서 보면 현재의 예술작품들은 단지 상대적 가치를 가질 수밖에 없다. 왜냐하면 이들 작품에는 공동체의 정신적 이상은 존재하지 않고, 오히려 단지 주관적 성격만 있을 뿐만 아니라, 공동체 인식의 결과도 아니며, 이와는 동떨어진 채 목적에서도 전혀 합의를 보여주지 않기 때문이다.

올브리히가 자신 있게 했던 말, "예술가여, 당신의 세계를 표현하라. 이 전에도 없었고, 앞으로도 없을 세계를"도 이러한 주관성의 표현일 뿐만 아니라, 그런 예술에 대해서도 사형 선고를 내리고 있다.[6] 왜냐하면 예술가를 통해서만 드러나고, 그로 인해 꽃 피우며, 그와 함께 죽게 되는 예술은 미래에 어떠한 진지한 영향도 줄 수 없기 때문이다. 그것이 아무리 세련된 것이라고 하더라도 단지 개인적 표현일 뿐이며, 보편적인 세계이념이 새롭

••

3) (영역자 주) Karl Scheffler, *Konventionen der Kunst*(Leipzig: Julius Zeitler, 1904), pp. 15-16.
4) (역자 주) 일반적으로 국가나 조직 등에서 신임 지도자가 취임하기 전의 최고 지도자 부재 기간, 즉 공백 기간을 말한다.
5) (영역자 주) *Ibid.*, p. 16.
6) (역자 주) 앞의 강연 「건축예술의 양식에 관한 고찰」 참고. 이 도전적 문장은 실제 빈 제체시온 건물(분리파의 집, Secession Haus)을 위해서 수필가이면서 비평가인 헤르만 바(Hermann Bahr)에 의해서 쓰였다. 이것은 다름슈타트(Darmstadt) 예술가 집단의 진원지인 에른스트-루트비히-하우스(Ernst-Ludwig-Haus)의 정문 위에 새겨져 있다. 이 건물은 요제프 마리아 올브리히(Joseph Maria Olbrich)에 의해 설계되었고, "독일예술 기록전(Ein Dokument Deutscher Kunst)"이라는 전시회를 위해 1901년 5월에 문을 열었다.

게 다시 나타난다면 사라질 수밖에 없다.

나는 이제 정신적인 근거에 대해 숙고하기보다는 오히려 가능한 미래의 예술 형태에 대해 논의하려고 한다.

예술의 정신적인 근거는 정확히 규정될 수 없다. 왜냐하면 모든 예측, 심지어 견고한 기반에 서 있는 것처럼 보이는 예측조차도 맞지 않았고, 예술 운동의 발전이 처음과 다른 방향으로 전개될 수 있다는 점을 우리는 예술의 역사를 통해 배웠기 때문이다. 그래서 예술이 장차 어떻게 발전할지 정확히 규정할 수는 없다. 단지 특정한 예술의 형태가 어떻게 발전할지 추측할 뿐이다.

나는 이제 이 방향으로 나가는 새로운 가능성을 찾되 타당한 사실들에 바탕을 두려고 한다. 왜냐하면 철학이 정신적인 현상을 근거로 해서 결론을 도출하듯이, 예술 역시 이와 같은 길을 따라야 하기 때문이다.

그렇지만 나는 아무런 망설임 없이 결론을 내리는 것은 아니라고 덧붙이고 싶다. 이렇게 말하는 이유는 내가 그것을 직시하려는 용기가 부족해서가 아니라, 나의 감각과 내가 감탄하는 것, 바로 과거의 위대한 아름다움에 배치되는 것을 수용하기에는 아직도 다소 두렵기 때문이다.

이것이 우리가 보수적으로 되는 이유일까? 다시 말해 반드시 도래하게 될 것을 의도적으로 외면하는 이유이겠는가? 분명히 그렇지 않다. 반대로 우리는 원칙을 고수하면서 새로운 것을 수용해야 하고 가능하면 더 많은 아름다움을 여기에 부여해야 한다.

과거의 원리가 변했다면 우리는 새로운 원리를 찾아야 한다.

건축가는 자신이 사는 시대의 아이이며, 그 이상도 그 이하도 아니다.

나는 예전에 했던 강연에서 다음과 같이 말한 적이 있다. "그리고 건축가가 직면하는 문제들은 전보다 훨씬 더 어렵고 복잡해졌습니다."[7]

건축 실무에 수반되는 가장 어려운 것 중의 하나는 수없이 많은 종류의 건축 재료 목록을 연구하는 것이다. 내가 말하는 것은 광범위한 모방 재료의 목록이 아니다. 물론 이들은 오직 이윤에만 관심을 두는 유해한 산업 발명품들이며 만약 건축가가 이것을 사용한다면 위험한 지경에 내몰리게 될 것이다. 왜냐하면 모조품의 사용은 어떠한 형식으로도 양식적으로나 원칙적으로 옹호될 수 없기 때문이다. 오히려 내가 말하려고 하는 것은 진정으로 새로운 산업 제품이다. 진정한 건축가라면 이 신재료를 무시하면 안 될 뿐만 아니라 그렇게 할 수도 없다. 왜냐하면 이 목록에는 대단히 이질적이지만 중요한 것들이 실려 있으며, 우리는 이를 분류한 후에 실제로 응용할 수 있는 재료를 선택할 수 있기 때문이다. 우리가 이 재료들을 자세히 연구해보면, 산업 발명품은 일반적으로 전통 재료의 결점을 개선하기 위해 만들어진 것임을 분명하게 알게 된다. 산업은 항상 이윤을 추구한다. 그런데 이 점을 제외하면, 사용 가능한 재료에 대한 경쟁이 결과적으로 기술에 크게 이바지한다는 사실을 부정할 수 없다.

건축이 예술이 되는 경우는 건물 재료의 고유한 속성들을 실용적으로, 또 미학적으로 고려해서 그 결함이 상쇄되도록 할 때이다. 그렇지만 어쩔 수 없이 단점도 남게 된다. 실용적으로는 기능에 알맞은 조처를 함으로써, 미적으로는 젬퍼가 말했던 것처럼, 접합부와 이음매를 잘 처리해서 미덕이 생기도록[8] 양식적인 처리를 활용할 때 건축은 예술의 경지에 이른다. 그

∴

7) (영역자 주) 1905년 《아키텍투라》에 출판될 때 실린 다음 내용은 1910년 출판에서는 빠져 있다. "평면 계획에 관한 요구는 일반적으로 기능의 복잡함과 공중보건법[너무나 어려워서 건축가는 다섯 개의 다리를 가진 양이 자연적인 현상이기를 바라는 희망을 반복해서 떠올리게 된다.(네덜란드에서 이 문장은 수행하기 번거롭고 힘든 일을 할 때 도움이 되는 유리한 조건을 의미한다.)] 때문에 훨씬 더 어려워진다는 사실에 더해서, 새로운 재료는 매일 만들어지고 있는데 이러한 재료는 연구되고 예술적으로도 적용될 필요가 있다."

러나 재료의 단점이 가능한 한 많이 제거되었다 하더라도 어느 정도는 여전히 남아 있다. 이를테면 가장 흔한 문제점인 목재의 뒤틀림, 수축, 갈라짐, 혹은 철재의 열팽창과 수축을 들 수 있다. 이러한 것이 얼마나 불쾌한 것인지 우리 모두 잘 알고 있다. 이와 같은 문제는 종종 의뢰인이 건축가에게 언짢은 말을 하게 되는 이유인데, 건축가의 관점에서는 자연의 법칙을 바꿀 수 있는 힘이 없음에도 불구하고 목재가 뒤틀리거나 철재가 수축하지 않기를 바랄 것이다. 결과적으로 건축가는 이러한 불쾌한 성질에서 자유롭고 자신이 원하는 재료를 선택할 수 있을 때가 오기를 내심 바란다. 여기에 더해 위생적인 요구 사항 때문에 일부 건물 재료는 특성상 사용하지 못하게 되는 경우가 있다.

이것은 두 번째 지점과 연관된다. 공동체의 의식이 변했다는 점이다. 이에 따른 활동에 대해 정부는 건강 증진이나 화재의 위험을 최대한 예방하려는 각종 규제를 끌어냈다. 이러한 규제가 가장 염려스러운 이윤 추구의 현상, 곧 부동산 투기로부터 거주자를 보호하기 위해서는 어느 정도로 필수 불가결한지는 별개의 문제이다. 그러나 분명한 것은 자유방임주의 태도는 광범위한 정부의 규제를 통해 제지되고 있는 것은 분명하다. 이렇게 하는 주요 목적은 건축물이 기술과 위생 면에서 가능한 한 효율적으로 되도록 하기 위함이다.

이 요구 사항은 오늘날의 시대에 가장 중요한 것이다. 우리의 미학적 관념과 부합하지 않는다는 이유로 이것에 반대한다면 이는 건축가로서 통찰력이 부족하다는 것을 드러낼 것이고, 정부에 맞설 때는 결국 풍차에 대항

··

8) (역자 주) 독일인이 일반적으로 사용하는 말은 위기를 미덕으로 극복한다는 말인데, 젬퍼는 이 위기라는 단어, Not을 의도적으로 Naht로 바꾸어 건축에 적용하여 사용했다.

하는 것처럼 좌절하게 될 것이다.[9]

이러한 요구 사항은 사회 운동의 일부이며 스포츠나 체육에 관한 관심이 늘어나는 것과 함께 연관 지어 거론해야 한다. 그렇다. 심지어 이것은 채식주의와 금주 운동과도 관련되는데, 이것에 대해 사람들이 어떻게 생각하든 관계없이 거부할 수 없는 우리 시대의 현상이다. 그 목적은 윤리적인 판단과는 별개로 우리의 몸을 더 잘 관리하려는 것이며, 이런 현상들은 새로운 문화의 도래를 알리는 전조로 여겨질 수도 있다.

이런 점에서 또한 우리는 결국 누구도 피해 갈 수 없는 새로운 사회의 확립, 다시 말해서 시민 사회에 이바지하는 공동체 의식의 변화를 목격할 수 있다. 프랑스 혁명은 이러한 방향의 첫 출발을 의미했다. 현재 이러한 공동체는 확실히 빠르게 통합해가는 과정에 있으며, 생활 방식이 간결해졌다는 사실이 이를 잘 반영하고 있다. 지금까지 사회적으로 고립되어 있던 계층조차도 싫어하든 좋아하든 이를 받아들인다.

디펜브로크(Diepenbrock)의 작품을 보면, 러시아 황제를 위한 대관식 기념행사는 웅장하고 화려하지만, 세계는 오히려 갈수록 혼탁해지고 있다는 사실을 드러낸다. 어떤 점에서는 그가 옳았다.[10] 왜냐하면 정신적인 특성과 관계없이 부르주아 사회로 향한 이러한 움직임은 눈에 보이는 외부 세계

⁖

9) (역자 주) 세르반테스의 『돈키호테』에 등장하는 표현.
10) (영역자 주) 알폰스 디펜브로크(Alphons Diepenbrock, 1862-1921)는 네덜란드의 작가이자 독학한 작곡가인데, 대부분 종교적이고 신화적인 주제의 합창곡과 성악곡을 작곡하였다. 그는 바그너, 말러, 그리고 드뷔시에게도 영향을 주었다. 디펜브로크는 또한 베를라헤와 데르킨데렌(A. J. Derkinderen)과 함께 당시 유럽에서 인쇄되던 2절판 형식의 대형 책 유스트 반 덴 폰델(Joost van den Vondel)의 드라마 "헤이스브레흐트 반 암스텔(Gijsbrecht van Aemstel)"을 만들었다. Alphons Diepenbrock, *Verzamelde geschriften*(Utrecht: Het Spectrum, 1950) 참고.

를 더 아름답게 만든 것이 아니라, 오히려 모든 것을 더 추하게 만든 것이 분명하기 때문이다.

그런데도 우리는 현재 새로운 문화가 발전하는 것을 보고 있으며, 여기에는 비록 초기 단계일지라도 뚜렷하게 각인된 징후들이 있다. 조형예술은 과거에 그랬던 것처럼 이들을 다시 반영할 것이다.

그러면 이러한 징후는 무엇일까?

새로운 공예제품, 새로운 형식의 가구와 가재도구들이 제작되었을 때, 많은 비판이 있었고, 수많은 삼류작가는 불안감에 빠져 어쩔 줄 모르는 상태였다. 의자와 수납장, 냄비와 프라이팬, 심지어 몇몇 건축물은 지나칠 정도로 원시적인 단순함에 가까운 양상을 보였고, 장식이 전혀 없지는 않았지만 가능한 한 장식되지 않았다. 예전에는 예술품의 고유한 특징이라고 여기고 근본적인 요소로도 간주되었던 것을 이제는 생략하는 추세이다. 과거에는 장식이 없다면 일상의 실용적인 물건도 건축물도 예술품으로 여기지 않았다. 그리고 밋밋한 모양의 장(欌)이나 공장 혹은 창고 등도 역시 예술가의 작품이 될 수 없었다. 작품의 예술적 특징을 결정하는 것은 형태 그 자체가 아니라, 말하자면 특정한 것이 부가된 상황이었다.

나를 오해하지 않았으면 좋겠다. 내가 말하는 것은 적용된 장식이 생략되어도 좋을 것이라는 의미가 아니다. 확실히 아니다. 왜냐하면 원칙적으로 형태와 장식은 하나이기 때문이다. 이 둘은 동시에 형성되어 함께 자란다. 이를 분리한다면, 신체와 의상을 혹은 푸딩과 생크림을 꼭 분리하려고 하는 나쁜 습성 때문이다.

그러나 형태와 장식은 함께 성장하기 때문에 우리 시대의 노력은 원론적인 성격의 것이다. 장식 없이 조형된 것이 있다면 이를 예술작품은 아니라고 할 수 있는가? 그렇다면 예술은 장식에서 시작해야 하는가?

단순한 차원에서 생각해보면, 실제로 장식하는 데에는 타당한 이유가 있을 것이다. 왜냐하면 오늘날처럼 예술이 퇴락한 상황에서는 아무리 조악한 작품도 단지 천박한 장식물이 달리기만 한다면, 장식은 없으나 격조 높은 윤곽선을 가진 작품보다 더 가치 높게 평가되기 때문이다.

그러나 좀 더 높은 차원의 예술관, 곧 유일하게 옳은 개념이자 문화의 반영으로 예술을 인식하는 경우, 장식이 없더라도 예술작품으로 간주할 수 있다. 왜냐하면 문화가 변하면 예술에 대한 이해도 함께 변하기 때문이다. 나는 여기서 인류가 앞으로도 영원히 장식 없이 살 수 있을지, 혹은 장식에 대한 우리 인간의 깊은 욕망이 다시 우리를 장식으로 되돌아가게 하지 않을지는 논외로 하려고 한다.

헤르만 무테지우스(Hermann Muthesius)가 쓴 책 『문화와 예술(Kultur und Kunst)』을 인용하려고 한다. 이 책은 내가 볼 때 단 하나의 오류를 범하고 있다. 그는 문명과 문화를 구별하지 않고 있다. 문화가 부재하고, 예술도 마찬가지로 부재한 상태가 우리 시대의 특징임에도 불구하고, 그는 우리의 문화를 지속해서 거론하고 있기 때문이다. 그런데도 그의 글은 표현이 명료하고 관찰은 놀라울 정도로 엄밀해서 특히 주목할 만하다.[11]

무테지우스의 책에 있는 에세이 「우리 시대의 미학 관념의 변화(Umbildung unserer Anschauungen)」[12]에서 그는 목격할 수 있는 우리 시대의 취향 변화를 18세기에 만연했던 조건들과 비교하고 있다. 특히 건축 분야의 변

..

11) (영역자 주) Hermann Muthesius, *Kultur und Kunst: Gesammelte Aufsätze über künstlerische Fragen der Gegenwart*(Jena: Eugen Diederichs, 1904).

12) (영역자 주) Hermann Muthesius, "Die moderne Umbildung unserer ästhetischen Anschauungen," *Deutsche Monatsschrift für das gesamte Leben der Gegenwart* 1(1902): pp. 686-702. 이 에세이는 무테지우스의 *Kultur und Kunst*, pp. 39-75에 포함되어 있다. 다음 인용은 43-44쪽과 46쪽에서 온 것이다.

화는 너무 심해서 우리가 취향 전체를 바꾸어야 할 정도이다. 무테지우스는 다음과 같이 적고 있다.

특정 영역에서 우리의 미적 감각이 시간이 지나면서 겪어왔던 수많은 변화를 이해하고 싶은 사람은 누구든 18, 19세기 남성복을 살펴봐야 한다.

화려하게 수놓은 비단 재킷, 흰색 가발과 주름 장식의 셔츠는 18세기 당시에 일반적이었다. 오늘날은 무늬가 없고 잘 다려진 하얀색의 셔츠 위에 하얀 크라바트(Cravat)[13]를 두른 단순한 검은 의복을 정장이라고 한다. 어떤 남자가 18세기의 의상을 걸치고도 오늘날 편안하다고 느끼겠는가?

그리고 우리 주변에 놓인 실용품들을 살펴보면, 우리는 똑같은 변화를 발견하게 된다. 무기고에 가면, 정교하게 장식된 17세기와 18세기 무기들을 볼 수 있다. 그러나 오늘날의 사냥총과 권총은 장식이 전혀 없고 오직 유용성의 개념만이 드러나도록 제작되어 있다. 현재의 총신과 옛것을 비교하는 순간 우리는 깜짝 놀라게 된다. 과거의 것은 아주 멋지게 본을 뜬 아칸서스 잎 모양으로 장식되어 있고, 수장품으로서 박물관에 보존된다. 그에 반하여 오늘날 총신을 장식으로 꾸미려는 생각은 명백히 우스꽝스러운 것이다.

그리고 그는 더 나아가 다음과 같이 말하고 있다.

의심의 여지없이 장식 없는 형태를 향한 운동, 이것이 우리 시대의 표식이다. 우리는 순수하게 기능을 강조한 조형의 논리로 제작된 기계들에서도 이것

••
13) (역자 주) 넥타이가 나오기 전, 특히 17세기에 유행했던 비단과 같은 고급스러운 천을 넥타이처럼 매는 남성용 스카프.

을 발견한다.

사실, 기계는 우리 시대의 특징을 가장 분명하게 보여준다. 기계는 전통의 배경 없이 제작되기 때문이다. 반면에 과거에 사용되었던 랜도 마차[14]나 돛단배와 같은 도구들의 현재 모양은 초기 형태를 단계별로 벗어나 진화한 결과이다.

물론 누군가는 이전 시대에는 기계와 같은 것도 장식되지는 않았는지 의문을 제기할 수 있다. 그런데 우리가 현재 사용하는 기계들은 과거에는 존재하지 않았다. 과거에 있던 천문 기계나 탈 수 있는 도구 등, 이들만큼은 매우 화려하게 장식되어 있었다. 어떤 자물쇠공도 장식에 공을 들이지 않고서는 자물쇠를 만들지 않았고, 어떤 목공도 상상에 이바지하는 부분이 없는 탁자를 만들지 않았다. 천문 기계는 풍부한 조각 세공술을 보여주었고, 범선은 적어도 뱃머리에서 정교한 장식을 보여주었다.

이러한 모든 것은 현재 우리의 이해에 따르면, "예술적으로" 형성되었다. 그러나 당시 통용되던 관점에 따르면, 누구도 이러한 사물에서 예술이라는 것을 생각하지 않았을 것이다. 오히려 과거에는 모든 것을 타고난 내적 본능이 지시하는 대로 만들었다.

곧이어 무테지우스가 지적한 것은, 우리 시대는 예술을 찾으려는 외침이 있지만 과거에는 이런 일이 전혀 없었고, 이런 이유로 건축 분야에서 가장 많은 죄악이 행해지고 있다는 것이었다. 무테지우스는 장식을 예술로 착각하는 근본적인 오류가 만연하다고 지적한다. 또한 그는 이로 인해서 건축의 영역은 "우리 시대가 발전하게 되면 장식을 벗어버리도록 몰아세울

:.

14) (역자 주) 랜도(Landau)는 접을 수 있는 포장이 달린 사륜마차의 일종으로 운전석 지붕이 없다. 승객의 좌석 위 지붕은 앞뒤로 나뉘어 포장되어 있으므로 접어서 갤 수 있다.

것"인데, 이렇게 새로운 원칙은 아직 모든 곳에서 시행된 것도 아니며 지금까지 완전히 순수한 방식으로 실행된 것도 아니라고 결론지었다. 그는 여성복을 사례로 들어 이를 남성복에 비교한다면 여전히 장식의 원칙을 따르고 있다는 것을 보여주었다. 하지만 그는 바로 이 영역에서도 역시 중요한 변화는 일어나기 시작했고, 특히 이제 모든 여성층에서 쓰고 있는 수병모[15]에서 잘 볼 수 있듯이 일부 영국의 여성 의상은 이미 전혀 장식되지 않고 있다고 덧붙였다.

내가 위에서 말했던 것처럼 인간에 내재된 장식을 향한 열망은 차후에 다시 언급하겠지만 결코 부인할 수 없고, 그래서 이 욕망은 지금까지 계속해서 관철되어온 것임에도 불구하고, 장식에 관련해서 무테지우스가 했던 주장이 옳다는 점은 논박할 수 없다.

어쨌든 예술의 정의에 관한 한 예술을 장식과 혼동하는 것은 대단히 심각한 오류이다. 이 점에 관해서는 이견의 여지가 없다. 그렇지만 이 오류는 지금까지 건축 전반에 걸쳐 피할 수 없는 영향을 끼쳐왔다. 나는 이러한 오류에 대해서 다시 한 번 과도한 설명을 부여하거나 그것에서 비롯된 구조적인 재앙을 상세히 열거하는 일은 전적으로 불필요하다고 생각한다. 이는 올빼미를 아테네로 옮기는 일과 같기 때문이다.

예술이 어느 정도로 문화를 반영하는지는 우리가 했던 관찰에 근거하여 다음과 같이 추정할 수 있다. 미래의 예술은, 그 시작은 지금으로서는 거의 감지할 수도 없는 정도이지만, 장식이 없는 오브제의 예술, 다시 말해 하나의 원칙으로서 장식이 없는 소재의 예술이 될 것이다.

•
••

15) (역자 주) 부드럽고 가벼운 소재로 만들어져서 머리에 편안하게 맞고 이마 위까지 덮어쓰며 챙을 내려서 얼굴을 가릴 수 있는 모자.

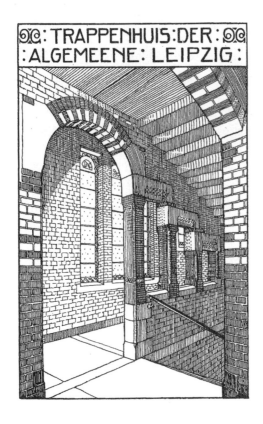

그리고 의심의 여지 없이 우리의 예술관도 변화해왔다. 사람들은 추하게 생각했던 것을 좋아하기 시작했고, 과거에는 찾지 않았던 곳에서 아름다움을 보기 시작했다. 이 변화는 위에서 언급했던 오류의 원인인 장식의 과잉에 대한 하나의 반작용일 것이다. 모든 작용에는 반작용이 따르기 때문이다. 모든 격렬한 행위는 마찬가지로 격렬한, 그래서 과도한 반작용을 낳는다. 결과적으로 사람들은 다시 한 번 자연적인 재료의 아름다움을 보기 시작했다. 이것은 내가 보기에 이러한 노력의 가장 중요한 성과이다. 또한 사람들은 기억 속에서 사라졌던 아름다움을 다시 발견하기 시작했다.

그 결과 우리 또한 이 분야에서 자연에 대한 사랑에 한 발 더 다가가게 되었다. 우리는 지금까지 길을 잃고 헤매어왔지만, 이제는 다시 자연의 무한한 아름다움을 보기 시작했다.

우리는 "재료는 예술적인 조형을 통해서만 가치를 갖는다."고 했던 괴테의 말을 오해하면 안 된다. 우리가 이 의미를 제대로 간파한다면, 오히려 괴테는 이 말을 통해 새로운 관점을 강조하고 있음을 알 수 있다. 곧, 재료의 가치가 간과될 위험을 내포하고 있기에 "예술적인 조형"을 장식적인 처리라고 이해하는 것을 넘어, 재료가 지닌 최상의 측면을 드러내는 방식으로 재료를 다루어야 된다는 의미로 파악해야 한다. 윤이 나는 대리석에는 추가적인 장식은 전혀 필요치 않다는 것을 우리는 새롭게 깨우치게 되었다. 화강석은 부드러운 표면으로 매우 아름답다. 한없이 미묘한 색의 차이를 만들어내는 다양한 종류의 벽돌과 석재만으로도 건축물의 벽면에 충분한 변화를 선사한다. 또한 우리는 금속이 유사한 만족감을 줄 수 있다는 것, 윤이 나는 황동의 멋진 표면은 이미 그 속에 아름다움이 존재한다는 것, 그리고 단지 재료의 아름다움 때문에 우리가 주철로 만들어진 아름다운 작품의 매끄러운 면을 바라보며 즐긴다는 것을 이해하기 시작했다. 우리는 여러 종류의 나무에서 자연의 매력을 다시 발견했다. 나무의 결은 우리가 그것에 어떠한 것을 더하지 않아도 충분히 장식적이다. 그것은 자연이 예술의 주인이기 때문이 아닐까?

형태가 훌륭하다면, 곧 "예술적 조형"이 실현되어 있다면 이때의 재료는 아름다움을 드러내며 어떠한 추가적인 장식도 필요로 하지 않는다.

나는 이 시점에서 다음 사항을 다시 한 번 더 강조하려고 한다. 아름다움을 바라보는 관점이 왜 변화하는지 그 비밀의 일부가 바로 여기에 놓여 있기 때문이다. 우리는 매끈한 대포에서, 빛이 반사되어 반짝거리는 기계에서, 기관차에서, 자전거에서, 전차에서, 그리고 심지어 자동차에서도 아름다움을 발견할 수 있을 정도에 이르렀다. 그러한 대상이 아직 예술작품이 아니라고 하더라도 우리는 그 재료의 아름다움 때문에 그것을 좋아한다. 왜냐하면 다양한 종류의 대상에서 느끼는 매력을 예술적으로 혹은 비예술적으로[16] 구분하는 것이 불가능하다고 인정하더라도, 또한 그러한 대상이 모든 세밀한 면에서 실용적인 요구를 모두 충족시키며 우리 시대의 아름다움에 필요한 중요한 요소를 내포하고 있다고 인정하더라도, 그리고 이것이 아무리 현대적이라 하더라도, 또한 누구도 어디서 예술이 시작하고 끝나는지 말할 수 없는 것이 사실이라 하더라도 우리는 이러한 사물을 예술품으로 보는 것을 현재로서는 꺼린다. 왜냐하면 이성이 책임질 수 없을 때, 감정이 말하는 것은 별로 소용이 없고 판단의 근거도 될 수 없기 때문이다.

나는 현재로서는 다음과 같이 말하고 싶다. 예술이 자연의 반영이라고 한다면, 이러한 대상이 미래에는 예술품으로 여겨지게 될지 우리는 아직은 알 수 없다. 그러나 어쩌면 현재 그것이 아직 최종적인 형태를 획득하지 않았고, 지금 우리의 인식에 따르면 아직은 낮은 단계에 머물러 있지만, 미래에는 더 높은 수준으로 고양되지 않을까? 왜냐하면 우리는 이미 여러 기계 부품들이 아름다운 형태를 지니고 있고, 엔지니어들도 아름다움에 무관심하지 않다는 것을 잘 알고 있기 때문이다.

현재 우리가 이러한 물건을 아직은 예술품으로 볼 수 없는 이유는 우리 시대는 문화가 없는 시대이며, 물건도 장차 문화가 확고히 자리를 잡은 후

..

16) (영역자 주) 1905년 《아키텍투라》에 출판된 이 에세이의 버전에는 "혹은 비예술가적인"이라는 단어가 없었다.

에나 갖게 될 형태를 아직 획득하지 못했기 때문이다. 예를 들면 현재 어떤 아름다움의 기미도 보이지 않는 승합차(Droschke)는 어느 시점에 가서는 다른 형태를 띠게 될 것이다. 호화 마차(Equipage)가 이미 우리의 감각을 만족시키고 있다는 사실을 보라. 또한 아름다움이라고는 아무런 흔적도 찾을 수 없는 남성복도 미래에는 분명히 더 나아지게 될 것이다. 남성복은 장식하지 않으려는 경향의 가장 좋은 증거가 되기 때문에 무테지우스도 이를 언급했을 것이다. 그러나 그는 전적으로 이에 만족하지 않고, 오히려 무엇인가를 더 아름답게 만들려는 시도는 그것을 바꾸어놓지 않을까 하는 의문을 가졌다. 그러나 우리는 이미 남성복이 미래에는 분명히 개선될 것이라는 조짐을 볼 수 있다. 여성복의 개조 움직임도 이미 같은 방향으로 진행되고 있으며, 장식은 더 이상 과도하게 사용되지 않는다는 점은 분명하다.

이러한 관찰을 근거로 나는 이제 결론을 내리려고 한다. 곧, 다가올 문화를 향해 다양한 운동이 현재 진행 중이며, 구축적인 형태는 간결한 형식일 것이며, 재료 자체를 통해 아름다움이 충족될 것이다.

이렇게 발전하게 된다면, 누구라도 우리 건축의 미래가 어떤 모습이 될지 궁금하지 않을 수 없을 것이다. 모두가 이 목적을 위해 노력할 때, 어떻게 우리 시대의 건축은 스스로 자리매김할 수 있을까? 필수 불가결한 합일 안에서 어떻게 건축은 주도적인 예술의 역할을 할 수 있을까? 이 맥락에서 우리는, 내가 처음에 언급했던 정부의 대책으로 눈을 돌려야 한다. 그 하나는 개선된 위생과 관련된 것이고, 다른 하나는 화재의 위험을 방지하는 것이다. 그것이 이상해 보일지라도 둘은 건축에 중대한 영향을 준다.

먼저 첫 번째 위생의 문제부터 시작하겠다.

실무 건축가라면 모두 이 문제가 최근 매우 중요하게 다루어지고 있고, 이미 작성되었거나 준비 중인 새로운 건축 법규가 여러 조항에 걸쳐 이 문제를 규제하기 시작하였다는 것을 알고 있다. 여러 다양한 종류의 규제가 각 실의 높이와 치수, 실내로 들어오는 빛의 양과 공간의 치수 사이의 관계, 그리고 이것과 함께 사용되어야 할 건물 재료를 고려해 도입되고 있다. 요컨대 이러한 규제는 건축가가 준수해야 하는 정부의 처방이다. 게다가 산업은 위생적인 재료를 공급하고 있다. 그리고 건축가들도 이미 이를 사용하고 있다. 정부의 조치는 우리의 건축에 상당한 영향을 미치고 있음이 분명하다. 그리고 나는 무테지우스가 쓴 에세이 「건축에서 현대성에 관하여(Über das Moderne in der Architektur)」[17]에 있는 말을 인용하고 싶다. 그가 마드리드 회담[18]에서 했던 강연으로 위생에 관한 사항을 잘 보여주고 있기 때문이다.

위생학은 건축이 욕실과 화장실 개념을 광범위하게 혁신하도록 요구하고 있습니다. 그리고 이를 위한 가장 중요한 교육의 장소는 현대식 병원입니다.

이런 연유로 나는 우선 재료의 개선과 위생 규정이 가장 철저히 적용되고 있는 곳, 즉 비위생적인 재료가 더 나은 재료로 대체되고 있는 병원에 특별한 관심을 쏟고 싶다. 이 노력은 방금 언급한 위생에 대한 지극히 실용적 이유로 연결부나 이음매가 없는 표면, 곧 벽, 바닥 혹은 천장을 탐구

..

17) (영역자 주) Hermann Muthesius, "Über das Moderne in der Architektur," *Zentralblatt der Bauverwaltung* 24(1904), pp. 236-237.
18) (영역자 주) 베를라헤는 1904년 4월 6일에서 13일까지 마드리드에서 열렸던 여섯 번째 국제 건축가 연맹을 언급하고 있다.

하도록 이끌었다. 회반죽(플라스터[19]) 마감으로 벽과 천장은 이미 평면으로 이음매 없이 마감되었고 바닥도 이를 따르고 있다. 인조 목재 혹은 토르가 멘트(Torgament)[20]와 같은 새로운 재료가 이제 이음매 없는 바닥을 가능하게 만들기 때문이다. 과거에는 이음매가 많지 않은 리놀륨[21]이 위에서 언급한 문제를 충분히 해결할 수 있다고 여겨졌다. 이제는 이런 문제를 완벽히 해결할 수 있는 이음매 없는 목재 문을 광고하는 카탈로그가 현재 보급되고 있을 정도이다.

이러한 재료는 내가 처음 언급했던 위생의 관점에서 볼 때 많은 장점이 있을 뿐만 아니라, 뒤틀림과 수축과 갈라짐의 문제도 없다. 이러한 것은 재료의 불리한 특징에 맞선, 현재 건축가가 자연스럽게 "유레카"라고 외칠 수 있는 진정한 축복이다.

우리는 전반적으로 실용적이고 위생적인 이유에서 이음매 없는 벽을 만들려는 노력을 긍정한다. 그러나 우리가 이러한 재료를 사용하려고 할 때, 이 재료가 형태를 아름답게 만들지는 의문스럽다. 이 문제에 대해서는 나중에 다시 언급하기로 하겠다.

이제 나는 정부가 원하는 대책으로서 두 번째 항목인 내연재를 다루려고 한다. 위생을 고려하는 규정이 이미 정부 개입의 중요한 부분인 만큼, 화재 위험에 관련된 법규도 분명히 마찬가지로 중요하다. 모든 건축가는 실무를 통해 이미 이 사실을 잘 알고 있다.

..

19) (역자 주) 주로 벽면을 마감하기 위해 사용되는 회반죽.
20) (영역자 주) 토르가멘트는 독일식 인조목(Steinholz, 문자 그대로 돌나무)에 해당한다. 질로리트(Xylolith®, 문자 그대로 나무돌)라는 이름으로 시중에 나온 이 인조석은 벽과 바닥에 사용된다.
21) (역자 주) 실내 바닥에 까는 얇은 두께를 가진 시트 모양으로 1860년 월턴(Frederick Walton)에 의해 발명되었다.

처음에는 철이라는 재료가 이 위험에 대처할 확실한 해결책인 것처럼 보였다. 철은 "신의 은총"에 의한 새로운 재료였다. 나는 이 배경으로 마드리드 회담에서 철에 관한 가설을 내세웠다.

산업은 더 나은 결과를 위해 끊임없이 노력하고 있다. 이때 건설 분야를 위해 발견한 재료가 철이었고, 철기둥과 트러스에 사용된 것처럼 구조적으로나 양식적으로 가장 중요한 재료였다. 석재와 목재에 이어 철은 세 번째로 위대한 건축 재료가 되었고, 이를 통해서 건축은 새로운 시대를 열었다. 그러나 철이 가진 커다란 의미에도 불구하고, 그것이 처음에 장담했던 것을 우리에게 보여주지 않고 있다. 따라서 재료 양식이라는 좁은 의미의 양식 개념으로서 철 양식이라는 말은 어불성설에 지나지 않는다. 또한 앞으로도 철과 관련된 어떤 양식의 발전을 기대하기란 어려울 것 같다.[22]

철은 실용적인 면에서 여러 기대를 충족할 수 없었다. 이 재료는 인장력이 크기 때문에 화재에 무엇보다도 취약하다. 이 이유로 정부는 철의 사용을 장려하는 대신, 규제 조항을 통해서 철을 사용할 때는 내화 재료로 감싸도록 강제하고 있다. 이러한 규제는 어디에서든지 과도한 성격이지만 이를 어기는 것은 불가능하다. 정부는 양식 개념이 얼마나 중요한지, 더 나아가 이 규제가 양식에 얼마나 부정적으로 작용하는지 전혀 이해하지 못하고 있음이 분명하다. 왜냐하면 정부는 양식과 같은 것은 전혀 생각하지 않기 때문이다. 이 규제가 조금은 관대하게 적용되어야 한다고 아무리 설

••

22) (영역자 주) H. P. Berlage, "Thema behandeld op het Congres te Madrid," *Architectura* 12, no. 21(21 May 1904), pp. 163-164 참고. 베를라헤의 강연은 이후에 프랑스어로 출간되었다. "Influence des procédés modernes de construction dans la forme artistique," in *6' Congrès Internationale des Architectes, Comptes-Rendus*(Madrid: J. Sastre, 1906), pp. 174-176.

명하더라도 그들의 원칙은 변하지 않으며, 내가 이미 말했듯이 누구도 이 것에 항의할 수가 없다.

이 규제가 결과에 얼마나 막대한 영향을 끼치는지, 그 예를 하나 들자면, 암스테르담 증권거래소의 경우이다. 추정컨대 이런 구조는 독일이라면 불가능했을 것이며, 이제 우리나라도 더 이상 가능하지 않을 것이다.

실제로 화재 시 철 재료로 인해 건축물이 크게 파괴되는 사례들은 모두를 언급할 수 없을 정도로 많다. 이러한 건축물의 파괴는 대단히 치명적이기 때문에 극장의 경우, 새로 지을 때 무대 위의 지붕을 예전에 해오던 것처럼 다시 목재로 만들기 시작했다. 이와 같은 양상은 창고의 기둥에도 발생했다. 우리는 경험상 목재가 더 오랫동안 화재를 견딘다는 사실을 알고 있다. 철은 즉각적으로 늘어나기 때문에 벽을 바로 훼손하지만, 목재 기둥을 사용하면 화재의 경우 벽은 더 더디게 무너진다.

그러므로 건축의 양식적인 차원에서 철 재료가 갖는 의미는 철도 교량과 역사에 사용되었을 때를 제외하면 전혀 없다. 철 재료는 한때 사람들이 열광적으로 환영하던 재료였지만, 지금은 철 양식이라는 표현은 더 이상 회자되지 않는다. 왜냐하면 당시 사람들은 19세기의 양식을 다시 복원하려던 대단한 열의를 갖고 있었고, 이때 철 재료를 사용할 수 있게 되자, 이 재료에 대해서는 장선[23]과 트러스 구조의 형태들에 만족하고 말았기 때문이다. 이런 처사는 얼마나 실망스러운가! 왜냐하면 보편적 양식의 기본이 되는 심오한 특성들은 말할 것도 없이, 철이 건물 재료로서 책임져야 할 요구조차 충족시키지 못하기 때문이다. 이미 당시에 철 재료에 관한 진지

23) (역자 주) 독일 전통 가옥에서 흔히 볼 수 있는 벽 구조 형식. 수평 보와 수직 기둥 이외에도 사선 부재를 두어 벽을 마감한다.

한 연구 성과가 있었다. 그런데도 철과 관련해서는 좁은 의미의 양식조차 거론할 수 없게 되었다.

나는 어느 독일인이 했던 아주 기본적인 연구 하나를 기억한다. 그것은 바로 기둥과 보로 이루어진 고전적 구조와는 다른 전통적 벽 구조(Gefach)[24]를 응용한 새로운 철 트러스 구조의 연구였다. 그는 이 방식에 근거하여 매우 설득력 있는 이론을 발전시켰다. 그렇지만 이 연구는 어떠한 결과로도 이어지지 않았다. 그랬다면 이를 응용한 여러 다른 구조물이 이미 지어졌을 것이다. 우리가 어떤 재료를 양식을 위한 기초로 만들려고 한다면, 우리는 이러한 재료로 벽을 만들 수 있어야 하고, 필요하다면 거대한 규모로 만들 수도 있어야 한다. 누구라도 이러한 일이 가능해지기를 기대한다.

새로운 철 구조 방식은 흔히 적은 양으로 큰 하중을 견딜 수 있는 곳에 사용되었다. 그러나 누군가 철을 석재와 함께 사용하고자 시도했을 때 처음에는 가능할 것으로 여겼지만 결국 미학적 관점에서 실패하고 말았다. 철의 특징인 세장함은 석재의 특징인 중량감과 언제나 조화를 이루지 못했기 때문에 실패의 원인이 되었다.

이렇게 재료를 혼합하려는 시도는 불운한 운명을 타고난 것과 다름없었다. 당시 사람들은 상부의 정면을 지탱하기 위해 일 층의 전시용 유리창 위로 철재 보를 설치하는 일을 대단히 현대적인 것으로 여겼다. 이러한 구조의 방법에는 장점이 있었다. 일반적으로 상점 위층은 주거 공간으로 계획되며, 이럴 때 벽은 석재로 구성되었다. 왜냐하면 철은 주거 건축에는 사용될 수 없었기 때문이다. 그런데 아래에는 가느다란 철제 기둥 두 개 사

··
24) (영역자 주) G. Heuser, "Der Gefachstil," *Deutsche Bauzeitung* 27, no. 24(25 March 1893), pp. 149-154.

이에 흔히 상업 건축에서 요구되는 넓은 개구부가 있고, 상부에는 두꺼운 벽으로 된 입면이 있다면, 이 둘은 서로 이질적으로 대립한다는 것을 누구인들 알아채지 못할까? 상부도 하부와 마찬가지로 커다란 개구부와 철재 프레임으로 벽을 구성한다면 조화를 이룰 수 있을 것이다. 누구인들 철로 된 아치보다 돌로 된 아치를 선호하지 않겠는가? 하지만 구조적인 이유로 일반적으로 석재 아치는 사용되지 않는다. 만약 이를 사용하려고 들면 건축가는 상가 건물 주인과 충돌하게 될 것이다. 왜냐하면 건물주는 건물이 가능한 한 많은 빛을 받기를 원하기 때문이다. 이런 점에서 매장 공간이 여러 층에 걸쳐 있는 새로운 백화점 건축물은 훨씬 유리하다. 건물의 전체 높이까지 두 기둥 사이를 창으로 구성하고 철재 구조를 통해서 이를 완성할 수 있기 때문이다. 예를 들면 폴 세딜(Paul Sédille)이 디자인한 파리의 프렝탕(Printemps) 백화점은 이 구조의 전형적인 사례이다. 그리고 최근 증축된 베를린의 베르트하임(Wertheim) 백화점은 이 분야에서 가장 탁월한 예이다.[25] 그러나 이런 벽들의 크기를 어차피 최소한으로 줄여야 한다면, 오히려 철 기둥을 사용하는 것이 더 낫다고 누구라도 생각하기 마련이다. 이런 사정 때문에 우리는 자연스럽게 전시장으로 관심을 돌린다. 백화점도 사실 전시장의 일종이기 때문이다. 그리고 이 분야에는 훌륭한 사례들이 많다. 일례로 1878년 파리 만국박람회의 근사한 건물과 특별히 1889년 박람회 건물에 있는 놀랍도록 아름다운 테라코타 장식을 들 수 있다. 그 가운데에서 특히 1889년에 지어져 1900년에 해체된 기계관은 걸작이었다. 런던에 있는 수정궁(Crystal Palace)[26]은 그런 문제에 대해 전혀 준비되지 않

• •

25) (영역자 주) Paul Sédille, Le Printemps, rue du Havre, Paris(1881~1885); Alfred Messel, Wertheim, Leipziger Platz, Berlin(1896~1906).

앉던 때에 지어졌기 때문에 하나의 거대한 온실로 여겨졌다. 이와 달리 당시 보기 드물게 훌륭한 작품이었던 암스테르담의 인민 산업 궁전(Paleis voor Volksvlijt)은 철과 유리를 이용하여 석재 건물처럼 보이도록 시도함으로써 또 하나의 극단적인 예를 보여주었다.[27]

우리는 대규모의 철도 역사나 철제 교량에서도 이와 같은 미적 갈등을 목격한다. 미국의 건축 방식은 석재로 철골조를 덮는 방식이며, 양식적으로 이러한 재료의 사용은 최악이기 때문에 언급할 가치가 전혀 없다. 철도 역사의 경우도 대부분 대규모 홀이 기존의 역사 건축물에 붙어 있지만, 그 연결 방식이 잘 처리된 경우는 거의 없다.

철 구조가 역사적인 건축물에 수용되어야 한다면 얼마나 혼란스럽겠는가! 그러나 역설적으로 들리겠지만 이런 일은 빈번히 발생한다. 최근에 나는 실제로 가장 탁월한 건축물인 드레스덴 중앙역에서 이러한 혼란을 경험했다. 이 건물에서 철 구조가 고전 양식의 석재 건물에 적용되었는데, 건축적 답을 찾아내려는 그 어떤 진지한 시도도 엿보이지 않았다. 마치 건축가와 공학자가 어떠한 협업도 없이 각자 따로 설계해놓은 것처럼 보였다. 그러나 건축가가 아무리 훌륭하고 진지하게 구체적인 역사적 양식을 피하고 조화로운 해결을 시도하더라도, 또한 아무리 철 구조를 그 자체로 감탄할 만하게 지어내더라도 미적인 갈등에서는 벗어날 수 없다. 이런 건축물에서 부조화는 언제나 존재한다. 무테지우스는 로마인들이 콜로세움을 자

· ·

26) (역자 주) 1851년 런던에서 개최된 제1회 만국박람회 때 엔지니어 조지프 팩스턴(Joseph Paxton)이 철과 유리로 만든 철골 건축물. 개최 연도와 같은 1,851피트(564미터)의 길이로 세워졌다.

27) (역자 주) 코넬리스 아우스호른(Cornelis Outshoorn)의 건축(1858-1864), 암스테르담 소재. 런던의 수정궁 건축을 모태로 건립한 전시관이었으나 1929년 화재로 소실.

랑스러워한 것처럼, 우리도 언젠가 우리의 철재 구조를 자랑스러워할지 모른다고 했지만 사태는 달라지지 않을 것처럼 보인다. 그 이유는 사용되는 재료의 특성이 다르기 때문이다. 석재 건축물과 홀 건축물이 나란히 옆에 놓이면 두 건축물은 언제나 서로 다른 건축물로 보인다. 후자는 날렵하고 얇으며, 전자는 차분하고 강하다. 그리고 이러한 특성으로 인해서 누구라도 "그 둘이 서로가 감당할 수 없다면, 피하는 것이 좋다."고 말할 것이다.

이런 조합이 어떤 끔찍한 결과를 가져올 수 있는지, 최근 파리 만국박람회의 그랑 팔레(Grand Palais) 건물이 보여주었다. 이 건물에서 철과 유리 재료로 가벼운 인상을 주는 전시장에 육중한 바로크 정면이 설치되었다. 이것을 본 건축가라면 누구나 대단히 난감한 인상을 받았을 것임이 틀림없다.

철재 교량의 경우도 마찬가지이다. 현재 독일에서 꽤 자주 볼 수 있듯이 교량 앞에 교문을 설치할 때, 동일한 철재가 아니라 석재로 건축되고 있다. 게다가 함부르크의 엘베(Elbe)강을 가로지르는 교량, 혹은 본(Bonn)과 마인츠(Mainz), 그리고 루르(Ruhr) 지역의 라인강을 가로지르는 교량에서 볼 수 있듯이, 교량들은 옛 로마의 개선문에 담긴 정신이나 옛 중세 도시의 문에 나타나는 특징을 담도록 설계되었다. 이들의 경우, 실용적인 이유로 철 구조는 석재에 접촉되지 않고, 이로 인해 교문은 교량의 보를 지지하지 않고 오히려 장식으로만 그 앞에 서 있기 때문에 모호한 느낌은 더욱 심해진다.

철재로 교문을 만들지 않으려면 차라리 교문을 아예 만들지 않는 것이 오히려 나을 것이다. 보기는 싫지만, 로테르담의 마스(Maas)강을 가로지르는 다리의 교문은 철로 만들어졌다.

이와 같은 범주에 속하는 것이 단단한 석재 교문에 케이블을 매단 현수

교이다. 이러한 종류의 최악의 예는 런던에 있는 타워브리지이다. 이 다리에서 철 트러스 교각은 정확하게 구조적으로 계획되었지만, 중세 요새처럼 생긴 기념비적인 두 탑은 가장 불합리한 방식으로 삽입되어 있다. 하지만 이와 달리 더 훌륭한 예도 존재한다. 예를 들면 다뉴브강을 가로지르는 페스트(Pest)[28]에 지어진 새로운 다리들은 오래된 현수교에 비해 손색이 전혀 없다.

철 재료는 이렇게 여러 방면에서 사용되고 있음에도 불구하고, 아직 철 양식은 존재하지 않는다. 왜냐하면 한편으로 이 재료는 실용적이지 않으며, 다른 한편으로 다른 재료와 함께 대규모의 건축물을 건설할 경우 만족할 만한 성과를 보여주지 못했기 때문이다. 그 이유는 철과 돌 두 재료를 결합할 때, 몇몇 경우의 성공과는 관계없이 이들은 서로 어울리기에 너무나 다른 성질을 가진 재료이기 때문이다. 그런데도 대부분 건물에서 철과 돌의 결합 이외에는 마땅한 대안이 거의 없다.

결론적으로 우리가 계속해서 철을 사용했고, 그것을 기념비적인 건축에도 적용했더라면 우리로서는 언젠가는 불만에 차게 되었을 것이다. 왜냐하면 일반적으로 철은 돌이 지닌 분명한 특징, 즉 어느 정도 매스감이 만들어낼 수 있는 고요한 특성이 부족하기 때문이다. 또한 돌은 자연이 직접 만들어낸 산물로서 자연환경과 잘 어울리지만, 철은 그렇지 않기 때문이다.

그런데도 철을 통한 모든 시도는 여전히 출발 단계라고 할 수 있으며, 더 많은 연구와 경험을 통해 우리는 더 나은 해법을 찾을 수 있다. 마찬가지로 우리가 인정하지 않을 수 없는 것은 작은 규모의 건축, 예를 들어 실내 건축에서 철의 사용은 만족스럽다는 점이다. 그래서 카이페르스

28) (역자 주) 헝가리 중심부에 있는 지역. 부다페스트 동부 지역이며, 다뉴브강 오른쪽에 있다.

(Cuypers)와 같은 건축가는 이를 기념비적으로 사용하도록 장려했고, 그가 보여준 결과는 미적으로 훌륭한 것이었다.[29] 하지만 현재는 정부가 철의 사용에 방재 규정을 도입한 상태이다. 이것은 철의 올바른 사용을 불가능하게 한다. 왜냐하면 모든 철재 기둥, 보, 그리고 독일에서 이미 행해지고 있듯이 창틀 상부의 보 또한 내화재로 덮어씌워야 하기 때문이다.

이로 인해서 결국에는 철을 사용하는 것이 금지되었다. 그리고 우리 시대를 양식적으로 특징지을 건물, 곧 이미 기념비적 건축물로 평가되고 미래에도 기념비적인 건축물에 속하게 될 대규모 상업 건축, 대규모 백화점 등의 양식적 발전도 불가능하게 된 상태이다.

이 상황에서 철은 양식의 측면에서 더 이상 의미가 없다. 특별히 인정할 만한 철 사용의 성과들을 고려한다면 이는 분명 유감스러운 것이다. 그리고 건축가는 자신이 설계한 계획안을 시 당국이 철로 모두 덮어씌우라는 요구와 함께 반려한다면 불만을 터트릴 수밖에 없다.

이러한 규제에 대항해 우리가 할 수 있는 일은 아무것도 없을까? 이 규제에 항의할 수 없을까? 물론 그럴 수 없다! 이러한 규정이 때때로 과도하더라도 우리는 저항이 불가능하다는 것을 너무나 잘 알고 있다. 우리는 정부에 수긍해야 한다. 우리는 어쩌면 이러한 규칙의 완화보다는 오히려 더 강화된 규칙을 기대할지 모른다. 그리고 앞서 말했듯이, 그것은 원론적으로 반대할 만한 것이 아니다.

"우리는 밀고 있다고 생각하지만, 사실 우리는 밀려나고 있다." 이런 점

..
29) (영역자 주) 카이페르스(Petrus Josephus Hubertus Cuypers)는 암스테르담 라익스 국립박물관(Rijksmuseum, 1875-1885) 설계에서 노출된 철 구조를 광범위하게 사용하였다. (역자 주:「건축예술의 양식에 관한 고찰」, 주 18 참고)

에서 규제도 다른 많은 일과 마찬가지이다. 이런 맥락에서 나는 마드리드 회담에서 다음과 같이 말한 적이 있다.

우리는 건물에서 철이 눈에 띄지 않도록 피복하는 것을 규칙으로 삼아야 할 것입니다. 이렇게 하면 철은 구조를 위한 재료이고 오직 뼈대의 의미만을 가지며, 양식의 측면에서는 더 이상 직접적인 의미를 갖지 않습니다. 이것은 분명히 유감 스럽지만 이에 맞서려는 것은 벽돌 벽에 머리를 찧는 것과 다르지 않습니다.[30]

이 맥락에서 우리의 걱정을 해결할 새로운 발명품이 생겼다. 무엇보다 도 간단하게 철을 피복할 수 있어서 중요하다. 건축 전반을 위해서도 중요 한데, 건축의 발전에 큰 영향을 미칠 수 있기 때문이다.

내가 의미하는 것은 철 이후의 건축 재료 분야에서 가장 중요한 발명이 라고 할 수 있는 철근콘크리트이다. 어쩌면 이 재료는 가장 중요한 것이 될 수도 있다. 왜냐하면 콘크리트는 철에 부족한 성질을 모두 가지고 있 고, 또 돌과 철의 특성을 모두 결합하고 있기 때문이다. 그렇다면 어떤 용 도로 이를 사용할 수 있을까? 이음매 없는 면, 접합부가 없는 벽을 건설 하는 것 그 이상도 이하도 아니다. 매끈한 면은 석재 벽을 플라스터로 마 감하더라도 가능하지 않았다. 그리고 이 신재료는 지지체 두 지점의 경간, 말하자면 기둥 사이의 어떠한 거리도 연결한다.

이 콘크리트는 가장 중요한 건축의 두 가지 요소, 벽과 지지체의 두 지 점 사이의 어떠한 경간이든 기술적으로 완벽하게 건설하는 것을 가능하게 한다. 그리고 바닥과 천장을 하나의 일체형으로 결합할 수 있고, 원하는

··
30) (영역자 주) 각주 22 참고.

만큼의 크기로도 만들 수 있다. 이러한 새로운 건축 재료는 지금까지 생산된 재료가 초래한 어떤 문제도 기술적으로 해결할 수 있다. 그리고 과거에 있었던 모든 내재적 한계로부터 건축가를 자유롭게 한다.

우리는 이 새로운 재료에 관해 경험한 바가 거의 없고, 철의 경우와 마찬가지로 이 신재료를 과대평가할 수도 있다. 왜냐하면 이 재료는 완벽하지도 않고 결점 또한 당연히 가지고 있기 때문이다. 하지만 당분간 이 재료는 과대평가의 대상이 될 것 같지 않다. 반대로 우리는 단지 이 재료를 사용하려는 시작점에 와 있다. 이 재료의 가능성은 날로 증가하고 있고, 널리 사용됨으로써 미래의 재료가 될 것이며, 기념비적인 목적으로도 사용될 것이다.

이 재료가 양식의 관점에서 혼란의 조짐을 보였다면, 나는 바로 반응했을 것이다. 그러나 철근콘크리트는 우리 시대 건축의 발전과 긴밀하게 연결되어 있지 않은가? 그것이 연결부가 없고 이음매가 없는 표면을 만들려는 뚜렷한 욕망을 완벽하게, 그리고 위생과 화재 예방의 요구 사항을 모두 실천적으로 이행하고 있지 않은가? 마지막으로 이 재료는 다가오는 문화의 양식, 곧 장식되지 않은 도구들, 장식이 없는 건축물, 그리고 재료 자체만으로도 만족스러운 아름다움의 양식을 창조하려는 노력에 힘을 실어주지 않겠는가?

예전에 이 재료를 사용하기가 다소 두렵다고 말했던 적이 있다. 그 이유는 바로, 내가 마드리드 강연에서 말했듯이, 철근콘크리트는 미래의 건축 재료가 되겠다고 "위협"하기 때문이다.

나는 "위협"이라는 단어를 사용했다. 왜냐하면 만약 철근콘크리트가 도입되면, 다가오는 건축은 일반적으로 용인되는 아름다움의 개념에 배치될 것이기 때문이다. 온전히 이 재료로만 건물이 지어진다면, 이 건물은 미적 표현의 측면에서 무엇을 의미하겠는가?

그것은 우리가 알고 있던 아름다운 벽면, 특별한 매력을 발산하는 벽면을 더 이상 만들 필요가 없다는 것을 의미한다. 과거의 벽은 분명히 시각적 관점에서 세워졌다. 접합부가 통합되고, 다양한 벽의 요소들은 더없이 훌륭한 모자이크를 형성하며, 자연석이 띠는 미묘한 색조의 변화로 이 아름다움은 배가 되었다. 이 모자이크는 바로 회화성의 비밀이었고, 시간이 지나면서 더욱 감동적인 아름다움을 발산하였다.

철근콘크리트로 건축물을 짓는 경우 벽은 얇아지고 그림자 효과는 기대하기 어렵기 때문에 이제 깊이 있는 창틀이나 문설주를 더 이상 만들 필요가 없다. 따라서 우리는 중세 건축에 나타나는 불멸의 아름다움을 구성하는 요소였던 벽 개구부의 외곽선을 포기할 수밖에 없다.

또한 철근콘크리트 건축은 우리가 더 이상 자연과 조화를 이루는 건물, 조화로운 자연색을 띤 재료로 건물을 짓지 않을 것임을 의미한다. 최근 다시 한 번 자연의 재료로 만든 벽 표면이 그 색채로 인해 우리에게 기쁨을 준다는 것을 자각하게 되었다. 그런데 철근콘크리트는 이런 점에서 자연의 재료가 아니며, 표면과 색은 우리를 전혀 만족시키지 못한다. 이것이 의미하는 것은 이제 우리는 과거 기념비적인 건축에 존재했고 우리를 감동하게 했던 아름다움의 요소가 완전히 빠진 건축을 하게 될 것이라는 사실이다.

이것이 바로 내가 이러한 건축의 도래를 염려하는 이유이다. 그러나 나는 이 건축이 다가올 것이라 꽤 확신한다. 왜냐하면 내가 앞서 언급했던 것처럼 건축가가 수용해야 할 엄청난 기술의 장점 때문이다.

누군가는 질문할 것이다. 미는 전혀 고려할 필요가 없는가? 미가 실용과 균형을 이루도록 할 수는 없는가? 그리고 우리가 추하게 여기는 것을 아름다움의 이름으로 거부할 수도 있지 않을까?

나는 이미 이 재료에 대해 우리가 맞설 수 없고, 모든 건축가가 알고 있는 실무의 규정 때문에 이 재료를 사용할 수밖에 없다고 말했다. 또한 건축가는 그 시대의 자식이고 더 나아가 시대의 자식이 되어야만 한다고 말했다. 그리고 나는 과거의 아름다움을 보존할 가능성과 별개로 우리가 생각하는 아름다움의 이상을 바꿔갈 수 있을지 묻고 싶다. 나는 우리가 예전에 아름답게 여겼던 것을 추하다고 여길 것이 아니라, 이 새로운 건물 재료를 통해서 새로운 아름다움, 즉 과거와 다른 건축적 아름다움을 성취할 수 있는지를 말하고 싶다. 왜냐하면 이 재료는 매스감도 가지고 있지 않고, 자연석의 아름다움도 가지고 있지 않지만, 시간이 지나면서 점점 아름답게 인식될 다른 요인을 갖고 있기 때문이다.

우리가 이 재료를 잘 이해하고 새로운 가능성을 진지하게 생각한다면 짐작건대, 우리는 더 이상 잃어버린 아름다움을 추구하지 않을 것이다. 오히려 우리의 연구는 내가 앞서 인용했던 철과 돌 사이에 존재하는 미적 갈등과 관련하여 결국 놀라운 결론에 이르게 될 것이기 때문이다.

우리는 이 시대가 필요로 하는—다른 시대에는 이런 요구가 없었다—넓은 경간에서 건축물 몸체와 철 지붕 사이, 곧 벽과 천장 사이의 조화는 늘 빠져 있음을 확인했다. 왜냐하면 철 구조는 가늘고 길 수밖에 없으며, 미적인 관점에서 볼 때 철의 유연함은 돌의 정적인 견고함과 서로 조화를 이루지 못하기 때문이다. 그리고 철근콘크리트재의 벽은 얇고, 구조적 특성상 두꺼울 필요가 없다는 사실을 고려했을 때, 이 둘을 결합한다면, 나로서는 조화로운 통일이 가능하리라 생각한다. 특히 벽이 철 재료를 포함할 경우는 더욱 그렇다. 이 방식을 따른다면 결과적으로 벽과 천장 사이의 양식적 통일은 가능할 것이다. 대규모 홀을 개방된 철 구조로 구축하는 경우가 아니라 마감을 해야 하는 경우라면, 어려움은 일반적으로 더 커지게 마련이다.[31] 왜냐하면 볼트[32] 형식의 홀 상부는 통상 석재로 구축하지만 이렇게 규모가 큰 경간에서 이 재료를 사용하는 것은 거의 의미가 없기 때문이다. 철 재료를 사용할 때 시각적으로 구조가 눈에 띄도록 하는 경우는 갈등을 한층 더 심하게 일으킨다. 복고 양식의 벽 건축의 경우, 석재로 구축하려는 시도는 감히 행하기 어렵기 때문에, 흔히 철 트러스 구조를 선택한 후 가능한 한 최대로 이 트러스에 천장을 매달아 마감하도록 했다. 이것은 양식적으로는 미심쩍지만, 실무에서는 용인될 수밖에 없었다.

오늘날 대규모의 홀에서는 이 방식을 받아들여 천장을 해결한다. 그리고 카이페르스가 암스테르담 건축가 회담에서 이미 지적한 것처럼 이는 기정사실이 되었다.[33]

이 이후 이 분야는 크게 발전하여 공학도들은 자연스럽게 철근콘크리트를 사용하기 시작했다. 이제는 대규모 건설에서도 이 재료를 사용하고 있다. 우리는 이 재료를 통해 얼마나 많은 구조물을 건축했는지 잘 알고 있다. 예컨대 공장, 창고, 그리고 교량. 모두가 엄청난 규모의 경간으로 이루어져 있다. 그리고 에이마위던(Ijmuiden) 항구에 있는 일렬의 기둥은 아직 수중으로 잠기지 않았지만 여전히 카르나크[34]에 있는 신전의 잔해를 떠올리

..

31) (영역자 주) 1905년 《아키텍투라》에 실린 에세이에 있는 문장: "덧붙여 심지어 우리가 커다란 홀을 다루지 않을 때 이 문제는 전반적으로 더 심각하다."
32) (역자 주) 궁륭(穹窿)이라고도 하며, 아치의 원리를 이용한 둥근 천장 또는 지붕.
33) (영역자 주) 카이페르스가 1892년 암스테르담에서 행한 "철구조에 관하여(Over IJzer constructiën)"라는 제목의 강연. *Bouwkundig Tijdschrift* 13(=vol. 39. *Bouwkundige Bijdragen*)(1893), p. 42 참고, 또한 A. de Groot, "Rationed en functioneel bouwen 1840-1920," in *Hetnieuwe bouwen: Voorgeschiedenis*(Delft: Delft Univ. Press, 1982), p. 33.

게 한다. 다른 사례로는 공학자 부드레(Bourdrez)[35]가 네덜란드 철도를 위해 설계했고 현재 공사 중인 고가교로, 그 길이는 무려 680미터에 이른다.

또한 철근콘크리트를 사용한 중요한 건축작품들이 건축가들의 주도로 실현되었다. 이외에도 실내 건축 분야에서 극장 천장이나 몇몇 실내 구조처럼 건축가라면 누구라도 실행했을 여러 가지 사례를 볼 수 있다.

그렇지만 이 해법은 단지 부분에만 적용되었을 뿐이다. 이 때문에 양식적으로는 걱정되는 부분도 있다. 왜냐하면 건축 내부와 외부 사이에 충돌이 또다시 생기기 때문이다. 볼트 구조의 사이 공간을 벽돌로 마감하고 볼트를 담당하는 리브(Rib)[36] 구조 자체는 철근콘크리트로 지탱하는 교회 건축의 경우를 볼 때도 마찬가지로 염려스럽다.

그래서 나는 최근의 프랑스 잡지의 기사에 특별히 관심을 갖게 되었는데, 여기에는 철근콘크리트로만 지은 건물에 관한 다수의 삽화와 특히 파리 몽마르트르에 지은 교회의 사진이 다음과 같은 설명문과 함께 실려 있다.

1904년 9월 몽마르트르에 건축적으로 독창적이고 독특한 교회가 지어졌다. 로마네스크 건축이나 고딕 건축의 신전이 종교적인 기념비로서는 최고의 유형이라고 생각하는 사람들의 눈에는 분명히 이 건물이 특이하게 보일 것이다.[37]

---

34) (역자 주) 카르나크(Karnak)는 이집트 공화국 동부, 나일강에 면한 마을, 고대 도시 테베(Thebes)의 북쪽 절반을 이르는 지명.

35) (역자 주) 부드레(François Joseph Martial Bourdrez, 1901-1939)는 네덜란드 태생의 토목 엔지니어로서 중국 국민당 정부의 도로와 수로 건설에 자문 역할을 하기도 했다. 양자강 측량 중 사망하였다.

36) (역자 주) 늑골이라고 부르는 서양 건축의 용어. 볼트의 구조를 담당한다.

37) (영역자 주) 1894년에 시작된 생 장 레방젤리스프(Saint-Jean-l'Évangéliste). 아나톨 드 보도(Anatole de Baudot)는 비올레르뒤크(Viollet-le-Duc)의 이론적 상정에 실천적 표현을 부여하려고 했던 프랑스 합리주의 건축가 제2세대의 주도적인 대변인이었다. 1888년 『건축 백과

그러나 예산은 한정적이었기 때문에 건축가 보도(Baudot)는 저렴한 재료를 통해 돌파구를 찾아야 했고, 어떠한 과도한 장식도 피해야 했다. 벽은 벽돌과 콘크리트로 시공되었고 두께는 7센티미터였다. 장식을 위해서는 콘크리트 아치와 세라믹이 사용되었으며, 세라믹은 여기저기 몇몇 지점에서 붉은 벽돌 위에 마감되었다.

이 사례는 교회와 같은 기념비적인 건축물에서조차 처음으로 건물 전체를 철근콘크리트로 건축한 경우였다. 이 과정에서 이 재료를 사용한 장점은 과거의 재료를 사용한 것보다 건축비가 저렴했다는 것이다. 물론 이런 경우는 경험에 근거해 볼 때 드문 경우이기는 했다. 하지만 저렴한 건축비는 분명히 과소평가할 수 없는 하나의 장점이다.

내가 위에서 말한 것을 요약하면, 다음과 같은 결론에 이른다. 이 재료는 첫째, 기술적으로 큰 장점을 제공한다. 이 재료에는 다른 여러 재료가 가진 불리한 속성이 없기 때문이다. 둘째, 이 재료를 잘 사용하면, 이 재료는 양식적으로, 또 미적인 의미에서 새로운 예술 운동에 부합한다.

그러므로 철근콘크리트 사용은 미래의 건설을 위한 기회이며, 건축가들은 이 재료를 피할 이유가 없다. 오늘날 감동을 주지 못하는 건축물들과는 달리, 이렇게 새로운 건축은 원칙적으로 더 훌륭한 조화를 이룰 것이기 때문이다. 그리고 이 건축의 외관도 우리에게 익숙했던 것과는 다른 아름다움이지만 결국은 우리를 만족시킬 것이다. 내가 마드리드 회담에서 내린

∵

사전(*Encyclopédie d'Architecture*)』에 실린 그의 편집 프로그램은 당대 네덜란드 건축 이론에 큰 영향을 미쳤다. Willem Kromhout, "Het rationalisme in Frankrijk," *Architectura* 1 (1893), pp. 2-3, 5-6, 10-11, 18-20, 25-27 참고.

"주택의 현관"

·HAL · IN · EEN · WOONHUIS·

결론도 다음과 같다.

철근콘크리트 건축의 큰 장점 때문에, 우리는 새로운 건축의 시대에 직면하게 될 것입니다. 여기에서 이 재료는 본질적인 역할을 할 것이며, 이제 우리는 이 재료의 예술적 형식에 관해 연구할 필요가 있습니다.[38]

38) (영역자 주) 마드리드에서 1904년 4월에 열린 6차 건축가 대회.

결과적으로 중요한 것은 바로 이 예술 형식이며, 우리는 이 형식이 어떤 좌표에 서 있는지를 찾아 나설 것이다. 그러나 한편으로 우리 건축가는 피동적이며 이 점에서 시대의 아이에 지나지 않다고 하더라도, 우리는 또한 우리 시대의 형태를 주도하기 위해서뿐만 아니라 그것을 예견하기 위해서도 시대의 아이를 넘어서 능동적 자세를 취하지 않을 수 없다. 왜냐하면 형태를 결정해야 할 사람은 바로 건축가이며, 이를 누구도 부정할 수 없기 때문이다.

나는 커다란 건축의 변혁 가능성을 볼 때마다 이 재료가 합리적인 대안이 될 수 있을지, 또 기념비적 목적에 사용될 수 있을지 알고 싶었다. 어떤 건물 재료이든지 그 자체의 특별한 특성을 고려하고 양식적인 특성을 따른다면 사용해도 된다는 사실을 차치하더라도 그렇다. 나로서는 철근콘크리트가 살아 있는 자연의 유기체와 함께 구성되어 있어서 실용적일 뿐만 아니라, 양식적으로도 사용할 만한 가치가 충분히 있다고 생각한다. 이 재료를 사용할 때도 우리는 자연의 건축 방식에 좀 더 가까이 다가갈 수 있고, 더욱 높은 경지의 형태도 재현할 수 있을 것이다.

만약 우리가 새로운 재료를 동물의 몸에 비유한다면, 그 둘 사이에는 많은 유사성이 있다는 것을 발견할 것이다. 왜냐하면 그 둘은 모두 하나의 핵심, 곧 새로운 재료는 철, 동물은 뼈대를 가지고 있기 때문이다. 그리고 동물의 살갗은 콘크리트의 외피와 비교할 수 있기 때문이다. 인간의 몸에서 외부의 모양은 내부 뼈대의 간접적인 반영이다. 내가 간접적이라고 하는 이유는 살갗은 근본적으로 핵심인 뼈대를 따르지만, 특정한 지점에서는 더 단단해져 이에서 벗어나기 때문이다. 이처럼 콘크리트의 외피는 구조에 부합하기도 하고, 또 미적 고민에 따라 결정된 특정한 지점에서는 마찬가지로 어긋나기도 할 것이다.

이 내용은 이 주제를 다루었던 나의 에세이 「건축예술의 양식에 관한 고찰」에도 기술되어 있으며, 여기에서도 둘을 비교했던 데에는 분명한 이유가 있었다. 그 글에서 나는 건축가도 화가나 조각가와 마찬가지로 순수한 골격 자체를 연구해야 한다고 말한 적이 있다. 건축가의 경우 이제 순수한 구조체를 연구해야 하며, 이러한 지식은 이미 사라졌기 때문에 다시 완벽한 건축물에 도달하기 위해서 구조 연구를 시작해야만 한다.

나는 이제 조화의 문제를 좀 더 자세하게 다루려고 한다. 이를 위해서 무테지우스가 마드리드 회의에서 "건축의 현대성"이라는 주제로 발표한 내용을 다시 한 번 인용하고 싶다.

> 가정에는 점점 더 편리함을 바라는 현대인의 요구를 충족시키기 위해 많은 가스관과 수도관이 설치되어 있습니다. 여기에서 여러분은 새롭고도 놀라운 설비의 정교함을 볼 수 있지요. 이렇게 새로운 파이프와 케이블의 연결망은 인간의 몸속에 있는 신경계와 혈관을 떠올리게 합니다.[39]

이러한 관점에서 볼 때, 하나의 건물은 자연과 같이 살아 있는 생명체의 모습, 원칙적으로 결코 낮은 단계의 아름다움에 속하는 것이 아니라 오히려 반대로 더 높은 질서의 아름다움을 향한 형태와 훨씬 더 밀접하게 연결되어 있다.

그 밖에도 내가 앞서 언급했던 우리 시대의 다양한 건축 재료들 사이의 뛰어난 조화를 목격할 수 있다. 이 조화는 이음매가 보이지 않는 면에서,

∴
39) 각주 17번 참고.

그리고 이 면을 채우는 곳에서, 또 철근콘크리트 벽에서 구체적으로 표현되고 있다.

예를 들면 이음매가 없는 대형 판유리는 중세의 스테인드글라스 창과 18세기의 작은 사각형 유리창과 근본적으로 대비되는 것이 아닌가? 그러므로 판유리 창은 콘크리트와 가는 철근으로 이루어진 벽과 조화를 이루지 않는가? 이 판유리 창은 돌로 된 견고한 기념비적 건축과 전혀 조화를 이루지 못한다는 사실은 오래된 창을 판유리 창으로 대체한 건물에서 쉽게 볼 수 있기 때문이다. 그리고 18세기 창에 중세의 스테인드글라스를 사용하려는 최근의 추세도 이러한 대립을 느낄 수 있는 증거가 아닐까? 누군가 그러한 창을 새로운 건축물에 사용한다면, 어떤 면에서 양식에 대한 섬세한 감정의 쇠퇴를 말하는 것은 아닌가? 더구나 우리는 가능한 많은 빛이 필요하므로 그것은 실용적인 측면에서도 부적절하다.

예를 들면 인조석으로 만들어진 토르가멘트 바닥과 이음매 없는 면은 철근콘크리트 벽과 잘 어울리지 않는가? 그리고 기목상판(Parquet floor)[40]을 새 건물에 도입한다면 이는 시대에 역행하는 것이 아닐까?

그렇다. 우리는 새로 낸 도로에서조차 아스팔트는 돌로 포장된 도로와 비교했을 때 이음매 없는 표면을 지향하고 있는 것을 본다. 이런 방식의 아스팔트는 건물 입면의 커다란 평판 유리창과 놀라운 조화를 이룬다.

이외에도 많은 사례가 있다. 나는 사람들이 이 형식을 완성하기 위해 지붕도 이음매 없는 면으로 구성하게 될 것이라고 확신한다. 사람들은 이전의 형태와 전혀 달라 보이는 구축적 형태를 지향하고 있다. 이음매 없는 얇은 벽들을 보면 이를 확신하게 될 것이다. 장식 없는 벽도 같은 맥락에

••
40) (역자 주) 나무쪽으로 모자이크처럼 짜 맞춘 마루판.

서 있으며, 이는 위에서 언급한 전반적인 노력의 결과이다.

전반적으로 "장식 없는 문화"를 향한 우리의 노력은 괄목할 만한 성과를 이뤘다. 그렇지만 나는 이 부분에서는 무테지우스와 다른 견해를 가지고 있다. 내가 앞서 말했던 것처럼, 문화와 문명은 분명히 서로 다르다. 나는 이 사실을 다시 한 번 강조하고 싶다. 이 구분은 무테지우스의 연구에서 분명하게 드러나지 않고 있다. 그래서 그의 논증은 상당히 혼란스럽다. 왜냐하면 문명은 문화를 위한 주된 근본이라고 하더라도 본질적인 핵심, 곧 영혼의 깊은 곳을 건드리지는 못하기 때문이다. 우리의 주제에 한정한다면, 나는 문화가 아무리 다양한 변화를 겪는다고 해도 인류에게는 파괴될 수 없는 어떤 확고한 특성이 있다는 것을 믿는다. 그래서 나는 완벽하게 장식이 없는 예술은 있을 수 없다고 믿는다. 만약 이런 예술이 있다면 원칙적으로 역설적이지 않은가?

이 예술은 우리가 경험했던 절망적이고 의미 없는 과잉에 대해 의식적으로 저항한 결과이다. 그러므로 유용하다. 그리고 이 예술은 장식이라는 명분 때문에 잃어버린 순수한 근본 형태를 재발견하려는 시도이다. 그러므로 이 형태는 칭찬받을 만한 충분한 가치가 있다. 이와 달리 이 예술은 단순한 유행일 수도 있다. 그런 경우라면 폐기해야 한다. 그 이유는 점점 더 단순하게도 오늘날의 유행은 문화의 표현이 아니라, 오히려 산업이 이 유행을 조장하고 있기 때문이다. 이런 점에서 무테지우스도 나와 같은 의견이다.

대중의 취향을 결정하는 사람은 대중이 아니라 새로움을 갈망하는 카운터 점원이다.

그렇다. 이것이 바로 유행이다. 우리에게 문화는 없고, 원인과 결과는 전도되어 있다.

나는 미래의 문화를 믿지만, 그렇다고 해서 아무런 장식도 없는 건축에서 이 문화가 표현된다고 믿지는 않는다. 그 이유는 간단하다. 장식은 인간의 자연적인 충동이기 때문이다. 장식은 그렇게도 강한 충동이기에, 장식이 전혀 없다는 오브제들을 면밀하게 검토해보면, 여기에도 장식이 있음을 알 수 있다. 예컨대 앞서 언급한 선원의 모자에도 항상 하나의 띠가 달려 있다. 정장을 차려입은 신사는 항상 넥타이를 매며, 셔츠와 소맷동[41]에는 특별한 모양의 단추들이 달려 있다. 최근 거대한 신문물 운동에서 분리되어 나온 분야에서도 새로운 장식을 찾으려는 큰 무리의 장식예술가가 있지 않은가? 이때의 장식은 다시금 문화, 곧 정신적인 이상이 없는 상태이기 때문에 당분간 동물 모양을 사용한 기하학적인 장식 그 이상은 아니다. 그러므로 앙리 반 데 벨데(Henry van de Velde)가 말했듯이, 이 종류의 장식은 근본적으로 "대상이 없는 장식", 곧 추상적 장식이다. 이러한 장식의 표현은 일반적으로 모든 문화기의 초기 단계에 나타난다. 이 역시 도래하는 문화는 무장식을 지향하지 않을 것임을 입증해준다.[42]

우리가 이러한 사실들을 되돌아보면 이제는 미래의 건축이 어떨지 그 모습을 떠올릴 수 있다. 그리고 여기에는 분명히 아름다움을 구성하는 요소도 함께한다는 사실도 확인할 수 있다. 이 요소는 과거의 건축을 아름답

••

41) (역자 주) 팔을 덮는 옷소매의 끝을 이은 동아리를 일컫는다. 소매 끝의 옷감이 닳는 것을 보호하는 기능적인 목적이 있고, 닳았을 때 이 부분만 수선 및 대체할 수 있어 실용적이다.

42) (영역자 주) 참고, Henry van de Velde, *Zum neuen Stil: Aus seinen Schriften ausgewählt und eingeleitet von Hans Curjel*(München: R. Pieper, 1955, pp. 181-195)에 실린 그의 에세이 "Die Linie"(1912).

게 했던 것과 질적으로 다른 것이 아니다. 몇 가지 다른 요소를 보더라도 혼란에 가득 찬 우리 시대가 잊고 있던 아름다움을 다시 회복하기 위해 끊임없이 노력하며 이상을 추구하고 있다는 사실을 증명하고 있다.

누구라도 이제는 내가 지금까지 펼쳤던 논리를 바탕으로 아름다움이 무엇인지 상상할 수 있을 것이다. 기념비 건축물이 평면적인 구성을 통해서도 간결함과 웅장함을 보여줄 수 있기는 하지만, 지금까지 실현된 작품은 아직 이 아름다움을 보여주지는 못하고 있다. 사람들은 오히려, 믿기 어려워 보일지라도, 역사적 바로크 건축의 모방만을 보여주었기 때문이다. 그리고 이를 모방한 경우를 보면 대개는 그 근본을 올바르지 않게 고찰했거나, 전혀 고찰하지도 않는다는 것을 알 수 있다. 왜냐하면 대부분 단순한 반복에 불과하며 오랫동안 알려져 있던 형태들을 새로운 재료로 모방한 것에 그칠 뿐이기 때문이다. 건축가라면 누구라도 이 방식은 양식의 관점에서 오류라는 인식에 이르게 될 것이다. 그러나 이와 반대되는 현상의 증거도 있다. 대규모 홀 건축의 경우, 또한 어떤 종류의 치수라도 사용 가능한 구조 방식의 경우, 이들은 미래의 건축을 장려할 것이다. 그리고 이들의 건축 방식은 대개 올바른 것이다.

엄밀한 수학의 논리에 따라 위치가 결정된 창만이 원칙적으로 넓은 벽면에서 유일한 장식의 역할을 해야 할 것이다. 모든 건축이 궁극적으로 열망하는 가장 중요한 예술적 과제인 벽과 창의 조화는 이처럼 순수한 형태를 통해 성취될 수 있다.

여기에 다음과 같은 사실이 추가되어야 한다. 여타 어떤 장식도 배제할 것이 아니라, 오히려 필요한 곳에 세심하게 사용해야 할 것이다. 장식이 어떤 모양이어야 할지 아직은 확실하게 기술할 수는 없다. 이는 오늘날 활약하는 장식예술가들도 기대하는 바이며, 결국 이상적인 형식이 될 것이다.

조각도 건축의 측면에서 보았을 때, 장식의 요소로 작용할 것이다. 특히 벽을 장식으로 강조하게 될 것이다. 이 부분은 미리 규정된 구조를 통해 구성되어야 하며, 비올레르뒤크가 제시했던 유명한 문장도 여기에서 엄격하게 적용되어야 한다.[43] 이렇게 된다면, 몇몇 새로운 건축물에서 이미 보여준 것처럼 조각은 건축과 더욱 긴밀한 관계를 맺게 될 것이다. 조각은 형상의 측면에서 더욱 고귀한 재료로 구현되고, 또 부조처럼 벽과 함께할 수도 있다. 이 방식은 원칙적으로 전 역사에 걸쳐 추구했던 관행이기도 했다.

그러나 회화는 조각보다 더 크게 이바지해야 한다. 왜냐하면 회화는 결정적으로 중요한 부분에서 장식의 역할을 하기 때문이다. 우선 콘크리트는 실제 자연과는 동떨어진 색이기 때문에 이 색을 중화할 필요가 있고, 또 이 재료의 유일한 단점인 거친 표면을 위해서도 별도의 마감 시공이 있어야 한다. 채색을 통해 벽 전체를 바꾸어야 한다. 이 방법이 아니라면 외벽의 색상이 지루하게 보이지 않도록 프리즈[44]나 몰딩 등의 요소를 통해 강한 대비를 만들어야 한다. 이런 가능성은 과거 황금기의 탁월한 치장 파사드들이 보여준다. 회반죽으로 마감한 목구조 건축[45]도 특별히 아름다운 예로 간주할 만하다. 과거 독일인들이 고안한 이 방식은 사람들이 얼마나 진지하게 이런 대비를 찾고 있었는지를 알려준다. 이 방식을 응용하면 기존의 벽면에 콘크리트 외피를 덧붙이는 것이 가능하다. 이 기술은 이미 "네덜란드 전기"의 고가교에도 적용되어 있다.

••

43) (영역자 주) Eugène-Emmanuel Viollet-le-Duc, *Entretiens sur l'architecture*, 2 vols.(Paris: A. Morel, 1863-1872), i: 305: "구조에 의해 결정되지 않는 모든 형태는 거부되어야 한다. (Toute forme qui n'est pas ordonnée par la structure doit être repoussée.)"

44) (역자 주) 방이나 건물의 윗부분에 그림이나 조각으로 띠 모양의 장식을 하는 부분.

45) (영역자 주) 기둥이나 들보를 밖으로 드러내어 그 사이를 벽돌이나 회반죽 등으로 메워 마감한 건축 양식을 말하는데, 영국 중세 건물에서 뚜렷이 나타난다.

양식적으로 이 방식에 대해서 반대할 이유가 없다. 왜냐하면 이렇게 했을 때 실제로 이음매가 없어서 사암 재료의 인상을 전혀 보여주지 않는 콘크리트 덩어리가 되기 때문이다. 그러므로 원칙상 이 방식은 흔히 사용되는 얇은 자연석 판재[46]의 외피보다 훨씬 더 낫다. 이외에도 이때의 면은 자연석과 마찬가지로 가공이 가능하다는 장점이 있어서 직접 조각으로 장식할 수도 있다.

내가 마드리드 회의에서 지적했듯이, 이 부분은 특별히 강조되어야 한다.

우리는 이 변화가 양식의 측면에서 어떤 결과에 이를지 아직은 알 수 없으나, 지난 시대의 건축 형태들에 비하면 이 변화는 근본적입니다. 이 점만은 분명합니다. 왜냐하면 이 변화는 순수한 구축과 대비되는 의상 건축(bekleedings-architektuur)의 장점을 보여줄 것이기 때문입니다.

시멘트라는 재료를 사용하게 되면 재료의 속성으로 인해서 다음과 같은 방식으로 장식을 하게 될 것이다.

첫째, 직접 표면에 채색하는 방식. 둘째, 상감 방식의 적용. 이 방식은 우리가 알고 있듯이 새로운 방법이 아니며 과거 고전의 세계에도 있었다.

이제 도로의 모습도 바뀌게 될 것이다. 주거의 여러 기능 중에 현재 우리가 거리에 면해 배치하길 바라는 기능은 후면으로 옮겨져 넓은 중정이나 정원에 면하게 될지도 모른다. 반대도 마찬가지이다. 거실 공간이 점점 번잡해지고 있는 도로면에 위치한다면 앞으로는 참기 어려울 것이며, 지금까지 후면에 있었던 계단, 서비스 공간, 그리고 화장실을 거리가 있는 쪽에

••

46) (역자 주) 석재 베니어는 보통 1인치 두께의 치장재로 외벽 마감에 사용된다.

두는 것이 더 좋을 것이다. 이 부분들은 그 자체로 부담스러운 것이었다. 왜냐하면 모든 배수관이 거리로 향해야 했기 때문이다. 이것은 건축의 본질은 도로면에 있는 것이 아니라 둘러싸고 있는 벽 안에 있다는 점에서 다시 한 번 고전적인 세계를 상기시킨다. 왜냐하면 건축은 외부를 향해 스스로 자신을 보이는 것이 아니라, 오히려 공간을 에워싸는 것이다. 그러므로 의상의 건축이란 표현은 적절하다.

그리고 이것은 내가 의도한 것은 아니지만 시대정신과 연관된 고찰을 통해 자연스럽게 도달한 핵심이다.

실제로 내가 발전시키려고 했던 생각을 요약하면, 미래 건축의 형태는 한편으로 고대 로마 건축, 다른 한편으로 고대 그리스 건축과 특이하게도 같은 특성을 갖는다. 고대 로마 건축 양식과 비교할 수 있는 이유는 의도와 실현이 지닌 원대함 때문이고, 고대 그리스 건축과의 유사성은 양식이 지닌 고유한 순수성 때문이다.

우리에게 눈여겨볼 가치가 있는 것은 로마인의 위대한 공중목욕탕 건축이다. 이 건축을 우리 시대의 건축과 비교할 때 우리는 잘못 적용된 그리스 건축의 오더가 로마 건축을 오염시켰다는 것도 알고 있다. 그러나 남겨진 것은 아름다움의 근본이고, 그곳에는 로마 건축의 힘, 다시 말해 단순한 위대함의 힘이 담겨 있다. 이 힘은 당시의 위대한 공학 작품에서도 볼 수 있다. 한편으로 이 힘의 핵심은 특별히 화려한 건축에서 실천되기 시작했고, 공중목욕탕 건축에서도 나타나기 시작했지만, 순수하고 완벽한 결과는 후대, 곧 비잔틴 시대에 성취되었다.

그리스의 건축물들은 훨씬 더 작은 규모이다. 그런데도 이 건축물들은 우리에게 순수함, 간결한 구축과 조화로운 장식의 이상적인 형태를 보여준다. 그러므로 그들의 건축은 진정으로 고전적이다. 그리스 건축은 어느 시대에도 아름답다는 것을 의미한다.

나는 기념비 건축물들이 다시 한 번 새롭게 빛날 것이라고 믿고 있다. 건축이 아무리 세속적으로 변했더라도, 건축이 사실에만 의존하더라도 그렇다. 왜냐하면 나는 재료를 통해 형태를 고결하게 만들려는 인류의 욕구를 믿기 때문이다. 이 욕구는 다시 성장할 것이다. 단순과 단일을 향한 과도기의 시대가 시작되었기 때문이다. 이제 우리는 새로운 양식을 말할 수 있을 것이다. 정신이 요구하고 필요로부터 발전한 양식, 사회적 법규가 요구하는 양식, 실용적 요구, 목적에 부합하는 재료의 요구에서 발전한 양식이다.

이 양식은 정신적인 삶을 건축적으로 반영할 것이며, 내가 이미 말했듯이 이 양식은 고대 세계의 것과 일치할 것이다.

내가 이미 인용한 적이 있고 여기에서도 관련이 있는 "건강한 신체에 건전한 정신(mens sana in corpore sano)"의 고전이 오늘날 다시 권장되고 있는 일은 특이한 현상이 아닌가? 신체를 돌보는 일은 고전 고대에서 일종의 종교였고 앞으로도 장려될 것이다. 특히 자연 과학의 지식은 여러 분야에서 발전했기 때문에 더 나은 결과가 가능할 것이다.

미래는 외형상으로 지나간 고전 시대의 부활이 될 것이다. 그리고 폭넓은 지식으로 인해서 미래는 더 아름다운 시대가 될 것이며, 이 지식을 통해 예술도 더욱 발전하게 될 것이다.

이때 공학과 건축은 더 이상 서로 다른 직업이 아니며, 산업과 응용예술도 마찬가지로 앞으로는 서로를 구별하지 않을 것이다. 오늘날처럼 서로에게 적대적인 구분은 어리석게도 건축과 건축예술, 산업과 예술, 그리고 수공과 공예를 분리한 결과를 낳았다.

미래에는 집, 홀, 공장, 신전 등과 같은 건축물은 이러한 교양인으로서의 소임에 어긋남이 없는 사람에 의해 세워지게 될 것이다.

그리고 새로운 시대는 정신적인 의미에서도 고전의 세계와 일치할 것이다.

내가 썼던 「건축예술의 양식에 관한 고찰」도 다음과 같은 결론에 도달했다. "도래하는 세계이념은 그 이상을 내세에서 이루지 않을 것이다. 이런 점에서 이 이념은 종교적인 것이 아니다. 오히려 그 이상은 이 땅에서 생겨날 것이다. 고대의 신들도 이 땅 위의 신전에 살지 않았던가?"[47]

우리는 이것을 가장 이상적인 의미로 이해해야 한다. 즉 인간이 지상의 신들을 위해 신전을 건축했을 때, 이 신전은 만인의 행복을 위한 노력을 물질의 형태로 반영한 것이었다.

이렇게 해야 깊은 정신의 세계와 물질의 세계는 합일을 이루며, 문화도 다시 존재하게 될 것이다. 그래야 첫 고리가 완성될 것이다. 그러나 이 고리는 나선형으로 이루어지기에 두 번째 출발점은 더 높은 곳에 있을 것이다.

그리고 나는 벨라미를 생각한다. 서기 2000년은 틀림없이 도래할 것이다.[48]

••

47) (영역자 주) 베를라헤는 그의 에세이 「건축예술의 양식에 관한 고찰」에 있는 내용을 여기서 다른 말로 바꾸어 말하고 있다.

48) (영역자 주) 미국 저널리스트 에드워드 벨라미(Edward Bellamy), *Looking Backward, 2000-1887*(Boston: Ticknor, 1888). 벨라미가 2000년의 보스턴을 배경으로 쓴 유토피아적 소설은 전원도시 운동의 창시자 에버니저 하워드(Ebenezer Howard)뿐만 아니라 당시의 선구적인 건축가와 도시 계획가에게 강한 영향을 미쳤다. 벨라미의 책에 나타난 어조는 뚜렷하게 미래적이었다. 메트로폴리탄 중심가가 장악한 사회, 기계로 대체된 노동, 그리고 45세 나이에 받는 연금 등이 이를 말하고 있다.(p. 184)

「건축예술의 근본과 발전」

취리히공예박물관 강연

GRUNDLAGEN UND ENTWICKLUNG DER ARCHITEKTUR

VIER VORTRÄGE GEHALTEN IM KUNSTGEWERBEMUSEUM ZU ZÜRICH

베를린: 율리우스 바르트 출판사, 1908년 | 표지 디자인. 발터 티만(Walter Tiemann)

출처: H.P. Berlage, *GRUNDLAGEN UND ENTWICKLUNG DER ARCHITEKTUR. VIER VORTRÄGE GEHALTEN IM KUNSTGEWERBEMUSEUM ZU ZÜRICH*, Berlin: Julius Bard, 1908

"유행은 시간에 따라 변한다 …
그러나 기하학과 진정한 과학에 뿌리를
둔 것은 변하지 않는다."[1]

영국의 가구 제작자 토머스 셰러턴은 18세기 중반에 발행한 『가구 제작자(*The Cabinet Maker*)』 디자인 도록에서 이 문장을 모토로 삼았다.[2] 누군가는 이 모토를 가구에 관한 책보다는 예술을 기술적으로 다루는 학술 서적에 더 적절하다고 생각할지도 모른다. 그렇지만 나는 셰러턴의 문장이 옳다고 생각하며, 과감히 내 것으로 삼으려고 한다. 왜냐하면 이 문구는 일반 예술뿐만 아니라, 특히 건축예술(Baukunst)[3]에도 해당하기 때문이다.

∴

1) (역자 주) 베를라헤는 영어 원문을 그대로 인용하고 있다.
2) (영역자 주) Thomas Sheraton, *The Cabinet-Maker and Upholsterer's Drawing-Book*, London: Author, 1793-1794.
3) (역자 주) Architecture와 비교되는 Baukunst는 건축예술, 영어권에서는 Art of Building으로 번역한다. 그 본디 의미에서 건축이라는 단어는 예술(Kunst)에 해당하는 개념을 포함하지 않기 때문에 건축이라는 용어로 번역할 때 예술의 영역을 포함하는 것이 자명한 경우는 이 용어를 그대로 사용하기로 하고, 예술이 문제가 되는 경우는 건축예술로 옮기기로 한다.

여러분이 자칫 오해할 수 있지만, 여기에서 학문적으로 관련되는 부분은 구조 이론이 아니라, 오히려 형태 전반에 걸쳐 창조와 관련된 예술 부분이다. 나는 예술에서 형태를 창조할 때 수학에 바탕을 둔 기하학은 대단히 유용하며, 필수 불가결하다고까지 확신하게 되었다. 예전에 행했던 여러 강연에서 나는 다음 사항을 해명하였다. 원리에 대해서는 논쟁을 벌일 수 있지만, "아름다운지, 아름답지 않은지"라는 질문에 대한 논쟁, 미에 관련한 무미건조한 논쟁은 이미 잘 알려진 것처럼 로마인도 부질없는 것으로 간주했다.

개인의 취미가 한편으로는 판단에 커다란 영향을 미친다는 것은 자명하다. 다시 말해 헤겔이 지적했듯이,

> 사람은 누구나 항상 예술작품이나 특성, 행위, 사건들을 자신의 통찰이나 심정에 근거해서 판단하기 마련이다. 그러나 과거의 취미는 외적이고 내핍으로 인해서 형성되었을 뿐만 아니라, 그 규정들 역시 좁은 영역의 예술작품이나 지성과 심정이 쌓은 제한된 교양의 영역에서만 받아들인 것이므로, 그 영역은 내면적이고 참된 것(das Innere und Wahre)을 포착하고 또 이를 이해할 통찰력을 예리하게 하기에는 충분하지 못하다.[4]

••

Architecture와 Baukunst의 동일성과 차이는 독일어권을 중심으로 한 근대건축 논의의 핵심이었다.

4) (역자 주) 게오르크 빌헬름 프리드리히 헤겔, 『헤겔의 미학강의 1』, 두행숙 옮김, 은행나무, 2015년, 57쪽의 번역은 아래와 같다.
"사람은 누구나 자신의 통찰과 심정에 비추어 예술작품이나 성격, 행동, 사건을 파악하기 마련이다. 그리고 그 취미라는 것도 외적이고 변변찮은 것과 관련해서만 형성되며, 게다가 그 규정들 역시 협소한 범위의 예술작품과 오성과 심정이 쌓은 제한된 교양의 영역으로부터만 받아들인 것이므로, 그 영역은 내면적이고 참된 것을 포착해서 이를 이해할 예리한 통찰력을 갖기에는 충분하지 못하다."

그러나 다른 한편으로 아무런 기준도 없이 취미의 문제를 거론하며, "나는 그것을 싫어한다."는 말로 위대한 예술작품을 무시해버릴 수 있다는 것은 어찌 보면 터무니없는 일이 아닐 수 없다. "평범한 사람"[5]이 내린 판단이 예술 감식가의 판단과 같은 권위를 지니는 것으로 여겨져서는 안 된다. 이유가 무엇이든지 간에, 모든 세속적인 관심사를 초월하여 숭고하게 서 있는 예술품을 두고 저잣거리 사람들은 창작한 예술가를 힐난해서도 안 된다.

아니, 이것은 있을 수도 없는 일이며, "그것은 문제 삼을 필요도 없다."고 즉각적으로 말할 수도 있다. 더 높은 수준에서는, 예술가들 사이에서도 미에 대해 서로 다른 생각을 조율해나갈 수 있을 것이며, 명확한 이유 없이 누군가가 비난하는 것에 대해 다른 누군가는 오히려 칭찬하는 경우란 있을 수 없다. 궁극적으로 반대자가 "나는 이 작품이 싫지만, 미적 특징을 가지고 있으며, 심지어 나를 감동하게 한다. 한마디로 말해 나는 이것을 예술가의 작품으로 인식한다."고 인정하도록 만들 수 있다.

만일 우리가 이러한 관점의 차이의 원인이 무엇인지 알려고 하면, "어떻게"라는 질문을 해야 모종의 합의에 도달할 수 있다는 점을 확신한다. 즉 단순히 예술작품이 어떻게 보이는가보다는 그 형태가 어떻게 존재하게 되었는가를 논의의 기반으로 삼아야 한다. 만일 여러분이 다음과 같이 비평가에게 답할 수 있다면, 이미 많은 것을 얻은 셈이다.

"좋습니다. 이 작품은 여러분이 좋아하는 것이 될 수도, 아닐 수도 있습니다. 그러나 여러분은 이 작품이 어떻게 만들어졌는지, 다시 말해 형태가 어떻게 일관되게 구성되었는지 연구해보셔야만 합니다. 평면에서부터 어

••
5) (역자 주) "man in the street": 원본에는 영어로 표기되어 있다.

떻게 이 건축물이 구축되는지, 또 건물의 부분들 하나하나가 어떻게 조화를 이루는지 여러분은 이해해야 합니다. 그런 다음에 이 작품에서 비례가 뛰어나고 멋진 취미에 따라 장식이 이루어졌다면, 여러분은 이를 인정해야만 합니다. 그 무엇보다 여러분은 이 건축물 전체에서 모든 부분이 완전한 통일성(Einheit)을 이루었다면 이를 인정해야만 합니다."

만일 예술작품과 관련해 이렇게 주장하고 증명할 수 있다면, 그것은 일반적인 취미의 범위를 넘어설 뿐만 아니라, 사물의 판단 능력의 범위도 넘어선다. 작품 자체에 대해 공감이 가지 않는다고 해서 그 작품을 비난해서는 안 된다. 결국, 예술작품은 이러한 관점에 비추어서만 판단할 수 있으며, 저잣거리 사람은 이러한 관점에 결코 도달할 수 없으므로 이 문제에 관해 아무 말도 하지 못한다. 칸트에 따르면, 아름다움은 개념 없이, 곧 지성의 범주 없이 보편적인 쾌의 대상으로 표상된다. 미를 판단하려면 정신의 교육이 필요하다. 다시 말해 평범한 사람들은 미적 판단을 내리지 못한다. 이 판단에는 보편타당성이 요구되기 때문에 그렇다.

이제는 도대체 어떻게 예술작품을 창작해야 하는가의 질문에 답해야만 할 것이다. 예술작품이 앞서 기술한 통일성을 제대로 담고 있으려면, 그리고 "양식"의 궁극적인 조건인 "다양성 속의 통일성"을 보여주려면, 어떤 형태를 가져야 하는가의 질문에 답을 해야 한다.

직접적인 비교를 위해, 질문을 하려고 한다. 하나의 식물을 끊임없는 감동을 주는 예술작품으로 만드는 것은 도대체 무엇일까? 궁극적으로 유한자의 눈으로는 헤아릴 수 없는 숭고함을 우주에 부여하는 것은 도대체 무엇인가?

수정처럼 눈으로 덮여 있는 바위를 볼 때, 우리를 사로잡는 것은 현상 자체가 아니다. 현상은 우리를 흥분시킬 뿐이다. 오히려 우주 전체를 지

160

배하는 법칙 자체, 우주를 형성하는 법칙, 우주를 무궁토록 펼치는 그 법칙이 우리를 감동케 한다. 우리는 이 법칙에 대한 경외감으로 전율을 느끼며, 우주를 질서 있게 만드는 일관성, 무한대를 가로질러 눈에 보이지 않는 입자까지 관통하는 그 일관성에 전율한다. 젬퍼가 쓴 탁월한 저서 『양식론』의 "서설(Prolegomena)"에서도 이미 다음과 같이 지적하고 있다.

자연은 적은 모티브로도 무한한 풍부함을 보여준다. 그리고 자연은 자신의 근본 형태 안에서 끊임없는 반복을 보여준다. 이 형태는 여러 피조물의 조건에 따라, 또한 다양한 존재 조건에 따라 수천 가지로 변하는 것처럼, 어떤 부분은 짧아지고 다른 부분은 길어지며, 부분만 완성되거나 어떤 부분은 암시만 되어 있는 방식으로 나타나 보인다. 그리고 자연은 새로운 것을 만들어갈 때 과거의 동기가 관찰되는 진화의 역사를 가진다. 이와 마찬가지로 예술은 무한한 다양성을 제공하는 몇 가지 안 되는 표준적 형태와 유형에 기초하고 있다. 이것은 오랜 전통에서 비롯되어, 항상 다시 등장하고 무한한 다양성을 제공하며, 자연의 유형처럼 역사를 지닌다. 따라서 우연에 의한 것은 전혀 없다. 오히려 모든 것은 상황과 관계의 조건을 따른다.[6]

내가 특히 더 강조하고 싶은 것은 이 마지막 문장인 "우연에 의한 것은 전혀 없다."[7]이다. 왜냐하면 이 말은 모든 자연은 정해진 법칙에 단단히 결

6) (영역자 주) Gottfried Semper, *Der Stil in den technischen und tektonischen Künsten; oder, Praktische Aesthetik*, 2 vols.(Frankfurt: Verlag für Kunst und Wissenschaft, 1860–1863).

7) (역자 주) "nichts ist dabei reine Willkür": 건축적 담론일 경우 Willkür는 임의나 우연이라는 단어보다 '자의'로 번역되기도 한다. 법칙성의 반대 개념으로서 자의성은 근대건축의 근본적 화두 중 하나였다. 베를라헤는 18세기 이후에 유럽에 만연한 이러한 자의성과 예술지

속되어 있음을 말해주기 때문이다. 가능한 모든 변화와 관계가 이 법칙의 특정한 조건을 거쳐서 만들어지지만, 이것은 무작위로 진행되기보다는 하나의 법칙에 따라 이루어진다. 결과적으로 분석하면, 모든 인간과 사회 조직도 마찬가지로 법칙에 종속되어 있지 않은가? 다시 말해 사회나 공동체, 도시가 성장해나갈 수 있도록 인간은 법칙을 만들어낼 필요성을 느끼지 않았는가? 이 법칙이 없다면 인간은 아무것도 성취하지 못한다. 왜냐하면 고립된 힘들은 오로지 조직화를 통해서 규합될 수 있으며, 이러한 방식으로만 위대하고 조화로운 것을 창조해낼 수 있기 때문이다.

예술작품도 우연에 의한 것은 없다. 그렇기에 모든 것은 뚜렷한 법칙에 따라 형성되어야 한다는 점을 증명하기 위해 나는 과감히 이 주장에 적합한 사례를 제시하려고 한다.

우주 전체의 조형 원리는 수학적 본성을 지녔기 때문에, 마찬가지로 예술작품 또한 수학의 법칙에 따라 창조되어야 한다. 입체의 속성과 관련해서는 입방체의 법칙이, 평면과 관련된 문제에서는 기하학의 법칙이 그렇다. 모든 천체의 물체는 구형, 완벽한 입방체 형태가 아닌가? 이 형태가 어떤 상황이 되면 타원면을 이루지만 여전히 완벽한 입방체 모양의 형태가 아닌가? 모든 천체가 타원형으로, 기하학적 궤도를 따라 무한한 공간에서 움직이고 있지 않은가? 물리 법칙이 요구하는 위치의 초점에 별들의 중심이 정확하게 위치한 기하학적 궤도 말이다. 이 궤도는 다시 물리적 속성의 특별한 상황에 따라 조정되지 않는가? 마찬가지로 모든 식물과 꽃도 기하

∴

상주의를 유사한 맥락에 두고 비판하고 있다. 음악과 건축을 우주적 예술로 정의한 젬퍼는 사물에 대한 상징적이면서도 물질적인 개념을 토대로 동서양의 고대건축을 새롭게 바라보았으며, 건축을 통해 근대적 물질문화를 상징적 차원에까지 면밀한 논의를 통해 끌어올렸다.

학 법칙에 따라 성장하지 않는가? 갈라진 씨앗의 외피에서 비롯되는 식물의 분할 성장, 꽃과 잎의 형태, 쌍떡잎, 삼엽, 사엽, 다엽을 이루는 다양한 식물 모두는 원 분할의 법칙에 종속되어 있다. 그런데도 상황에 따라 수천 가지의 변화가 있지 않은가? 그리고 우리가 식물을 장식예술의 모델로 선택한 이유도 바로 이 때문이 아닌가? 동물 세계에서도 우리는 정해진 관계에 따라 규칙적으로 생장해나가는 사례들을 만나지 않는가? 예를 들어 불가사리나 수련처럼 하등 동식물조차 기하학적 형상에 따라 신체를 만들지 않는가? 수많은 조개류와 곤충 등의 동물도 심지어 기하학적 형태로 집을 짓고 있다.

이 모든 사실을 염두에 두고 세계를 바라다본다면, 모든 것이 어떻게 기하학 법칙에 따라 구축되고 형성되는지 인식할 수 있을 것이다. 심지어 우리는 신을 우주의 건축가라고 말한다. 그러므로 인간은 법칙 없이 작품을 완성할 수 있다고 주장해서는 안 된다. 실제로 불가능하다. 구성의 논리와 방법 없이 만들어진 작품은 결코 만족스러운 결과에 이르지 못하기 때문이다. 우주 자체는 건축적 창조에 비교될 수 있으므로, 특히 건축작품에서 이 점을 잘 주목해야 한다. 한 걸음 더 나아가, 우리는 자연의 모든 성장을 지배하는 대칭이 형태의 근본 법칙이라고 주장할 수도 있다. 이 조형의 법칙은 기하학의 법칙, 다각형의 기하학적 근본 형태, 또 원 분할의 근본 형태와 완벽하게 일치한다. 기하학이 그 형상을 "추상적으로(in abstracto)" 구축할 때, 우리는 실제적인 자연의 창조에서, 소위 살아 있는 기하학, 기하학적 법칙을 따라 생동하고 자유로운 창조 양상을 발견하게 된다. 이 과정은 자연의 형상, 특히 광물의 형상이 분절되면서 시작된다. 이 결정체의 기본적인 모습은 다각형이다. 여기에서도 우리는 원초적인 형상으로서의 삼각형과 사각형을 발견한다. 따라서 많은 결정체의 중심 형상은 정삼각형

4개로 구성된 4면체나 육각기둥, 정사각형 6개로 구성된 정육면체, 적층된 정육면체로 이루어진 사각기둥이다. 마찬가지로 우리는 변형된 결정체의 중심 형상에서 잘려 나간 변과 모서리를 발견할 수 있는데, 이것은 모서리와 변이 잘리거나 매끈하게 다듬어지곤 했던 고딕 건축의 평면적 발전 양상과 놀라울 정도로 유사한 과정이다. 결정체 사이에서 자연적으로 발생하는 융합에 대해서도 언급하지 않을 수 없다. 이 현상은 우리의 관찰에서 특히 중요하다. 더 폭넓은 비교가 가능하기 때문이다. 이 주제에 대해서는 나중에 다시 다루겠다. 모순처럼 들릴지는 모르겠지만, 예술작품을 창작할 때, 인간은 완성도 높은 작품에 이르기 전 필요한 법칙의 안내를 따라야만 한다. 이 문제를 좀 더 면밀하게 들여다보면, 만연해 있는 무법칙성, 예술에서의 전면적인 자의성에 저항하는 일이 우리가 해야 할 일로 보인다. 지금까지 이러한 자의성은 단 하나의 진정한 방식, 단 하나의 예술적 입장으로 간주되었다. "예술은 자유로워야 한다!"는 신념에서 온 것이다. 그리고 이 신념은 절대 이의를 제기할 수 없는 것처럼 보인다. 제약을 적용하면, 예술은 사라진다. 이러한 관점이 어디서부터 유래되었는지, 그것이 정당한지 아닌지에 대해 이제는 자세히 따져야 한다.

이 관점은 자주 반복되었고, 화가로부터, 좀 더 구체적으로는 회화 자체의 영역에서 비롯되었다. 이미 알려진 것처럼 회화는 자신을 시각예술에서 유일하게 진정한 예술이라고 믿는 편이다. 이러한 판단은 조각에까지 확장될 때도 있다. 그러나 건축이 예술일 수 있다고 하면 이 생각은 지나친 가치평가로 여겨진다.

과거에는 건축이 예술이었지만, 지금의 현실은 더 이상 그렇지 않다.

이 때문에 회화, 즉 이젤의 그림은 유일한 순수예술로서 다른 예술이 난관을 겪고 있는 틈을 타 영향력을 키워오고 있다. 이러한 상황은 르네상스까지 거슬러 올라간다. 예술가와 호도된 대중은 숭고한 건축적 창작물보다는 온통 깨져버린 돌무더기에 더 흥미를 느낀다는 점에서 "회화성(malerisch)"[8]은 마술적 언어가 되었다. 또한 시냇가 옆에 서 있는 소를 그린 작은 그림이 조토나 미켈란젤로의 프레스코화보다 더 공감을 자아내는 대상이 되기도 한다. 자유분방한 예술 혹은 무법칙성의 회화가 양심에 어긋나게도 이러한 평가를 받고 있다. 그리고 앞서 언급했듯이 조각과 건축은 이러한 영향을 받을 수밖에 없는데, 심지어는 조각가와 건축가가 회화적 방식으로 작업하기 시작할 정도이다. 개인적인 것, 다시 말해 특정 예술가의 지극히 자의적인 취미에 따라 조각가는 회화적인 조각물, 건축가는 회화적인 건물을 짓고 있다. 내가 한 말에 대해 오해가 없길 바란다. 회화적인 것 그 자체는 비난받을 만한 것이 아니다. 왜냐하면 더 높은 가치 척도에 비추어볼 때, 그리스 신전과 고딕 성당 모두 회화적인 특질을 지녔기 때문이다. 풍경화에서 유래된 회화적 이해는 환심을 사려는 속성 때문에 확실히 문제 삼을 만하다. 물론 이러한 전문적 관행 역시 르네상스 시대에서 비롯되었다.

이러한 사상에 빠진 건축은 최악의 국면에 접어들었다. 순전한 자의성의 길에 발을 들여놓은 순간부터 건축은 길을 잃었다. 앞서 지적했듯이, 과도한 첨가물, 작은 탑, 돌출창(Erker),[9] 아늑한 모퉁이의 처리 방법에서

<hr />

8) (역자 주) 픽처레스크(picturesque)와 연관된 이 malerisch라는 용어를 이 글에서는 "회화적"으로 번역한다. 17–18세기 영국 건축의 픽처레스크는 건축이라는 인공을 자연의 하나로 표현하려는 양식적 흐름이었다. 자연의 숭고함과 폐허적 특질, 시각적 응시 등의 개념이 건축에 적용됨으로써, 건축은 랜드스케이프의 한 요소로 녹아든다. 베를라헤는 이 "회화적"이라는 단어를 사용하여 픽처레스크의 몇몇 양상을 비판하고 있을 뿐 아니라, 19세기 후반 뵐플린을 중심으로 독일어권에서 점화된 "malerisch" 논쟁에서 이 용어가 긍정적이라기보다는 부정적 의미로 수용되었던 역사적 맥락도 적시하고 있다.

특징적으로 보이는 것처럼 회화적 방식으로 건물을 지었다는 사실은 제쳐두더라도, 건축가는 회화적 소묘에 주안점을 둔 채 진정한 구축적 요소들을 배경으로 밀어내 버렸다. 결과적으로 단지 수단일 뿐이었지 목적이 아닌 설계도면은 회화, 특히 투시도와 닮아가기 시작했다. 이러한 상황은 지금도 만연해 있어서, 지난 여름 런던에서 열린 건축가 회의에서 어느 독일 건축가가 이를 옹호할 지경까지 이르렀다. 방문객이 없어 텅 비어 있는 건축 전시장 앞에서 탄식하며 어떻게 하면 건축을 대중에게 더 잘 이해시킬 수 있을까 수단을 물었을 때, 문제의 당사자인 건축가는 심지어 좀 더 아름다운 도면을 전시장에 채워야 한다고 제안하기도 했다. 그렇게 되면 우리는 분명히 잘못된 길로 접어들 수 있다고 생각했기 때문에, 나는 이 입장에 대해 이의를 제기했다. 이 생각을 받아들이게 되면, 대중은 건축에 대해 알기 위해서가 아니라, 그림들을 보기 위해 전시에 가려고 할 것이다. 또한 아무리 아름답다고 하더라도, 그림처럼 건축 도면을 그리는 것도, 단순히 그림 수준에 그쳐서도 안 된다. 가장 유사한 사례에 빗대어보면, 가능한 한 아름답게 음표를 묘사하는 작품들로 음악 작곡에 관한 전시회를 연다고 대중을 초대하는 것과 마찬가지일지 모른다. 말도 안 되는 일이다. 만일 대중들이 건축 도면을 이해하지 못하고, 즐기지 못한다면, 자명한 일이기는 하지만, 이를 외면해버리고 말 것이다. 서 있는 건축물을 보며 진정한 예술작품으로서의 건축을 배우는 것과 마찬가지로, 교향곡 연주를 들을 때에야 우리는 음악을 더 잘 이해하게 된다. 그런데 전문가는 단순히 음악작품의 총보를 읽으면서도 음악을 이해할 수 있는 것처럼, 건축을 이

∵
9) (역자 주) 외부로 튀어나온 공간을 만들기 위해 벽 밖으로 돌출시킨 창, 영어 표현으로는 베이 윈도(bay window)이다.

166

해하는 데 건축 도면이 도움을 줄 수 있다. 그런데 회화적 건축 도면 때문에 악화된 혼란이 어느 정도로 심각한지는 건축 공모전을 보면 알 수 있다. 공모전에서는 엄선된 심사위원조차도 아름다운 드로잉에 유혹되어 그런 응모자에게 상을 준다. "세련"되고 회화적인 드로잉보다는 건축적 가치가 있는 도면의 프로젝트에 주어졌으면 더 좋았을 법한 상인데도 말이다.

소위 순수예술이라는 영역에 접어드는 순간부터 건축은 길을 잃었다. 유명한 예술 개념에 비추어보면 이 주장은 역설적이고 비예술적으로 들릴지도 모른다. 왜냐하면 예술은 법칙과는 전혀 상관없어야 하며, 형태는 오로지 감정에 의해 지배되고 좌지우지되어야 한다고 흔히 주장하기 때문이다. 그러나 주저 없이 이와 반대의 논리도 제기될 수 있다. 즉 예술은 법칙에 종속될 뿐만 아니라 이를 통해 좀 더 고귀한 표현에 이른다. 그리고 이것은 그 본질상 과학과 긴밀한 관련을 지닌 건축뿐만 아니라 자매예술인 조각과 회화에도 적용된다. 이 두 예술에서도 그 형태는 무작위로 도출되어서는 안 되며, 더 높은 고귀함을 성취하기 위해서는 일련의 법칙에 순응해야만 한다. 헤겔에 따르면,

예술은 정신의 최고 형식과는 거리가 멀며, 학문 속에서야 비로소 진정한 확증을 얻게 된다. 마찬가지로 예술은 철학적 고찰의 대상이 되는 것을 무작정 자의적으로 거부하지는 않는다. 왜냐하면 이미 시사했듯이 예술의 진정한 과제는 정신의 최고 관심사를 의식의 영역으로 옮기는 일이기 때문이다. 여기에서 예술의 내용적 측면을 보면 예술은 거칠고 고삐 풀린 상상 속에서 떠돌기만 해서는 안 된다는 결과가 생긴다. 왜냐하면 이런 정신적 관심사는 그 형태나 형상이 아무리 다양하고 무궁무진하더라도 내용에서 일정한 기점(Haltepunkte)을 설정하기 때문이다. 형태도 마찬가지이다. 그것 역시 단순한 우연에만 의존하지는 않

는다. 형태가 되는 어느 것이든 정신이 지닌 관심사를 다 표현하고 묘사하거나 그것을 자기 속에 수용했다가 다시 내놓을 수 있는 것은 아니고, 특정한 내용을 통해서 비로소 그 내용에 맞는 형태가 정해진다.[10]

이러한 고찰을 통해 알 수 있는 것은, 건축 구성에서 앞서 정의된 이젤 그림, 즉 우리가 회화라고 알고 있는 것이 아무런 역할도 하지 못하며, 이러한 그림은 전체 구성의 유연한 조건에서만 마지못해 허용될 뿐이라는 점이다.[11] 이젤 그림과 살롱의 조각상은 예술계에서 차츰 도태되어갔다. 이들이 다시 받아들여지려면, 이 둘은 예술계의 법칙을 따라야만 한다. 만일 이 일이 자발적으로 일어나지 않는다면, 강제로라도 관철되어야만 한다. 그러나 이 일은 탁월한 건축, 다시 말해 양식을 회복하는 유일한 방법이기 때문에, 반드시 일어나야만 한다. 왜냐하면 우리가 다시 성취하고자 하는 것은 궁극적으로는 바로 이 양식이며, 법칙 없이 이 일을 모색할 수는 없기 때문이다.

예술의 기초가 되어야만 하는 법칙 혹은 법칙들이란 무엇인가? 나는 독일의 여러 도시에서 행한 「건축예술의 양식에 관한 고찰」[12]이라는 강연에

∴

10) (역자 주) Gestaltung은 통상 형상과 형태라는 단어로 번역되는데, 의식이 주도하여 질료를 대상으로 옮기는, 혹은 세우는(stellen) 행위와 결과의 총체(ge)의 의미이다. 국역본 참조: 게오르크 빌헬름 프리드리히 헤겔, 앞의 책, 두행숙 옮김, 50-51쪽.

11) (영역자 주) 베를라헤는 "Gesamtkomposition" 용어를 흔히 사용되는 맥락과 달리 건축과 조각, 회화를 하나로 통합한다는 의미에서 사용한다.

12) (역자 주) 「건축예술의 양식에 관한 고찰」에서 베를라헤는 근대의 건축이 처한 현실을 지적하고 그 양식이 지향하는 양상들을 피력했다. 짐멜이 근대 대도시의 정신적 상태를 분석한 것처럼, 베를라헤도 근대 도시의 건축적 조건을 과거와 다른 관점에서 바라본다. 이러한 현실에서 건축이 추구해야 하는 것은 평평하고 장식 없는 벽면과 그 벽이 둘러싸는 공간이라는 개념이다. 또한 사적인 의뢰인이 주도하는 건축이 아닌 국가와 공공이 주인이 되는

서, 각 양식적 시기에 속한 역사적 건물은 "고요"[13]라는 고유한 특질을 지 님으로써 현대 건물과 구별된다는 점을 분명하게 보여주려고 노력했다. 이 고요는 양식의 결과이며, 결과적으로 양식은 특정한 설계 방식의 "질서 (Ordnung)"에 따른 결과이다. 적절한 비유로 질문해보자면, "보편적으로 인정되는 양식의 특징, 곧 '다양성 속의 통일성'을 어떻게 하면 다시 한 번 이루어낼 수 있을까?" 무엇인가를 되찾아주는 그런 마술적 재발견 공식이 란 존재하지 않는다. 오히려 예술적 실험에서부터 최종 목적에 이르는 지 난한 길이 필요하다.

앞서 지적한 맥락을 따르면, 사람들은 주로 법칙에 따라 자연을 배워간 다. 다소 특별한 상황에 직면한 우리 역시 모방하거나 세부적인 모티브를 가져오기 위해서가 아니라 양식을 형성하는 제반 요소를 찾기 위해서 고대 의 기념비를 연구해야 한다. 그러면 양식의 근본적인 원리가 바로 "질서"라 는 결론에 이르지 않겠는가? 이 질서를 규칙성이라고 하면, 실질적으로 감 각에 와닿지 않는 곳에서도, 소위 그 어떠한 학구적인 평면도 존재하지 않 는 곳에서, 또 통상적인 의미에서 대칭이라는 말과 상관이 없는 곳에서도 이 점은 유효하지 않겠는가? 우리는 고전건축을 말할 때 오더(Ordnung)라 는 단어를 사용한다. 그리고 일상에서 명령(Befehl)과 질서(Ordnung)를 같 은 맥락에서 사용하는 것은 단순한 우연이 아니다. 확고한 법칙에 따라 운 용된다는 점에서 자연에는 질서가 지배하고, 이 때문에 마찬가지로 우리는

∵

건축문화를 위한 대안을 제시하고 있다.
13) (역자 주) 베를라헤는 전 강연을 통해 'Ruhe'를 강조했다. 그가 건축을 통해 도달하고자 했 던 시대의 양식과 정신의 상태는 바로 이 '고요'를 표현하는 데 달려 있었다. '고요'는 베를라 헤가 조명한 과거 양식의 정수들이 지닌 특질이다. 대표적 작품인 암스테르담 증권거래소에 서 베를라헤는 무엇보다 건물이 총체적으로 '고요'의 정신을 함축하길 원했다.

고대의 기념비에서도 모종의 질서를 잘 찾아낼 수 있다. 따라서 우리의 건축 역시 다시 한 번 이 질서에 근거해서 정의되어야 한다. 기하학적 체계에 따른 설계는 미래를 향한 진일보가 아니고 무엇이겠는가? 이것은 네덜란드의 많은 새로운 건축가가 이미 작업하고 있는 방식이다.

이 강연에서 이 주제를 상세하게 다룰 수는 없지만, 우선 논의를 시작하려고 한다. 그러나 오해의 여지를 피하고자, 다음과 같은 점을 미리 지적해두고 싶다. 모든 설계가 전제하는 이 기하학적 방법은 당연히 하나의 수단이지 목적은 아니다. 예술적 주제가 그보다 더 우선한다. 아이텔베르거 폰 에델베르크(Eitelberger von Edelberg)가 쓴 예술사에서 언급했던 것을 다시 숙고해보자.[14] 그는 진정한 예술은 규칙(Regel)이 만들어내는 것이 아니라고 했다. 음악이나 시, 건축 모두에서 그렇다. 그러나 그의 결론처럼, 진정한 예술은 위대하고도 단순한 법칙에 대한 지식을 전제로 한다. 형태를 조율하고 관계들에 좀 더 면밀하게 개입하는 것이 바로 이 단순한 법칙이다. 그렇지 않다면 개별적 취미에 맡겨져 지극히 자의적인 상태에 처하게 되고, 이 경우 형태들의 관계는 제어 불가능하게 될 것이다.

그렇다면 음악이나 시에서 그렇게 자연스럽게 여겨지는 것들을 조형예술도 해낼 수는 없을까?

정해진 음정이나 리듬이 없는 음악적 구성이나 음절 구분과 운문 형식이 없는 시를 상상할 수 있는가?

음악과 가장 잘 비교되는 예술인 건축, 그 유명한 "얼어 있는 음악(die

••
14) (영역자 주) 루돌프 폰 아이텔베르거(Rudolf von Eitelberger, 1817-1885)는 오스트리아 예술사가로 오스트리아 예술공예박물관을 설립했다. Peter Noever, (ed.), *Tradition und Experiment: Das Österreichische Museum für angewandte Kunst, Wien*(Salzburg: Residenz-Verlag, 1988) 참조.

erstarrte Musik)"이라는 말로 슐레겔이 표현한 건축은 왜 기하학적 법칙인 리듬 없이 구성되어야 하는가? 만일 리듬이 하나의 법칙, 즉 렘케(Lemcke)[15]의 지적대로, 시간 구성의 질서라면, 우리는 한 걸음 더 나아가, 자의적으로 구성된 건축은 건축이 아니라고 주장할 수 있지 않을까? 건축의 합법성을 다룬 로리처(Roriczer)의 소책자 서문을 쓴 라이헨슈페르거(Reichensperger)의 관찰은 좀 더 구체적으로 이러한 견해에 힘을 실어준다.

"순수한 본질에 있어, 진정한 예술작품은 근본적으로 수학에 기반을 두며, 가장 지고한 법칙은 수학적 법칙이다."[16]

이것은 예술적 사고를 제한하고 구속할까? 음악적 사고는 분명히 조성에 구속되지 않는다. 운문에서 시적인 생각은 소통의 방식에 얽매이지 않는다. 오히려 이러한 형식은 주목할 만한 특징이며, 꼭 필요한 조건이다.

이것은 미의 조건이다. 이것이 없다면 음악은 더 이상 음악이 아니고, 시는 시가 아니게 된다. 이와 마찬가지로 리듬이 없는 건축작품은 더 이상 건축작품이 아니라는 결론을 과감하게 내릴 수 있다.

건축이 리듬을 가져야 한다는 이러한 요구는 완전히 새로운 것은 아니

∴

15) (영역자 주) 카를 렘케(Carl Lemcke, 1831-1913)는 네덜란드어와 플라망어를 매우 잘 구사했고 문학에도 조예가 깊었다. *Populäre Aesthetik*(Leipzig: E. A. Seemann, 1865)는 1879년까지 5판이 나왔다. 베를라헤는 렘케에 관한 논문에서 (보통 그를 Lemke로 표기하면서) 리듬은 연속적 시간을 질서화하는 법칙, 즉 순차적 시간의 질서라고 언급하였다. 베를라헤의 논문인 Nederlands Architectuurinstituut, Dossier 168 참조.

16) (영역자 주) Mathias Roriczer, *Das Büchlein von der fialen Gerechtigkeit* [... *Nach einem alten Drucke aus dem Jahre 1486 in die heutige Mundart übertragen und durch Anmerkungen erläutert*], mit einem Vorworte von A. Reichensperger(1486; Trier: F. Lintz, 1845).

라는 점이 무엇보다 다행스럽다.

앞선 강연에서 나는 고전 예술의 모듈 체계와 중세의 삼각형 체계를 비교하는 것이 가능하다고 지적했다. 그곳에 바로 우리가 찾는 것이 있다. 그러나 고대인에게 자명했던 것이 우리에게는 더 이상 존재하지 않는다. 건축에서 과거의 영광을 상기시키는 것은 모두 사라져버렸기 때문이다. 양식건축(Stilarchitektur)을 추구했기 때문에 이런 일이 생겼다. 역사적 방식으로 작업하려고 한다면 우리에게는 이것 말고 과연 다른 방법이 있을까? 우리는 과거의 형태와 관련된 비례를 무분별하게 모방하고 있다. 건물 앞쪽에 고전적 포티코를 배치할 때, 우리는 모듈과 부분에 관한 기억을 새롭게 환기하며 비트루비우스를 끌어오지만, 건물의 다른 부분에 대해서는 마치 그 어떤 모델도 없다는 듯이 포티코에만 이러한 비례를 적용하고 만다. 혹은 팔라디오 풍의 건물을 지으면서 우리는 기둥에 따른 비례로 인해 고정된 층의 높이에서 벗어나지 못하며, 우리에게 더 이상 생명력을 주지 않는 익숙한 기둥과 코니스 비율로 형태를 모방하고 만다.

물론 그리스인은 이미 정해진 규칙에 따라 신전을 지었다. 그들의 신전은 놀랄 만큼 아름답고 양식적일 수 있었다. 그 이유는 바로 이 규칙 때문임이 분명하다. 비트루비우스를 통해서 우리는 신들의 집인 그리스 신전이 보편적인 모듈의 법칙에 따라 지어졌다는 것을 알고 있다. 또 인간의 척도가 세속적인 건물을 짓기 위해서 근본적으로 사용되었고 이러한 비율 체계가 건물의 목적에 따라 다양했다는 것도 알고 있다. 알베르티(Alberti), 바르바로(Bárbaro), 블롱델(Blondel), 브리세나(Brisena),[17] 그리고 다른 이

••

17) (영역자 주) Leon Battista Alberti(1404-1472); Daniele Bárbaro(1513-1570); François Blondel(1618-1686). "브리세나"라는 이름은 확인되고 있지 않다. 아마도 베를라헤가 잘못

들조차 그리스와 로마의 건축물은 조화로운 비례로 지어졌다고 주장했다. 샤를 시피에(Charles Chipiez)의 견해로는

건축과 음악 사이의 유사성이 있다는 생각은 우리의 관심을 끌 만하다. 그런데 그 둘의 비교가 어느 정도의 한계를 넘지 않는 범위에서는 적절하지만, 음의 비례와 형태의 비례가 동일한 법칙을 따른다고 생각한다면, 그것은 그릇된 것이다. 하지만 이 이론은 놀라운 결과를 가져왔다. 파르테논 신전의 세 가지 주된 치수에서 첫 옥타브 도(높이), 세 번째 미(폭), 다섯 번째 솔(길이)로 구성된 으뜸화음이 발견되었고, 이 신전의 다른 모든 비례에서도 마찬가지였다.[18]

성경을 통해서 우리는 노아의 방주 길이가 폭의 여섯 배이고 높이와 폭의 비율은 정확하게 1:5이며[19] 솔로몬 신전의 용적은 단순한 비례 관계로 되어 있다는 것을 잘 알고 있다.[20] 그러나 누구라도 젊은 학생으로서 건축

∴

기입했을 것이다.

18) (영역자 주) Charles Chipiez, *Le système modulaire et les proportions dans l'architecture Grecque*(Paris: E. Leroux, 1891). 베를라헤는 이 인용구를 프랑스어로 인용했다.

19) (역자 주) 본문과 영역, 독역에 1:5로 되어 있으나, 방주 전체로 봐서는 3:5의 비율이다.

20) (역자 주) 열왕기상 6장에는 솔로몬 신전의 비례에서부터 내부 장식까지 상세히 기록되어 있다. 솔로몬 신전은 유대 건축의 시초이자, 신이 모세에게 전수한 우주적인 비율을 지니고 있는 건물로 간주되고 있다.(Peter Kohane, *Louis I. Kahn: In the Realm of Architecture*, Rizzoli, 1991, p. 142) 건축역사가 루돌프 비트코어는 자신의 저서에서 성막과 그 이후의 솔로몬 신전에 적용된 우주적인 비율인 9:27에 대해 논하고 있다.(Rudolf Wittkower *Architectural Principles in the Age of Humanism*, The Norton Library, 1971, p. 103) 에덴과 성막, 솔로몬 신전과 에스겔(에제키엘)서의 새성전, 새성전과 그리스도, 요한계시록 22장은 하나님의 거처, 하나님의 집이라는 주제로 서로 연결되어 있다. 솔로몬 신전의 벽체에서 개구부는 안쪽이 넓고 바깥쪽이 좁게 되어 있는데, 이것은 르코르뷔지에의 롱샹 성당 개구부의 중요한 특징이기도 하다. 또한 루이스 칸이 계획한 이스라엘의 시나고그도 솔로몬 신전과 에스겔 신전의 기하학적 구조와 공간 구성을 따르고 있다.

을 처음 배울 때, 가장 먼저 연구해야 할 주제는 기둥의 오더이다. 그러나 어찌 보면 이 오더는 제일 마지막 주제일 수도 있다. 왜냐하면 배워서 알게 되는 오더의 비례 법칙 외에는 더 이상 들을 것이 없기 때문이다. 이제 이렇게 완벽하지 않은 지식으로 문제를 해결해나가야만 한다. 다시 한 번 강조하지만, 이 지식은 불완전하다. 왜냐하면 우리는 그리스 신전의 주된 비례가 단순한 수로 표현될 수 있다는 것을 차츰차츰 발견해나가기 때문이고, 이 단순한 비례가 항상 우리에게 안겨주는 커다란 매력을 알아가기 때문이다. 그리스인은 이런 단순한 비례를 대칭이라고 불렀다. 심지어 아리스토텔레스를 통해서 우리는 단순해서 쉽게 이해할 수 있는 사물의 다양한 부분 사이의 상호관계를 그리스인은 대칭으로 이해했다는 것을 알 수 있다. 그리고 비트루비우스는 대칭을 수직적인 비례, 코니스의 배치, 그것 간의 상호관계 등을 결정하는 수적인 배열로 이해했다.

하지만 오늘날 우리는 대칭이라는 말을 꽤 다르게 이해하고 있다. 퍼거슨(James Fergusson)이 쓴 『건축사(*History of Architecture*)』에서 그리스 건축을 다음과 같이 말하고 있다.

"그리스인이 신전 설계에 사용한 뚜렷한 비례체계는 교육을 전혀 받지 않은 사람도 보고 놀라워할 정도로 효과가 있는 것이었다. 이 체계는 단순히 높이는 폭과 같거나, 길이는 너비의 두 배에 달하는 원리뿐만 아니라, 각각의 부분이 1:6, 2:7, 3:8, 4:9, 5:10 등과 같은 비율로 연결되는 체계였다.

우리는 그리스인이 이와 관련하여 작업을 주도했던 이 법칙에 어떻게 도달했는지 그 추론 과정을 전혀 이해하지 못하고 있다. 그러나 그들은 분명히 이 법칙에 가장 중요한 가치를 두었다. 그리고 비율이 결정되면 그들은 그것을 정확하게 실행에 옮겼다. 이 정확도는 오늘날에 이를 계산하고 측정해보면 오직 수

174

백분의 1센티미터 정도의 극히 미미한 오차 범위만을 허용했을 정도이다.

이러한 비율체계의 존재 여부에 대해 우리는 오랫동안 단지 추정만 했지만, 이 사안의 타당성을 조사하기 위해서 최근 처음으로 그리스 신전을 정밀하게 측정하는 시도를 감행했다. 이를 통해서 결국 이 체계가 존재했다는 것을 입증했다. 그러나 문제는 각각의 부재에서 그 체계는 너무 난해하고, 부분의 상관관계에는 언뜻 보기에 오차가 있어서, 많은 이들은 이 비례체계가 실재했다기보다는 상상 속에서나 있는 것이라고 믿게 되곤 하였다. 하지만 만약 청각장애인이나 음악교육을 받지 않은 사람이 누군가 복잡한 연주곡을 체험하며 즐거워하는 일을 부정한다거나, 음악 연주자가 잘못된 음표 때문에 고통을 느낄 때 누군가 그 고통을 단지 감정의 기분이 변한 것일 뿐이라고 하면, 신전의 비례 문제도 크게 다르지는 않을 것이다. 그러나 그리스인의 눈은 우리의 귀만큼이나 완벽하게 훈련된 것이었다. 그들은 우리가 잊고 있는 하모니를 감상할 수 있었고, 우리의 무딘 감각으로는 도저히 감지할 수 없는 잘못된 음량(모음 장단의 잘못)에도 불쾌하게 여겼다. 그런데 우리도 마찬가지로 이 조화로운 관계가 아름답다고는 느끼지만, 우리는 그 이유를 알지는 못한다. 만일 우리가 이 관계를 배워서 터득하게 된다면, 우리는 새로운 감각이라고 할 그 무엇을 얻게 될 것이다. 어찌되었든 그리스의 건축작품을 감상하면서 느끼게 될 아름다움은 우리가 지금 막 감지하게 된 것과 같은 원인에서 비롯되었음에는 분명하다.[21]

나는 지금 그리스의 비례체계에 대해서 단지 피상적으로만 언급하였다.

..

21) (영역자 주) James Fergusson, *A History of Architecture in All Countries, from the Earliest Times to the Present Day*, 2 vols.(1865–1867; 두 번째 판, New York: Dodd, Mead, 1874), i: 251–252. 여기에 쓰인 인용구는 퍼거슨(Fergusson)의 출판물에서 온 것이다. 베를라헤의 원문에서는 퍼거슨을 부정확하게 인용하고 있다.

더 자세한 사항에 대해서는 각자 여러 예를 통해서 스스로 확인해야 할 것이다. 건축에서 아주 중요한 모듈 체계는 분명히 앞으로 더 많이 발전할 것이다. 그런데 이 부분은 언급은 고사하고 여전히 아무것도 연구되지 않은 상황이다. 누군가 이것의 존재를 느끼고 있기는 해도, 이를 잊힌 과학으로 간주하며, 여전히 이에 가치를 두고 있지 않다. 그러나 뒤러가 1525년 뉘른베르크에서 출판한, 『선과 면, 그리고 체적을 컴퍼스와 자로 측정하기 위한 지침서(Underweysung der Messung, mit dem Zirckel und Richtscheydt, in Linien, Ebenen unnd gantzen Corporen)』의 서문에서 말한 것처럼, "예술은 쉽게 망각될 수 있다. 그러나 오랜 시간을 거친 힘겨운 노력 끝에 이를 다시 되찾는다."[22]

그래서 이러한 일이 다시 일어날 것이다. 왜냐하면 예술은 고대 그리스와 로마에 존재했을 뿐만 아니라, 르네상스 시대에도 있었기 때문이다. 중세 예술의 완벽한 기하학 체계 역시 건축 구성에서 근본적인 역할을 했던 듯하다. 이렇게 추측으로 말하는 이유는 그것이 일반적으로 알려지지 않았기 때문이다. 왜냐하면 이 예술, 근본적으로 컴퍼스와 자로 명쾌하게 그려낼 수 있는 건축 형태에서 기하학적 구조를 드러내는 예술은 자의적인 비례에 기초한다고 볼 수 없으며, 확고한 규칙에 따라 결정되기 때문이다.

그리스를 거슬러 이집트 예술까지 되돌아 가보면 이에 관한 정보가 거의 없다. 하지만 이집트인이 가졌던 위대한 수학적 지식과 그들의 예술적인 특징을 미루어보면, 이때의 예술에서도 기하학이 보편적이었을 것이라고 결론 내릴 수 있다.

..

22) (영역자 주) Albrecht Dürer, *Underweysung der Messung, mit dem Zirckel und Richtscheydt, in Linien, Ebenen unnd gantzen Corporen*(Nürnberg: n.p.,1525).

여러 연구를 통해 다음과 같은 사실이 입증되었다. 전체 고고학 분야, 곧 "고고학 학파"에 따르면, 8:5의 밑변 대 높이 비율로 피라미드의 단면을 이루는 이집트 삼각형은 바로 "모든 비례체계의 열쇠, 모든 진정한 건축물의 비밀"이었다.[23]

일부 사람들 역시 어떤 피라미드의 기단의 절반 대 빗변의 비율에서 황금비를 발견했다고 주장한다.[24]

뮐러(Müller)와 모테스(Mothes)는 그들이 편찬한 고고학 사전에서 이러한 주장은 예술과 건축에 흔히 적용되지만, 사실은 "진지하게 제안된 허튼소리"[25]라고 지적한다. 그러나 황금비는 피타고라스에게 중요한 역할을 하였다. 케플러는 심지어 그것을 보석에 비교했다. 어느 쪽이든 현재 연구는 이집트의 피라미드와 같은 거대한 기념물 이면에 틀림없이 이러한 비례의 의도가 존재한다고 결론짓고 있다. 그리고 이 견해를 뒷받침해주는 사실도 존재한다. 쿠푸 피라미드 안에 배치된 오시리스, 이시스, 그리고 호루스에게 바쳐진 왕족 묘실들의 비례는 3:4:5 비율의 피타고라스 삼각형에서 비롯되었다.

∙∙

23) (영역자 주) 베를라헤의 본문 속에 출처가 불분명한 독일어 인용구는 그의 필기 노트에 적힌 프랑스어에서 발견된다. *"La clef de touts les proportions, le secret de toute vériable architecture."*(베를라헤의 문서, Nederlands Architectuurinstituut, Dossier 168)

24) (역자 주) 황금비는 큰 부분에 대한 작은 부분의 비가 전체에 대한 큰 부분의 비와 동일한 길이의 분할이다.

25) (영역자 주) Hermann Alexander Mueller & Oscar Mothes, *Illustriertes archäologisches Wörterbuch der Kunst des germanischen Altertums, des Mittelalters und der Renaissance, sowie der mit den bildenden Künsten in Verbindung stehenden Ikonographie, Kostümkunde, Waffenkunde, Baukunde, Geräthkunde, Heraldik und Epigraphik*, 2 vols.(Leipzig and Berlin: Otto Spamer, 1877–1878). 베를라헤의 문서(Nederlands Architectuurinstituut, Dossier 168) 속에 이 발췌 문구가 있다.

또한 페트리(Pétrie) 박사는 다음과 같이 적고 있다. "쿠푸 피라미드 건축에 관한 가장 설득력 있는 이론은 기단의 네 모서리를 지나는 원의 반지름과 피라미드의 높이가 같다는 것이다. 이것은 정확한 사실이며, 의심의 여지도 없다."[26]

다른 이들 가운데 뒬라프와(Dieulafoy)는 페르시아의 기념비적인 건축물에 관한 연구에서 또한 흥미로운 결과를 보여주고 있다.

그는 돔 건축에 대해서 다음과 같이 적고 있다. "곡면의 반지름, 중심의 위치를 알게 된 순간 나는 얼마나 놀랐는지 모른다. 한마디로 말해 그 돔의 전체 구도(tout le tracé de l'anse de panier)는 고대 이집트에서 그렇게 유명했던 직각 삼각형을 사용하여 나온 게 아닌가. 이 삼각형에서 빗변들은 3:4:5의 비율의 숫자들로 이루어졌다."[27] 이집트의 삼각형은 아니지만, 이 직각 삼각형은 페르시아의 많은 돔 구조에서 발견된다.

나는 다양한 비례체계를 발견하는 일에 흥미를 갖고 있다. 우리는 그리스의 모듈 체계를 알지만, 중세나 이집트, 페르시아 모듈 체계에 대해 잘 모르기 때문에 나는 후자에서 몇 가지 사례를 들 것이다. 그러나 내가 이

:.

26) (영역자 주) 영국의 이집트학자 페트리(William Matthew Flinders Pétrie, 1853-1942)는 1893년 런던 대학 고고학과 교수로 임용되었다. 이집트 고고학에 관한 그의 많은 출판물에는 *Ten Years' Digging in Egypt*(London: Religious Tract Society, 1892), *A History of Egypt*(London: Methuen, 1894-1905), *Religion and Conscience in Ancient Egypt* (London: Methuen, 1898), *Religion of Ancient Egypt*(London: A. Constable, 1908), 그리고 *Arts and Crafts of Ancient Egypt*(Chicago: McClurg, 1910)가 포함되어 있다. 페트리 (Pétrie)로부터 온, 그리고 피타고라스 기하학에 관한 다른 글에서 온 베를라헤의 메모는 베를라헤의 문서(Nederlands Architectuurinstituut, Dossier 168)에 있다. 베를라헤의 인용구에 나타난 오식(誤植)은 여기서 바로 잡혔다.
27) (영역자 주) 베를라헤의 본문 속 프랑스어로 된 인용구는 Marcel-Auguste Dieulafoy, *L'art antique de la Perse: Archéménides, Parthes, Sassanides*, 5 vols.(Paris: Librairie centrale d'architecture,1884-1889)에서 인용되었을 것이다.

미 강조했고 아무리 반복해도 지나치지 않은 것은, 그러한 기하학적인 토대는 하나의 수단일 뿐 그 자체로 목적이 아니라는 점이다. 우리는 그리스인이 이런 체계를 사용했다는 사실을 이미 알고 있고, 이것을 비하하거나, 누군가 이를 사용했을 때 비예술적인 것으로 치부해버리지 않는다. 그렇지만 기하학적인 토대만으로 예술가가 될 수 있는 것은 아니라는 것을 잘 명심해야 한다. 예술적인 발상은 기하학에서 나오는 것이 아니기 때문이다. 예술가라면 누구나 이러한 체계를 가지고 작업할 수 있지만, 그것의 노예가 아니라 주인이라는 마음 자세로 임해야 그것을 잘 다룰 수 있다. 그것은 아이나 어른 손에 주어진 무기와 같다. 아이에게 주어지면 그것은 위험하지만, 어른에게 그것은 실력을 최대한 발휘하게 해주는 도구이다. 중세 건축에 관한 다양한 연구가 보여주듯, 로마네스크 성당과 고딕 성당의 건축가는 평면을 먼저 해결한 다음 입면을 결정하기 위해서 비례를 좌우하는 수학과 기하학을 사용했다. 이 과정에서 삼각형과 정사각형은 중요한 역할을 했다.

마르부르크 대학 교수인 폰 드라흐(von Drach) 박사는 『올바른 석공 규준의 비결(*Das Hüttengeheimnis vom gerechten Steinmetzgrund*)』에서 몇 가지 중요한 사실을 말하고 있다.[28]

스트라스부르 대학 예술사 교수 데히오(G. Dehio)의 두 논문도 삼

..

28) (영역자 주) Carl Alhard von Drach, *Das Hütten-Geheimnis vom Gerechten Steinmetzen-Grund in seiner Entwicklung und Bedeutung für die kirchliche Baukunst des Deutschen Mittelalters dargelegt durch Triangulatur-Studien an Denkmälern aus Hessen und den Nachbargebieten*(Marburg: N. G. Elwert, 1897). 베를라헤는 이 강연에서 상세한 내용없이 폰 드라흐의 글과 삽화를 큰 축적으로 도용하였다. 밀라노 대성당과 볼로냐 산 페트로니오 교회에 관한 삼각도법의 역사에 관한 구절은 드라흐의 원본에서 직접적으로 나온 것이다. 드라흐의 여러 삽화 또한 베를라헤 책에서 인용되고 있다.

각도법의 역사적인 사용에 관한 증거를 다루고 있다. 1894년 슈투트가르트에서 출판된 『고딕 건물의 비례 규준으로서 정삼각형에 관한 연구(*Untersuchungen über das gleichseitige Dreieck als Norm gotischer Bauproportionen*)』와 1895년에 스트라스부르에서 출판된 『고대건축의 비례 법칙과 중세와 르네상스에서 이 법칙의 수용(*Ein Proportionsgesetz der antiken Baukunst und sein Nachleben im Mittelalter und in der Renaissancezeit*)』이 그것이다. 두 논문은 이 건축에 핵심적인 것이 있었음을 제시하고 있다. 중세 시대에는 삼각형이 비례를 확립하기 위한 규준 역할을 했다는 것이다. 비트루비우스를 번역한(코모, 1521 출판) 케사레 케사리아노(Cesare Cesariano)[29]는 정사영도(orthographia)의 개념을 자세히 설명하기 위해 밀라노 대성당의 입면도와 평면도를 예로 들고, "독일의", 즉 고딕의 규칙에 따른 삼각도법이 이 성당 도면에 적용되었음을 밝혔다. 그러나 젊은 세대에 속하는 건축 및 예술 연구자들은 이미 알려진 대로 케사리아노의 설명을 일제히 거부했다. 당시에 유행하던 예술적 자유라는 개념에 사로잡혀 있었던 그들은 "진정한 예술작품은 자유 없이는 창조될 수 없다. 고딕 성당은 진정한 예술작품이기 때문에 삼각도법으로 이루어졌을 리가 없다. 게다가 케사리아노의 설명은 신뢰할 수도 없고, 별 의미조차 없다."고 주장한다.

이미 지적했듯이, 소위 예술은 자유로워야 한다는 유행의 신념에서 야기된 믿기 어려울 정도로 피상적이고 비논리적이기까지 한 이 판단은, 1875년 제단에 관한 중요한 고대의 문서가 발견되자 곧바로 폐기되었다.

밀라노 대성당이 건설될 무렵 이 지역의 건축가와 독일에서 온 건축가

29) (영역자 주) 밀라노 대성당 건축에 참여한 건축가.

사이에 치열한 논쟁이 있었다. 권위 있는 전문가로 선택된 인물 중에는 "기하학 예술의 전문가(expertus in arte geometriae)"[30]인 피아첸차의 가브리엘 스토르날로코(Gabriel Stornaloco)가 있었다. 간략하게 작성된 1391년도의 도면(Beltramie)[31]은 그가 작업한 것이다. 1층의 비례는 쾰른 대성당의 도식을 따르고 있다. 나란히 배치된 3개의 정삼각형은 한편으로 전체 다섯 주랑과 측랑의 전체 폭을 결정하며, 다른 한편으로 첫 번째 홍예 받침의 높이를 결정한다. 이 이후의 발전은 쾰른 대성당의 패턴과는 다르게 이루어졌지만, 삼각도법만큼은 항상 엄격하게 적용되었다. 성당 시공에 스토르날로코의 도면이 어느 정도까지 적용되었는지는 신뢰할 만한 단면의 실측이 없어서 말하기가 어렵다.

두 번째 문서 역시 이론의 여지가 없다. 1592년의 동판화 평면이다. 볼로냐에 있는 산 페트로니오(San Petronio) 대성당을 건설하며 작성된 것이다.[32] 건축 계획의 첫 번째 단계는 1388년에 시작되었고, 그 규모는 이탈리아뿐만 아니라 세계에서도 가장 큰 고딕 교회가 되도록 기획되었다. 하지만 15세기를 거치면서 이 공사는 중단되었고, 그때까지 제안된 무수히 많은 계획

••

30) (영역자 주) 가브리엘 스토르날로코는 밀라노 대성당의 최종 치수를 결정하기 위해 1391년 밀라노에서 소집된 피아첸차의 수학자였다. Paul Frankl, *The Gothic*(Princeton: Princeton Univ. Press, 1960), pp. 63-83 참고.

31) (영역자 주) 밀라노 대성당을 위한 벨트라미에(Beltramie) 그림에 관해서는 Frankl, *Ibid.*, p. 65 참고.

32) (영역자 주) 볼로냐에 있는 산 페트로니오 교회는 안토니오디 비첸조(Antoniodi Vicenzo, 약 1350-1402)의 초기 디자인으로 1388년에 시작되었다. 여러 가지 다른 도움의 손길이 산 페트로니오의 발전된 디자인에 기여했다. 그것은 1521년과 1600년 사이 이탈리아 건축에서 고딕파와 로마네스크파가 벌이는 하나의 전쟁터가 되었다. Frankl, *Ibid.*, pp. 299-313. 산 페트로니오에 관한 팔라디오의 견해는 1578년 1월 11일자 편지에 적혀 있다. "독일 양식(maniera tedesca)은 건축이 아니라 혼동이라 불릴 수 있다."(*Ibid.*, p. 307)

이 허사로 돌아간 이후, 16세기 말엽에야 구조를 축소하여 완성하게 되었다. 트랜셉트[33]와 성단소[34]는 물론이고 상부층과 주랑[35]의 볼트 천장이 빠져 있다. 그리고 대중이 이 일에 관여하게 되면서 분쟁이 생기게 되었다. 한쪽에서는 처음 제안된 "독일"식의, 곧 고딕의 정삼각형 규칙을 고수하여 그에 맞는 건물 높이를 주장했고, 이 공사의 수석 건축가인 페리빌리아(Perribilia)가 이끄는 다른 한쪽에서는 잘 알려진 고딕 양식에 관한 르네상스 예술가들의 혐오감을 드러내며 타당한 근거를 들어 볼트 천장을 낮게 내리기를 원했다.[36] 어느 정도 양보가 있었음에도 후자 쪽이 우세했다. 잘 알려지지 않은 건축가 시리아노 암브로시노(Siriano Ambrosino)가 작성한 동판화에는 삼각도법의 볼트 천장과 새로운 천장이 나란히 그려져 있고, 여기에는 예전의 모든 부분이 삼각도법으로 이루어졌다는 주장의 주석도 실려 있다.

이 세 문서는 고딕 말기에 속했다. 같은 삼각도법의 규칙이 독일에서 고딕의 절정기에도 마찬가지로 활용되었는지는 유감스럽게 입증해주지 못하고 있다. 따라서 우리는 이 방식이 언제 시작되고 발명되었는지, 어떻게 생기게 되었는지는 분명하게 알 수가 없다.

••

33) (역자 주) transept: 익랑(翼廊), 십자형 교회의 좌우 날개 부분.

34) (역자 주) chancel: 교회 예배 때 성직자와 성가대가 앉는 제단 옆 자리.

35) (역자 주) Schiffe. 신랑(身廊)이라고도 한다. '배'를 뜻하는 독일어로서, 기독교 성당 내부의 중앙에서 양쪽의 측랑과 열주로 구분되는 회중석을 말한다. 역시 '배'를 뜻하는 라틴어 '나비스(navis)'에서 유래한 영어 네이브(nave)와 같다.

36) (영역자 주) 여기에서 베를라헤는 프란체스코 모란디(Francesco Morandi)를 "Perribilia"로 칭하고 있다. "il Terribilia"(사망, 1603)라고 알려진 그는 1568년 볼로냐 산 페트로니오(San Petronio)의 건축가로 지명되었다. 1589년에 적힌 교회의 디자인에 관한 그의 변론은, 건축 설계에 있어서 삼각도법의 미덕에 관한 짧은 논문에 들어 있다. Frankl, *op. cit.*, pp. 305–312.

이제 다양한 연구를 함께 고려해본다면, 소위 삼각도법은 처음에는 미적인 효과는 전혀 고려하지 않고 단지 기능적인 이유로 사용되었을 것이며, 미적인 효과는 나중에 가서야 발견되고 있음을 알 수 있다.

이러한 삼각도법은 평활한 면 위에 수직을 실제로 세워보는 과정에서 생긴다. 다시 말해 직각을 구성하는 방식이다. 1516년 팔츠(Palatinate)의 건축가이자 화공 로렌츠 라허(Lorenz Lacher)가 아들인 모리츠(Moritz)를 위해 저술한, 『작업을 더 훌륭하고 예술적으로 실행하기 위한 가르침과 교훈(Unterweisungen und Lehrungen, sein Handwerk desto besser und künstlerischer zu vollbringen)』에서 우리는 중세 시대에 소위 방위측정에 따라 관습적으로 행하던 방식, 곧 단순한 직각을 사용한 구축 행위를 알 수 있게 된다.[37]

이러한 전제로부터, (세 변의 길이가 같은) 삼각형을 규준으로 사용하는 원리가 생겨났다. 그리고 여기에 근거하여 간결하고 자연스러운 방식으로 교회의 기본 평면을 설계할 수 있었다. 반면에 이러한 정삼각형은 밑변과 높이의 비례에서 $\sqrt{3}$의 무리수, 곧 일반적인 척도로는 잴 수 없는 수치를 갖게 된다.

이 방식을 따르면, 수직의 치수들은 평면의 치수와 온전한 정수의 관계를 이루지 않거나 혹은 단순 비례의 관계를 이루지 않는 경우가 있다. 이 사실을 볼 때, 이 비례체계는 정수의 근본을 따르지 않는다는 것을 보여준다. 이는 자명하다. 그 대신에 석공들은 정삼각형을 활용한 삼각도법을 통

••
37) (영역자 주) August Reichensperger, *Vermischte Schriften über christliche Kunst*(Leipzig: T. O. Weigel, 1856), pp. 133-155. Reichensperger에 관해서는 다음을 참조. Michael J. Lewis, *The Politics of the German Gothic Revival: August Reichensperger*(Cambridge: MIT Press, 1993).

해 기하학적으로 구성해갔다. 이러한 과정을 통해서 우리는 중세 건물에서 발견되는 많은 불일치점이 생긴 이유를 알 수 있다. 삼각형 두 개를 결합하면 소위 피타고라스 헥사그램[38]을 만들 수 있다. 각 삼각형의 세 변에 수직선을 긋고, 이때 생기는 다섯 점을 연결하는 것이 삼각도법(삼각측량법)이다. 이 형상 안에 있는 모든 점은 구성을 위해 유용하게 쓰인다.

중세 건축에서 정삼각형을 적용한 가장 중요한 사례는 삼각도법으로 만든 직사각형들이었다. 삼각형 다음으로 가장 중요한 형상으로 여겨졌던 것은 정사각형이었고, 이 때문에 삼각도법만큼이나 중요했던 것이 사각도법이다.

단순한 형태의 사각도법에서는 정사각형을 그린 후, 각 변의 중심을 서로 연결하여 중심이 같은 두 종류의 사각형을 연이어 만든다. 각 사각형의 크기는 먼저 만들어진 사각형의 절반인데, 실제로 사용하기 위해서 만든 것은 아니다. 같은 크기의 두 정사각형이 회전하여 팔각형으로 연결될 수 있을 때부터 사각도법은 중요해진다. 그러나 여기서 주목해야 할 점은 위에서 설명한 두 분할이 $1:\sqrt{2}$의 비례로 된다는 것보다는 오히려 이등변삼각형의 형상이 만들어진다는 점이며, 이를 바탕으로 $\pi:4$ 삼각도법 형상의 도식이 생긴다.

독일에서 이 삼각형이 처음 사용된 곳은 스트라스부르(Strassburg)였다. 프랑스에서 거의 독점적으로 사용된 고딕 양식이 독일로 옮겨온 것이다. 이 삼각형에서 꼭짓점들을 각 밑변에 수직으로 연결하면, 역시 $\pi:4$의 삼각도법 형상 체계가 나온다. 건물의 비례 문제에 도움이 되었던 것은 이 형상이 아닐까 싶다. 이 형상에서도 $1:\sqrt{2}$와 같은 비례가 작용하고 있다.

∴

38) (역자 주) 헥사그램: 육선형, 별 모양이 되도록 삼각형을 엇갈려 겹쳐놓은 형태.

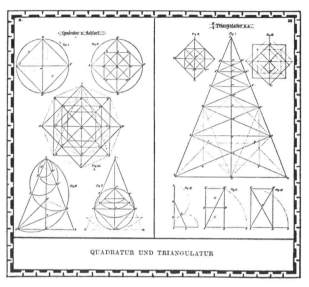

사각도법과 삼각도법

출처: 알하르트 폰 드라흐(Alhard von Drach), *Das Hütten-Geheimnis vom Gerechten Steinmetzen-Grund*(Marburg: N. G. Elwert, 1897), pls. II, III

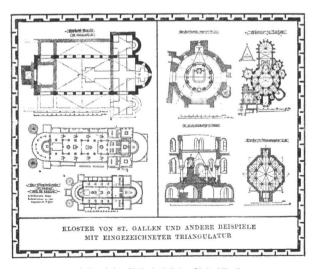

삼각도법이 표현된 성 갈렌 수도원과 다른 예

삼각도법과 사각도법 이전에 체계적으로 발전했던 다른 건축 방식도 종종 발견된다. 그러나 소위 황금비가 사용된 흔적은 없다. 이 문제를 좀 더 명쾌하게 들여다보기 위해, 이제 나는 몇 가지 예를 언급할 것이다. 나는 삼각도법을 연구하여 이를 증명해냈다.

가장 오래된 사례는 아인하르트 성당(Einhard-Basilika)이다. 가장 오래된 중세 건물 가운데 하나이며 9세기 초 오덴발트(Odenwald)의 슈타인바흐(Steinbach)에 지어졌다. 이 건물은 이탈리아의 초기 기독교 성당을 충실히 따른 것이지만, 특징 없는 모방은 아니다. 즉 평면에서 정삼각형 체계를 추론할 수 있다. 하지만 내부 공간과 외부 벽 모두에 고정된 법칙이 사용되었다는 증거는 아직 찾아볼 수 없다.

9세기 당시 건축가가 실제로 삼각도법을 사용했다는 사례의 두 번째는 성 갈렌(St. Gallen) 수도원의 건축 도면이다. 이 도면의 원본은 지금도 남아 있다. 『독일 건축의 역사』를 썼던 도메(Dohme)는 다음과 같이 적고 있다. "돌 대신에 양피지가 이 건축의 건축 방식을 말하고 있다. 여기의 평면도는 성 갈렌의 고츠베르트 수사(Abbot Gozbert)에게 820년경 건축을 잘 이해하는 외부의 친구(아인하르트가 이 조언자였다고 하는 추정은 오래전에 폐기되었다.)가 보낸 것이었다."[39] 그리고 바로 이어서 지적하길, "만약 우리가 건물 척도와 정확히 일치하는 평면 위에 여러 가지 정삼각형을 그려보면, 성 갈렌 성당의 평면 설계자가 아인하르트만큼 삼각도법에 정통했다는 것을 바로 알 수 있다."

풀다(Fulda)에 있는 성 미하엘 교회(St. Michaelkirche)는 소위 $\pi:4$ 삼각

..

39) (영역자 주) Robert Dohme, *Geschichte der deutschen Baukunst*(Berlin: G. Grote, 1887).

도법의 사례인데, 아헨(Aachen)에 있는 팔각형 성당과 오트마르스하임(Ottmarsheim)에 있는 교회도 마찬가지이다. 첫 번째 사례의 구축 방식에서 삼각도법도 발견된다.

삼각도법과 사각도법, 특히 π : 4 − 사각도법이 동시에 사용된 사례 중 한 곳은 브레이테나우(Breitenau)에 있는 수도원 교회이다.

심지어 쾨니히슬루터(Königslutter)에 있는 수도원 부속 성당의 파사드는 사각도법과 π : 4 삼각도법으로 전환되어 그 효과가 나타나기 이전에(13세기 후반) 이미 사람들은 π : 4 삼각형을 알았고, 또한 사용했다는 것을 입증해 보이는 방식으로 지어졌다. 이 도법에서는 연장된 꼭짓점에서 생긴 빗변의 분할선과 중심선이 교차하는 점이 생기게 된다. 교회의 동쪽 입면에 표현된 π : 4 삼각도법도 이 결론의 타당성을 보여주고 있다.

리폴츠베르크(Lippoldsberg)에 있는 수도원 교회는, π : 4 삼각도법이 선호되면서 정삼각형으로 작업하는 방법이 어떻게 차츰 폐기되었는지 보여주고 있다. 탑의 정면에서 삼각도법을 발견할 수 있는 최초의 중요 건물은 프리츨라(Fritzlar)에 있는 성 베드로 수도원 성당의 탑 정면이다. 조사한 결과 정면은 수평과 수직의 크기가 단순한 기하학적 구성이었고, 같은 치수가 처음부터 적용되었다. 물론 이 원리가 통일성 있게 구체화되기 전에, 교회 외부 입면의 특정 부분에 삼각도법을 적용하기 위해 이러한 시도가 먼저 이루어졌음은 분명하다.

그러나 파더보른(Paderborn) 대성당은 프리츨라 교회보다 훨씬 이전에 건축가가 진일보된 설계를 하기 위해 노력했음을 보여준다. 이들은 하나의 구축 방식을 일관되게 사용했을 뿐만 아니라, 입면도 기본적인 기하학적 도형을 따라 구성했다. 이때의 도형은 이중 삼각도법에서 생겨난 것이며 전체 폭을 가로지르는 직사각형(S × 2p)이었다. 리폴츠베르크 교회에서 평면을 구상하는 데 사용되던 것처럼 여기에서도 정사각형들의 망상 모양이 사용되었다.

행정구역 카셀(Kassel)에 있는 기념비적인 건축물 목록의 설명에 따르면 1235년에 시작된 마르부르크(Marburg)의 성 엘리자베트 교회(Sankt Elisabethkirche)가 트리어(Trier)에 있는 성모교회(Liebfrauenkirche) 다음으로 독일에서 가장 오래된 순수 고딕 구조물이라고 한다. 때때로 중단되기도 했던 긴 건설의 역사를 고려하면, 성 엘리자베트 교회는 계획과 건축 사이에 놀랄 만한 일관성을 보여주고 있다. 그러나 삼각도법은 건물 평면 계획에서 아주 다른 결과를 보여준다. 왜냐하면 그것은 전체가 단 하나의 틀로 주조된 것처럼 보여서 유명해진 조화의 특성은 결국 유지되지 못했기 때문이다. 13세기 말엽 공사가 시작된 탑 정면은 그 당시 최고 수준에 도달한 π:4 삼각도법으로 구성된 반면에, 평면 계획과 성가대, 그리고 주랑의 건설에서 결정적인 기법은 정삼각형에 근거한 단순한 삼각도법이었기 때문이다. 더 나아가 이것은 과거의 건축가가 시대정신 속에서 항상 무언가를 갈구하고, 그래서 자신의 능력을 확장하고 새로운 지식을 이용하는 데 두려워하지 않았음을 입증하기도 한다.

이것은 건물을 흥미롭게 만들고, 많은 기념비 건축물의 외관을 개선하는 데도 이바지했을 것이다. 그렇지 않으면 건물은 지루하고 무미건조한 모습을 보일 수밖에 없으며, 이로 인해 양식적인 통합을 지나치게 현학적으로 강조하는 결과가 초래될 수밖에 없게 된다. 건축가가 기하학 법칙을 과용한 나머지 기하학자가 예술가 자신을 압도할 정도에 이른 사례 중 한 곳이 바로 쾰른 대성당이다.

천장에서는 고딕식 볼트 구조가 사용되고 또 벽 구조를 위해 버트리스가 사용되면서 벽 전체는 두께를 줄일 수 있게 되었다. 또한 볼트의 지지를 위한 지주도 벽에서 분리될 수 있었기 때문에 채광을 위한 개구부가 눈에 띄게 넓어졌다. 그리고 지주의 크기도 상대적으로 가늘어졌기 때문에 지주와 다발 기둥의 조형도 세장한 방식, 가늘고 긴 모양으로 조형된 것도 주목할 만한 것이었다. 이러한 경량화의 결과는 평면의 삼각도법에도 영향을 주었다. 즉 벽기둥의 축은 평면삼각도법의 기준점이 되었던 한편, 기둥들 사이의 창문은 수평 방향으로 분절되어 빛이 넓게 실내로 유입되도록 이끌었다.

이 과정에서 이 축이 얼마나 자주 사용되었는지 알 수 있는 증거는 베스터발트(Westerwald)의 마리엔슈타트(Marienstatt) 수도원 교회이며, 프랑스의 사례를 따르고 있다. 예를 들면 내부 아케이드에서 아치가 시작되는 지점의 높이는 다발 기둥 간격 사이에 설정된 정삼각형에 의해 결정된다. 반면에 나중에 추가된 상부 구조는 π:4 삼각도법을 따르고 있는 것처럼 보이며, 기둥 위에 얹힌 채로 벽에 부착된 세부 기둥의 축은 삼각형을 만들기 위한 기본 척도가 되었고, 이 방식은 당시 독일에서 통상적으로 사용되었다.

π:4 삼각도법과 정삼각형을 활용한 삼각도법의 조합은 독일의 로마네스크 평면과 입면에 나타났는데, 그 시대 프랑스 건축에도 사용되었는지는 의문이다. 데히오가 선별했던 초기 고딕 대규모 성당의 평면도에서는 π:4 삼각형이 아니라 정삼각형만이 발견된다. 그리고 이 방식은 새로운 양식의 특징을 지닌 초기 독일 건물에서, 특히 성가대석이 끝나는 부분에 적용되었다.

비올레르뒤크는 프랑스 대성당의 몇 가지 사례를 보여주었다. 예를 들어, 툴루즈의 생세르냉(Saint-Sernin) 교회에서 가장 눈에 띄는 부분들의 높이는 45도와 60도의 삼각형을 통해 결정되었다는 증거이다. 이로써 그는

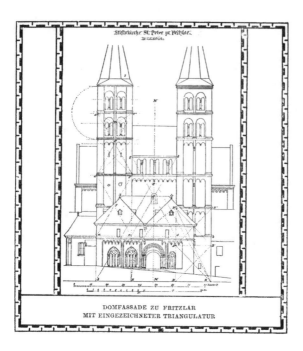

부분과 전체 사이에 기하학적 관계가 형성된 점을 증명한 것이다. 말하자면 어떤 위대한 조화로운 힘의 결정체가 성당의 강력한 인상을 만들어낸다는 것이다.

비올레르뒤크는 대단히 아름다운 파리의 성 샤펠(Sainte-Chapelle) 대성당에서도 그 비례가 정삼각형 체계를 통해 결정되었다는 것을 보여주었다. 그는 성당뿐만 아니라 세속적 건물도 연구해서 13세기 중반 콩피에뉴(Compiegne)의 옛 병원은 건축가가 이집트 삼각형[40]으로 건물의 비례를 맞

40) (역자 주) 정칠각형의 한 꼭짓점과 그와 인접하지 않은 두 꼭짓점을 이어 만드는 삼각형으로, 이집트 피라미드의 기본 형상을 이룬다. 높이와 밑변의 비율이 5:8을 이루게 되며, 비올레르뒤크가 이를 이집트 삼각형이라 불렀다.

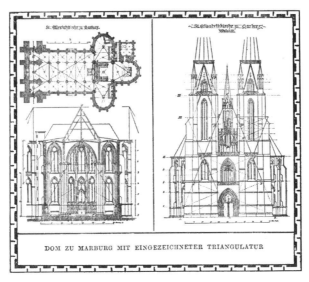

"삼각도법이 표기된 마르부르크 교회"
출처: 알하르트 폰 드라흐, *Das Hütten-Geheimis vom Gerechten
Steinmetzen-Grund*(Marburg: N. G. Elwert, 1897), pis. XVI, XVII

춘 방식이었다는 사실도 찾아냈다.

랭스(Rheims) 대성당의 정면에서는 여러 정사각형을 그 대각 축에 놓고
비례를 맞춘 시도가 엿보인다. 이렇게 새롭게 확립된 방식은 해당 부재들
이 흥미롭게 보이도록 한다. 그러나 안타깝게도, 그 외부는 내부와 일치하
지 않는다.

위에서 언급했던 마르부르크의 성 엘리자베트 교회에 적용된 삼각도법
을 정삼각형을 통해 분석해보면, 실제 시공은 이 도법의 실행이 엄밀하지
못했을 것이라는 생각이 들게 한다. 하지만 이러한 소홀함은 도리어 일부
러 계획된 것이자, 삼각도법과 정삼각형에 기초해 세심하게 세운 계획을
전적으로 정확히 실현한 결과임이 밝혀졌다. 주랑의 단면 또한 순전히 이

러한 삼각도법을 통해 지어졌으며, 다발기둥 간의 길이를 기초로 하는 초기 프랑스 고딕의 삼각도법을 부분적으로 따르고 있다. 지금껏 연구된 바에 따르면, 정삼각형은 또한 배치 계획에서도 비례의 기준으로 작용하였다.

탑이나 정면의 구성에서는 이미 언급했듯이 이 방식의 적용을 폐기하고 $\pi:4$ 삼각도법을 사용했는데, 여느 정면을 봐도 이를 알 수 있다. 건물의 모든 창문 중에서 성가대석에 위치한 6엽식(Sechspäss) 창문 세 개의 각 중심 영역만이 정삼각형에 기초한다. 반면에 탑의 트레이서리(Masswerk)[41]와 입면의 창문들은 정사각형을, 더 정확히는 정팔각형을 기본 형상으로 활용한다. 이 또한 건설 초기에 지배적이었던 구식 기법들을 폐기했음을 보여준다. 입면은 $\pi:4$ 삼각도법에 따라 구성되는데, 물론 그것이 체계적이거나 추후 '올바른 석공 규준'으로 개발한 어떤 법칙들에 따른 것은 아니다. 그 석공 규준에서는 전체 삼각형들이 유기적인 관계를 맺으며, 하나의 기본 척도가 건물 전체를 제어하게 된다.

이러한 야심은 마르부르크의 성내 예배당(Schlosskapelle)에서 비록 소규모로나마 성공적으로 실현된 것을 볼 수 있다.

그러나 올바른 석공 규준은 프랑켄베르크의 교구교회에서 그 본질이 가장 분명하게 나타났다.

이러한 연구들의 결과는 올바른 석공 규준의 비밀이었던 $\pi:4$ 삼각도법이 장인(Hüttenmeister)[42]에게만 알려졌던 데 반해, 직공(Geselle)[43]들은 보

..

41) (역자 주) 창이나 난간, 벽체 같은 곳에서 평면에 기하학적인 문양을 새기는 섬세한 석공 작업. 독일어로는 마스베르크(Masswerk), 영어로는 트레이서리(tracery)라 한다. 석재에 온전하게 구멍이 나도록 처리하며, 모르타르만으로는 충분치 않기 때문에 철재 연결 못으로 고정한다.

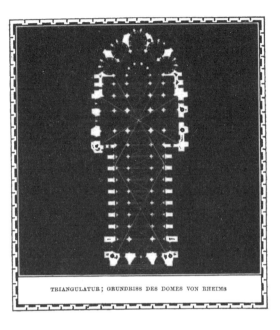

TRIANGULATUR; GRUNDRISS DES DOMES VON RHEIMS

"랭스 대성당 입면에
삼각도법을 적용한 모습"

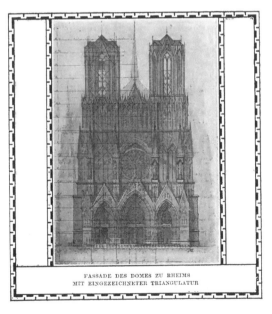

FASSADE DES DOMES ZU RHEIMS
MIT EINGEZEICHNETER TRIANGULATUR

조 형상과 구성 규칙만 알았고, 이런 형상에 포함된 의미는 몰랐음을 보여준다. $\pi:4$ 삼각도법에서 도출되는 다양한 지점들은 예술적 지식을 갖춘 장인이 예술적 자유를 전혀 희생하지 않은 채 온전히 자신의 의향대로 활용하던 것들이었다. 이 점이 자신의 설계와 맞지 않을 경우, 장인은 기본적인 네트워크 속에서 언제든 삼각도법을 다시 적용하면서 자기 의도에 맞는 새로운 규준 요소(규준 도형)로 만들어낼 수 있었다. 오로지 이런 식으로만, 곧 석공이 만들어내는 비례가 확실한 조화를 보장할 때, 이 '석공 규준'은 지침으로 작용했다. 마치 음악에서 작곡가에게 선율과 화음을 만들어 완전한 자유를 부여하는 것이 음조(Tonart)인 것과 같다.

진실한 예술작품은 본질적으로 수학적 성격을 띤다는 명제는 건축예술의 창작에서 가장 쉽게 설명되고 또 인정될 수 있다. 건축예술의 창작물은 요구 사항 전체를 작품으로 충족시킬 뿐만 아니라, 우리는 수학에서 도출된 법칙도 작품의 여러 부분에서 지각하고 이해할 수 있기 때문이다. 이 후자의 조건이 비트루비우스가 의도했던 율동적 조화(Eurythmie)의 기초였다.

율동적 조화의 근본 명제는 보편타당한 예술 법칙이기 때문에 더 자세한 설명은 필요하지 않을 것이다. 각각의 부분과 이들의 관계를 관장하는 수학 법칙은 바로 건축물을 구성하는 형태의 법칙이기도 하며, 계획안과의 관계를 단순하고 명쾌하게 인지하고 증명할 수 있는 법칙이기 때문이다.

정삼각형을 활용한 삼각도법의 경우, 이 비례 법칙은 각각의 부분을 형성할 때도 결정적인 역할을 하게 된다. 반면에 정사각형과 그 파생 형태들

42) (역자 주) 쾰른 대성당 등의 건축장인.
43) (역자 주) 도제 수습을 막 마친 기능공.

을 기본으로 삼을 경우, 모든 부분과 상세는 이 패턴에 따라 형성될 수밖에 없다. π:4 삼각도법이 지배적이던 시기의 건물들은 옥토그램(Achtort)[44]과 사각도법(Quadratur)을 활용했음이 틀림없다.

어떤 경우든 이런 연구에서 도출되는 사실은 작품 전체가 같은 체계를 따라 형성되는 한, 어떤 체계(혹은 음악 용어를 사용하자면 어떤 음조)를 선택하느냐는 중요하지 않다는 점이다.

물론 여기에는 양식의 통일을 위한 전제 조건이 있다. 하지만 개별 사례가 증명하듯이, 다양한 체계를 동시에 사용한다고 해서 꼭 부조화가 나타나는 건 아니다.

이런 연구가 양식의 전성기마다 건축의 형태는 기하학적 근본 체계에 따라 이뤄졌다는 사실을 확실하게 보여준다면, 이제는 이런 체계에 기초하여 건축을 시작할 때가 오지 않았는가를 자문해야 한다. 그러한 체계가 가장 구조적이었던 그리스 양식과 중세 양식에서 구체적으로 적용되었기 때문에 더욱 그렇다. 실제로 두 양식이 완전히 다른 형태 언어를 갖고 있고, 정신적으로나 지적으로나 정반대의 양극에 서 있는데도 둘 다 가장 구조적이었고, 일치를 보여준 것도 혹시 이 체계의 적용 때문이 아닌지 질문할 가치가 있다.

그런데 이것은 모든 형식미의 전제 조건이자 정신적 흐름의 대세와는 무관한 영원한 예술의 법칙이 있다는 증거가 아닐까? 이것은 이 법칙을 사용하지 않고는 양식적으로 완전한 건축을 말할 수 없으며, 오

44) (역자 주) 정오각형의 꼭짓점들을 대각으로 이어 별 모양을 그리는 오선형을 펜타그램(penta-gram)이라 하듯이, 정팔각형의 꼭짓점들을 대각으로 이어 만드는 팔선형.

히려 그렇게 된다면 건축은 순수한 변덕이나 무법의 산물로 전락한다는 것을 증명하지 않는가? 아울러 이것은 진정한 자유라기보다, 무절제(Schrankenlosigkeit)이며 따라서 빈곤일 뿐이다. 반대로 절제, 곧 규약을 따르는 일(Gebundenheit)은 진정한 자유이며 따라서 풍요를 의미한다.

무법칙성이 환상이나 상상력, 예술적 천재성을 무한히 펼치게 한다는 것은 사실이 아니다. 반대로 형태적 변이의 무한성은 오로지 앞서 결정된 체계를 통해서만 발견할 수 있다. 마치 자연이 끝없는 풍요 속에서도 여전히 최소한의 수단을 쓰듯이 말이다.

여러 장식적 형태를 통해 놀라운 환상의 능력을 보여준 동양의 민족은 스스로 기하 도형을 창조적으로 발명하여 눈부신 성취를 이루었다는 점에서 그런 체계의 필요성을 증명하지 않는가? 아랍인이 선을 활용한 다양한 장식을 보여주지 않았다면, 우리가 그들을 놀라운 눈으로 바라보고 있겠는가? 일본과 중국, 특히 일본 예술은 우리에게 무척 대단해 보이고 거의 회화 쪽으로만, 즉 순수예술 쪽으로만 발달해왔다 할지라도, 더군다나 그들에게 아무런 기념적인 건축이 없다고 하더라도 우리에게 많은 것을 생각하도록 한다. 슬프게도 그들은 요즘 나쁜 유럽 건축을 따라 하며 자신의 도시를 망가뜨리기 시작했더라도 그렇다.

과거의 모든 시대가 특정한 방법을 따라 창조력을 발휘했다는 사실 자체만으로도 하나의 방법을 따라 작업해야 한다고 설득하기 위한 충분한 자극이 될 것이다. 더군다나 이 시대가 특별히 과학적이라 일컬어진다면 우리는 예술의 문제도 과학적인 방법으로 해결하려고 시도해야 한다. 이미 언급했듯이, 이런 시도는 결코 예술과 상관없는 것이 아니다. 예술과 과학은 서로 상극이 아니기 때문이다. 오히려 반대로 이 둘은 서로 같은 모태에서 태어났다. 그리고 건축이 더 높은 차원으로 발전하려면 과학은 반드시 필요하다.

실제로 오늘날 엔지니어의 건축과 건축가의 건축예술(Baukunst) 사이에는 그 어느 때보다 더 활발한 상호작용이 이뤄지고 있다. 두 직업이 오늘날처럼 서로 분리된 적도 없었지만, 지금처럼 소통하는 것도 전례 없는 일이다.

나는 작년 겨울 취리히에서 「건축예술의 발전 가능성에 관하여」란 강연을 하면서 이를 강조할 기회가 있었다. 그때 내가 내린 결론은 미래에는 모든 건축물이 (그것이 주택이든 홀이든, 공장이든, 종교 건물이든 간에) 교양인으로서 소임에 어긋남이 없는 사람에 의해 세워지게 되리라는 것이었다. 일반적으로 이런 사람을 "바우마이스터(Baumeister)"라고 부른다. 이를 통해 내가 거듭 강조하려는 점은 미래에는 예술과 과학이 또다시 서로를 보완하며, 그 결과 예술로서의 건축작품(architektonisches Kunstwerk)이 창조되리라는 점이다.

거듭 말하건대, 이러한 건축예술작품은 기하학의 체계에 따라, 말하자면 흔히 행하는 것처럼 우연에 기대기보다는 오히려 예술 형식을 더 높은 차원에서 엄밀하게 보장하는 방법을 따라서 설계되어야 한다. 비올레르뒤크가 말했듯이, "오늘날 예술에서, 특히 건축에서 벌어지고 있는 불행한 일은 이 예술을 영감과 환상만으로 실현할 수 있다는 믿음이다. 사람들은 기념비조차도 소위 취미라고 하는 것을 바탕으로 세울 수 있다고 믿고 있다. 이런 방식으로 커다란 여성용 화장대도 설계한다."[45] 그리고 심지어는 이를 뒷받침하기 위해 일반적으로 쓰이는 양식화(Stilisieren)라는 개념이 차용될 정도이다.

..
45) (역자 주) 베를라헤는 이 문장을 불어로 기록하였다.

우리가 자연의 형태를 양식화한다고 말할 때는 고정된 한계 속에서 이루는 변화를 의미한다. 이미 자연에 존재하는 선들을 따르며 형태를 결정하되, 조건적 상황에 따른 우연성(Zufälligkeit)은 모두 무시하는 것이다.

기하학적 규칙을 따른 설계란 바로 이와 같은 것을 의미하는 것이 아닌가? 왜 건축적 형태(Form)가 아닌 장식(Ornament)에서만 그러한 설계가 이뤄져야 하는가? 반면에 진정한 의미의 양식건축(Stilarchitektur)은 오직 건축이 조화롭게 양식화되어 보일 때만 말할 수 있다. 궁극적으로 정면(Fassade)은 장식된 면이 아니던가? 그것은 창문과 코니스, 조각 등을 하나의 장식처럼 정면에 배치하는 문제가 아닌가? 그리고 건물을 자연에서 생겨나는 강력한 입체적 형태인 수정체에 비할 수 있지 않을까? 아니, 여러 수정체로 구성되면서도 주변 조건에 따라 변이가 일어난 형태에 비할 수 있는 것이 아닐까?

우리가 아직은 도달하지 못했지만, 자연을 모범으로 따른다면 자연에 견줄 수 있는 완벽한 건축에 이르게 될 것이다. 이집트인과 그리스인, 비잔틴인, 로마인, 중세 유럽인은 이미 다양한 수준의 진지함 속에서 노력하여 이런 결과에 이르렀기 때문이다. 이집트나 그리스의 신전은 세속의 물성에서 완전히 자유로워져 숭고한 창작물로 보이지 않는가? 그리고 중세의 성당은 그 재료의 물성을 자유롭게 활용하는 식으로 우리에게 변함없이 경외감을 불어넣지 않는가? 반대로 우리의 현대 건물들, 특히 바로 그와 같은 목적을 수행해야 할 건물들은 그 얼마나 한없이 황량하고, 또한 부끄럽게도 정신적인 내용은 전혀 없는 채로 존재하는가!

왜일까?

나는 여기서 종교적 측면을, 다시 말하면 다소 강력한 종교적 성향이 종교건축의 성격에 얼마나 영향을 미치는가를 다룰 것이다. 하지만 양식의 모티브들을 그 자체의 목적을 위해 적용하고 하나의 외피처럼 건물에 매달 때, 결과적으로 그런 건축은 내적 정신을 담지 못할 가능성이 크다. 왜냐하면 앞서 언급했던 것처럼, 정해진 조화의 법칙을 따라 지어진 것이 아니기 때문이다.

건축물을 소위 고딕식 장식이나 첨두아치의 장식으로 치장하면 사람들은 고딕 양식으로 건축을 완성했다고 믿는 경향이 있다. 그러나 이는 단지 자신을 속이는 정신 나간 행위에 불과하다. 이런 치장들은 그저 외피에 불과하다. 오히려 내부의 핵심은 기하 도형에서 도출한 기본 형태의 구조이어야 한다.

교회만이 아니라 우리의 모든 현대 건물도 마찬가지이다. 그런데 현대 건물에서 종교적 영향은 크든 작든 아무런 역할을 하지 못한다.[46]

이런 건물들은 우리가 옛 장인들의 작업 규칙에 대해 잘 알지 못한다면 미감(미적 느낌) 자체가 얼마나 유용한지, 정확하게 말하자면 얼마나 소용이 없는지를 증명해 보인다. 대부분의 현대 고딕 대성당들이 제시하는 우스꽝스러운 외관을 피하려면, 옛 장인들의 규칙을 이해해야 하고, 그런 규칙의 사용이 멈췄던 15세기 말과 16세기 초로 되돌아가서 다시 실마리를 찾아내야 할 필요가 있다. 당시에는 이런 규칙에 따라 모형을 만들지 못하면 그 누구도 장인이 될 수 없었다. 장인들이 활용한 규칙이 그런 장엄한 결과를 보여주었기 때문에, 석공의 걸작(Steinmetzmeisterstück)과 장인의 도면(Meisterzeichnung)이 보여주는 작업 방식은 고딕 건축 설계에 나타

46) (영역자 주) 그리고 건축에서 치장(Verzierung)과 장식(Ornament)은 전적으로 이차적인 문제인 데 반해 공간의 창출과 매스들의 관계는 주요 관심사이니, 실수가 어디에 있는지는 쉽게 알 수 있다.

나는 강력한 기하학적 구성을 오히려 참을 수 없는 강요라고 여기며 이를 반대하는 현대인들의 관점보다 더 중요하다. 그런 비판자들은 물론 예술적 본능에 따라 자유롭게 연상되어야 할 형태들이 그 자체의 형태 속에서, 혹은 그것들이 속한 부분들과의 조화 속에서, 혹은 그것들의 기하학적 토대를 통해 고유의 성격을 얻는다는 것을 결코 인정하려 들지 않을 것이다. 그리고 오늘날의 건축가가 실제로 기하학의 도움 없이 고딕 건물을 세우기를 감행한다면, 분명히 그는 곧바로 커다란 난관에 직면하게 될 것이다.

예전 양식 시대의 세속건물들도 과연 어느 정도로 기하학적 규칙에 따라 완성되었는지는 아직 명확하게 알 수는 없다. 그러나 이 건축물들도 분명히 그 규칙을 따르고 있었다고 가정해볼 수는 있다. 중세에는 종교건축이 세속건축에 미친 영향은 강력했기 때문이다. 종교건축에 쓰인 설계 법칙이 세속건물의 다양한 요소를 규정할 때뿐만 아니라, 평면에도 사용되었을 가능성이 있다. 하지만 평면은 해결하기가 더 어려웠다. 복잡한 실용적 고려 사항에 더 많이 좌우되었기 때문이다. 이와 관련하여 나는 이미 비올레르뒤크의 사례를 언급한 적이 있다.

어쨌든 나의 이런 설명이 일종의 규칙들을 따르는 설계가 권고사항일 뿐만 아니라 양식적인 건축을 만들기 위한 필수조건임을 잘 전달했기를 바란다.

이런 일은 어떻게 일어날까? 자연 자체가 가장 단순한 기하학적, 입체적 형상의 결정들을 만드는 장본인 역할을 해왔듯이, 예전 양식 시대의 건축가들 또한 그와 비슷하게 작업했다. 그리고 궁극적으로 이런 형상에는 만고불변의 미가 있는 만큼, 우리는 새롭게 대자연(Allmutter)에서 가르침을 얻는 것이 타당할 것이다.

헤겔이 이미 감각 자료와 관련하여 예술을 분류할 때, 건축은 수정체

(Kristallisation)를 뜻한다고 주장했듯, 이러한 주장은 의미 있는 자극이다.

우리가 이미 본 것처럼, 중세의 장인들은 정삼각형과 거기서 도출한 삼각도법, 그리고 삼각도법에 의한 직사각형을 활용하여 작업하기를 선호했다. 따라서 이러한 기하학적 체계는 산술 원리에 따라 진행된 그리스 예술과는 반대이다.

그렇지만 기하학과 산술은 자매와 같은 관계이며 그 원리도 같다. 중세예술은 내부에서 외부를 향해 작업하는 방식으로 이러한 조화에 도달했다. 그리스인들은 외부 형태를 열정적으로 숭앙한 만큼, 언제나 이런 실무를 따르지는 않았다. 그러나 로마인들은 상부를 궁륭으로 처리한 건물과 바실리카에서 그런 실무를 따랐다.

그리스 신전에서는 외부의 오더가 놀랍도록 조화에 따라 설계되어 있음을 볼 수 있지만, 이 조화로부터 내적 비례의 구성을 도출할 수는 없다.

중세에는—그리고 중세는 이 예술을 가장 위대하게 성취한 시기임이 틀림없다—로마의 원리가 작동하였다. 말하자면 외부는 내부 구성 전체를 감싸는 것이어야 하고, 그에 따라 내부 비례는 외부의 비례에도 적용되었다. 공간은 비례가 맞아야 하고, 그 비례는 외적으로 드러나야 했다. 건축의 목적은 공간을 형성하는 것이므로, 공간에서부터 출발해야 하기 때문이다. 먼저 아름답게 보이는 정면을 구성한 다음 그 뒤에 건축물 전체를 구성하려고 든다면, 그런 의도는 전적으로 폐기해야 마땅하다.

이렇게 공간을 형성하려는 목적에 이르기 위해서는 삼각도법과 이로부터 생기는 삼각도법에 의한 직사각형을 이용하는 기하학적 방법이 특별히 유리하다.

그다음 단계는 정사각형 하나를 다른 정사각형 위에 겹치되 서로 45도 각도를 이루도록 하나를 회전시켜 $\pi : 4$ 삼각도법을 만들어내는, 이른바 사

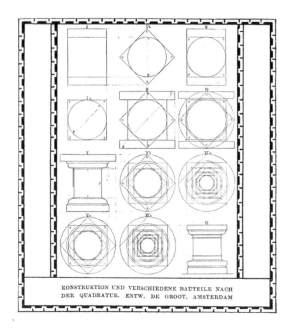

KONSTRUKTION UND VERSCHIEDENE BAUTEILE NACH
DER QUADRATUR. ENTW. DE GROOT, AMSTERDAM

각도법(Quadratur)을 활용하는 것이다.

건축가인 더 흐로트(De Groot)는 이 문제에 새로운 관심을 가져왔다. 흐로트는 호프슈타트가 쓴 『고딕 ABC(Gothisches A.B.C.)』를 읽은 뒤 이 주제를 다룬 흥미로운 글들을 모아 작은 책으로 직접 출판했다. 여기에서 그는 몇 해 전에 출간된 알란 폰 드라흐 박사(Dr. Alhan v. Drach)의 『올바른 석공 규준의 비결(Hüttengeheimnis vom rechten Steinmetzen-Grund)』이라는 소책자를 참조했다. 이미 1896년 더 흐로트는 『장식 설계에서 삼각형(Drieboeken bij hetontwerpen van ornament)』이라는 제목의 연구서도 출판하여 평면의 장식을 다룬 적이 있었다. 이 책에서 그는 통상적인 삼각형을 활용한 평면들과 리듬 형식의 평면 분할이 어떻게 서로 관련되는지, 또한 얼마나 많은 변화를 가능하게 하는지를 보여주었다.

이런 분할은 장식 요소들이 적용될 바탕이 될 뿐만 아니라, 심지어 그 자체만으로도 장식 체계를 형성한다. 이 분할은 원칙적으로 장식 설계를 자극하는 역할을 하지만 결과적으로는 놀랍게도 장식 모티브들이 마치 그 자체의 자유 의지를 발현하듯 끝없이 나타나도록 한다.

따라서 이 방법은 장식을 적용하기 전에 리듬으로 평면을 나누는 점에서 통상적인 실무와는 거꾸로 된 방법이다. 일반적으로는, 자연적 형태를 먼저 따른 후, 리듬이나 양식화를 추구한다.

뭔가를 창조하려는 사람이라면 기존의 것을 바로 인용하면 안 된다. 오히려 모티브가 스스로 성장하도록 하고 나서 그 과정을 따라야 한다. 평면 분할의 경우도 마찬가지이다.

이런 절차의 특별한 미덕은 자연에 본래 모델이 없어서 이로부터 도출할 수 없고 오히려 예술을 통해 더 높은 수준으로 발전시켜 재현해야 하는 장식들과 관련이 있다.

이런 방법이 건축물을 구성하는 데 도움을 주기 때문에, 이제 이에 대해 논할 것이다.

앞에서 언급했던 책 『장식 설계에서 삼각형』의 첫 사례들이 앞서 제시했던 중세 입면에서 나타난 사례와 일치한다. 그리고 다음 사례는 더 유용하다. 이 사례는 잘 알려진 사각도법에 기초하고, 순전히 기하 도형으로만 본체의 비례를 도출할 수 있는 방식을 보여주기 때문이다. 정사각형들을 서로 45도가 되게끔 회전시켜 겹치고 그 교차점마다 나란히 원들을 그려 완성함으로써 잘 알려진 $1:\sqrt{2}$의 관계로 진행해가는 체계를 얻게 되고, 이로부터 평면과 입면의 척도를 도출할 수 있다. 이는 평면과 입면이 혼동되어 작도될 수도 있다는 뜻이며, 이것은 필요하지 않더라도 두 요소가 이를테면 이 체계 내에서 서로 관련되어 있고 결국 그 양자 간에 상당한 정도의 조화가 존재하고 있음을 증명한다.

이 방법은 특히 도자기와 식기류 같은 응용예술작품뿐만 아니라 독자적으로 서 있는 모든 건축물 요소에 대해서도 권고할 만하다. 또한 가구에도 매우 유용한데, 이에 관한 몇 가지 사례를 들겠다.

첫 번째 사례는 의자이다. 정육면체를 아주 조금만 바꾸어도 의자를 구성할 수 있다. ±43cm의 표준적인 의자 높이를 그 정육면체의 기본 치수로 삼게 되면, 전방의 폭과 좌석의 깊이가 모두 43cm가 될 것이다. 대개 전방의 너비보다는 좁은 후방의 너비도 이 기하 도형을 기준으로 만들고, 이 형상에 포함된 다양한 원과 점에 가해지는 여타의 섬세한 변경도 이 기준을 따른다. 기본 정사각형의 대각선보다 더 큰 부재에 대해서는, 몇 개의 정사각형을 위로 하나씩 쌓아 그릴 수 있다. 예컨대 의자에는 두 개의 정사각형이 적당하다.

두 번째 사례는 식기 찬장이다. 평면에서는 정사각형 두 개가 인접하고, 입면에서는 네 개의 정사각형이 연속으로 서 있도록 한다. 물론 그런 형상을 올바르게 활용하려면 훈련과 감각이 필요하며, 이 과정을 거쳐야 어떤 점을 사용하고 어떤 점을 버릴 것인지 차차 깨닫게 된다. 이런 방법은 치수와 비례를 결정할 때뿐 아니라, 형상에서 즉각 논리적으로 나타나는 치장을 위해서도 무척 유용하다는 것이 분명해질 것이다. 내가 말하는 '치장(Verzierung)'이란 형상을 만들 때 속하는 모든 선을 의미하며, 장식(Ornament)도 이 선으로 구성할 수 있다.[47]

..

47) (역자 주) Verzierung을 치장으로, Ornament를 장식으로 번역하였고, Ornament는 흔히 Verzierung과 동일시되지만 이는 오해이다. Ornament는 장식예술 분야에서 구성 부분 혹은 모티브를 지칭하기 때문에 '대상'으로서의 특징을 가지며, 이와 달리 Verzierung은 미를 충족하기 위한 기능으로서의 '행위'이며 이 과정에서 장식 요소들을 사용하기도 한다.

하지만 정사각형을 연속적으로 정사각형과 원으로 분할하면 얼마나 조화롭게 되는지, 또한 이렇게 분할 결과가 곧바로 표면을 장식하게 되는지는 꽤 명확하다. 그리고 사각도법은 사물의 겉면에 드러나게 되기 때문에 이러한 분할을 개인적 취미의 치장 목적에도 활용할 수 있다. 오직 사각도법을 사용할 때만, 사각도법을 쓰지 않았을 때는 생각지도 못했을 해법에 도달하도록 상상력을 자극한다는 것을 이해하게 될 것이다. 하지만 이미 말했듯이, 이런 결과는 오로지 그런 체계에 얽힌 노예가 되어선 안 된다는 걸 충분히 자각할 때만, 즉 그런 선들을 활용하는 목적은 오로지 감정을 재현하고 예술적 능력을 진척시키기 위해서일 뿐임을 알 때만 달성할 수 있다. 솔직히 말하자면, 그런 체계는 어느 지점에서 그걸 포기해야 하는지를 알 때만 성공할 수 있다. 우리의 감정(Gefühl)은 지성(Verstand)이 이해할 수 없는 근거들을 갖고 있기 때문이다. 다시 이 주제로 돌아가자면, 율동적 진행은 특별히 편리하고 조화롭게 평면들을 나누는 방법임이 자명한 만큼 이차원적 패턴에 이상적으로 들어맞는다. 이는 바닥 문양이나 벽타일 등에 특히 적합하다.

앞서 말한 바처럼, 거대한 매스의 분절뿐 아니라 디테일까지 같은 체계를 따를 때, 건축작품은 양식을 갖게 된다. 예를 들면 중세 시대, 특히 중기 및 후기 고딕 시기에 이런 일이 있었던 반면, 그 이전 시기에는 장식만이 있었다. 그리고 단지 자연을 모방한 방식이었다. 다만, 이후에는 트레이서리 방식에서 나뭇잎 장식도 기하학적 배경의 도법에 근거했고, 이를 따르지 않은 것은 없었다. 그런 방법 속에 양식이라 불리는 "다양성 속의 통일성"을 이루기 위한 배아가 있다는 사실을 오늘날 사람들이 모르지는 않을 것이다. 이 방법을 따라야만 통일된 기본 원리에 도달하게 되고, 통일된 기본 원리에서 전체 사물은 정해진 단계에 따라 발전할 수 있기 때문이다.

더 흐로트가 디자인한 몇 가지 예를 더 살펴보기로 한다. 그가 설계한 기둥의 오더에서 주두의 장식이 어떻게 미리 평면도에서 결정되었으며, 논리적이며 양식적으로 일관된 방식으로 세워졌는가를 명확히 볼 수 있다. 또 다른 예는 고전적 기둥 오더이다. 르네상스의 거장들은 창작물에서 고전적 모듈 비례를 선호했기 때문에 그들이 임의의 방식으로 작업했다는 것은 확실하지도 않고 사실상 그랬을 것 같지도 않다. 이 예들은 여전히 고전의 기하학적 방법이 특히 적용 가능하다는 것을 명확히 보여준다. 네 기둥으로 만든 구조물의 사례에서는 사선의 관계를 직접 배울 수 있고, 이런 시각은 통상 쉽게 얻을 수 있는 것이 아니기 때문에 극히 효과적인 결과물인 셈이다. 마지막 사례는, 고전적 개선문에 도입된 도법이다.

나는 지금까지 과거 기념비의 다양한 예를 소개했다. 이를 통해서 삼각도법과 사각도법의 사용도 증명하였다. 그리고 그리스 건축에서는 수학적 비례 법칙이 진정한 것으로 여겨지지만, 기둥의 배치가 어긋나기도 하고, 불규칙한 개구부 등이 보이는 것은 감각적 측면을 고려해서 이를 반영한 것이라고 설명할 수 있다. 그런데 고대 기념물의 경우, 건설 기간이 늘어나는 동안 불가피하게 체계를 바꾸었어야 했다는 점을 도외시하더라도, 처음부터 가장 작은 디테일까지 철저하게 통일된 기하학적 체계에 따라 조형하려는 확고한 의도가 있었는지는 여전히 불명확하게 남아 있다. 그러나 통일된 기하학적 체계에 따라서 철저하게 마지막 디테일까지도 설계되어야 이제 다가올 시대를 위한 건축적 구성이 마찬가지로 기념비적 성격을 갖는다고 주장한다면 이에 대해서 누가 이의를 제기할 수 있겠는가? 나로서는 이런 구성은 지금까지 존재하지 않았으며, 있었다고 하더라도 매우 불완전한 방식이었고, 고전 모듈의 규칙을 따랐던 절충주의의 양식건축에서나 볼 수 있었을 뿐이라고 생각한다.

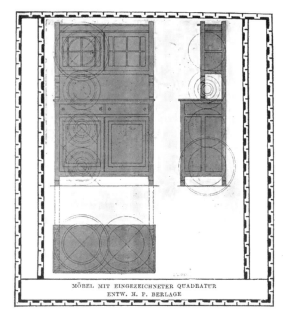

"사각도법을 적용한
가구의 설계
설계: 베를라헤"

MÖBEL MIT EINGEZEICHNETER QUADRATUR
ENTW. H. P. BERLAGE

　네덜란드 사람으로서 말하건대 나는 다른 나라에서 이 방식을 사용했던 예를 알지 못한다. 그렇지만 사람들은 내가 지금 제시했던 예들을 이미 익숙하게 알고 있다고 추측한다. 다른 사람들이 실제로 건축 구성에서 이와 같은 방식을 사용했는지에 대해서 나는 여전히 의구심이 든다. 그런데도 만약 누군가 같은 방식을 실제로 사용하였더라면, 나의 설명은 이런 추세를 지속시킬 자극 이상의 것임이 분명하다. 그러나 만약 그렇지 않다면, 이 추세를 위한 하나의 박차가 될 것이다. 그러므로 나는 반복해서 말하겠다. 모든 선행한 기념비와 마찬가지로, 이 방식을 수단으로 또다시 사용한다 한들 무슨 반대가 있을 수 있겠는가?

　그러나 이것은 하나의 수단으로서, 오직 하나의 수단으로서 그러하다는 것을 나는 재차 강조하고 싶다. 이는 보편적 원리이며 다음과 같은 이유에

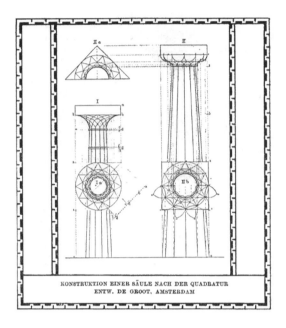

KONSTRUKTION EINER SÄULE NACH DER QUADRATUR
ENTW. DE GROOT, AMSTERDAM

"사각도법에 따른 기둥의 구조.
더 흐로트의 디자인, 암스테르담"

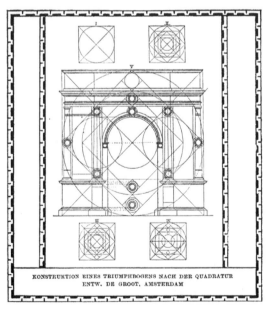

KONSTRUKTION EINES TRIUMPHBOGENS NACH DER QUADRATUR
ENTW. DE GROOT, AMSTERDAM

"사각도법에 따른 개선문의 구조.
더 흐로트의 디자인, 암스테르담"

서 그렇다. 이미 자연에서도 확인할 수 있는 것처럼, 기하학 자체는 몇 가지 기본 형식에서 발전되어 끝없는 변화와 연관을 가능하게 한다. 마찬가지로 개별적 과제는 구체적이고 이에 알맞은 연관에 따라 해결되어야 한다. 개별적 사례에 들어맞는 체계가 없는 경우는 특히 더욱 그러하다.

이것은 학습과 실천뿐만 아니라 취미(Geschmack), 곧 미적 감각도 요구한다. 비올레르뒤크가 말했던 것처럼

> 건축은 비례에서 비롯된 완고한 체계의 노예가 아니다. 오히려 건축은 항상 새롭게 규정될 수 있으며, 비례의 관계들이라는 새로운 해석을 찾을 수 있다. 이것은 기하학의 법칙을 해석하여 무한한 변주를 찾는 것과 마찬가지이다. 비유기적 자연과 유기적 자연의 질서에서처럼 건축에서도 마찬가지로 비례는 기하학의 딸일 뿐이다.[48]

헤겔도 예술에서 수학적 비례에 대해 지나친 가치를 부여하는 것을 경고했고, 비례는 단지 수단에 불과하다고 말했다.

> 물론 고딕 건축이 최고로 번성하던 시기에도 여전히 합리성에 관한 불투명한 앎이 쉽게 외면으로 이끌었기 때문에, 수의 상징을 대단히 중요하게 여겼다. 그러나 건축예술작품들은 이 때문에 언제나 더 깊은 의미도, 더 고상한 아름다움도 없는 저급한 상징성을 갖는 다소 자의적인 유희가 되었다. 왜냐하면 그런 건

••
48) (영역자 주) Eugène-Emmanuel Viollet-le-Duc, *Le dictionnaire raisonné de l'architecture française de XIᵉ au XVIᵉ siècle*, 10 vols.(Paris: B. Bance [vols. 1-8], A. Morel[vols. 9-10], 1854-1868, 7: 534) 인용문은 베를라헤의 글에서 프랑스어로 되어 있다. 딸이라는 번역은 비례라는 단어가 여성 명사이기 때문이다.

축물의 본래 의미와 정신은 숫자의 차이에서 보이는 신비적 의미와는 전혀 다르게 형태와 형상들로 표현되었기 때문이다. 그러므로 사람들은 그런 의미들을 찾으려고 너무 지나치게 나아가는 일은 금해야 한다. 왜냐하면 지나치게 철저해져서 모두 깊은 의미를 해명하려고 하는 것도 역시 분명히 언표되고 표현된 심오함을 파악하지 못한 채 지나치는 맹목적인 현학성처럼 하찮고 철저하지 못하기 때문이다.[49]

이는 어쨌거나 금언이다.

결론적으로 나는 다시 기하학적 방법은 단지 수단에 머물러야 한다고 덧붙이고 싶다. 왜냐하면 의도를 알아차린다 하더라도 믿기는 어렵기 때문이다. 내가 지금까지 주제를 광범위하게 다루었던 이유는 어떤 일이든 상관없이, 현재 이런 방향에서 일어나고 있는 것에 관한 확신을 사람들에게 각성시키고 싶기 때문이다. 그리고 만약 미래의 건축이 앞선 여러 양식을 위대하게 통일시키려 한다면, 이를 위한 근본적인 방법이 필요할 것이다.

나는 외국 건축가들의 경우 어느 정도까지 이 방법으로 작업하거나 이미 작업했는지 알고 있지 않다고 고백했다. 그러나 나는 네덜란드 건축가들만큼은 오랫동안 이 방법을 잘 알고 있었다고 말할 수 있다. 예를 들자면 뒤셀도르프[50] 예술공예학교(Kunstgewerbeschule zu Düsseldorf)에서는 네덜란드인 라우베릭스(J. L. M. Lauweriks)[51]의 지도 밑에서 모든 디자인이

49) (역자 주) 헤겔, 『미학』 2권, p. 691; Hegel, *Aesthetics*, 2: 691; Hegel, "Vorlesungen", 2: 341. 해당 구절 국역본은 게오르크 빌헬름 프리드리히 헤겔, 『헤겔의 미학강의 3권 개별 예술들의 체계』, 두행숙 옮김, 은행나무, 2012년 3월, pp. 164~165에 해당한다. 본 글에는 해당 번역을 일부 수정하였다.
50) (역자 주) 독일 라인 강변의 항구 도시.
51) (영역자 주) 라우베릭스(J. L. M. Lauweriks, 1864-1932)는 네덜란드 건축가이자 뒤셀도

유사하지만 매우 특별한 방식에 따라 수행되고 있다. 그는 여기에서 가장 탁월하다고 할 수 있다. 나는 아직 견해를 밝힐 만큼 충분히 이 방식을 연구할 기회를 얻지 못했지만, 몇 가지 도면을 제시할 수는 있다. 이미 몇 점의 가구를 예로 보여주었던 것처럼 건축을 위해서도 비슷한 예를 제시하겠다.

평면도를 계획할 때, 언제나 정사각형에서 출발하여 평면을 다시 여러 정방형으로 나누는 것이 실용적이다. 누군가는 이 방식이 언제나 가능한지 물을 것이다. 물론 아니다. 궁극적으로 언제나 그러한 것은 아니다. 그리고 우리가 보았듯이 이전 시대에도 그렇지 않았다. 그런데 실제로 이를 시도해보면 얼마나 이 분리가 성공적인가는 실로 놀라울 정도이다. 문제는 올바른 기본 정방형의 단위 선택의 여부이다. 물론, 필요하다면 더 잘게 나눌 수도 있다. 입면에 관한 한, 이른바 4-사각도법(Vier-Quadratur)은 사용될 수 없다는 것이 곧 명확해지는데, 건물에 이를 적용하기에는 너무 복잡하기 때문이다. 그러나 이와 다른 체계라면 역사적 사례에서 이미 밝혀진 것처럼 이용할 수 있다. 예를 들어 정삼각형의 단순 삼각도법에서 수직 관계는 정삼각형 체계 또는 8면체에 따라 결정된다. 이 체계는 입면을 정삼각형의 수직적 투사에 따라 결정되는 삼각형으로 나눈다. 또는 다른 단순한 비율을 선택할 수도 있는데, 수직축의 높이 대 밑변 비율을 5:8로 만든 이집트 삼각형 같은 예가 있다. 궁극적으로, 같은 방식으로 실행된다면 삼각형의 모든 형태를 사용할 수 있다. 그러나 단순 기하학적, 그리

••
르프 예술공예학교 교수였다. Gerda Breuer et al., *J. L M. Lauweriks, Masssystem und Raumkunst: Das Werk des Architekten, Pädagogen und Raumgestalters*, exh. cat. (Krefeld: Kaiser Wilhelm Museum, 1987) 참조.

고 산술적 비율이 가장 아름다운 결과물에 이르게 된다는 것은 눈의 감각을 훈련하면 쉽게 이해할 수 있다. 앞에서 말했듯이, 그리스인은 이 사실을 알고 있었고 또 실제로 사용하였다. 그리고 단순한 수학적 비율의 효과는 모든 시대에서 만족스러운 것으로 인정받았다. 다시 한 번, 모델은 자연에서 발견될 수 있으며, 인체뿐만 아니라 여러 동물의 신체 비율도 단순한 숫자로 표현될 수 있다.

나는 이제 이런 원리가 어떻게 실행될 수 있는지를 보여주는 몇 가지 예를 제시하려고 한다. 내가 제시하는 마지막 예는 암스테르담 증권거래소 건물이며, 전적으로 이집트 삼각형을 따른 비례로 만들어졌다. 8:5의 비례로 이루어진 피라미드와 같은 체계로 이루어졌으므로, 자연의 수정체군(Kristallgruppe)에 비견될 만하다. 이 평면 계획은 길이 3.80m의 정사각형들로 나뉘는데, 이 치수는 오랫동안 시도한 이후 올바르다고 판명된 것이다. 이는 또한 창문들의 중심축 간 거리이기도 하다.

누구라도 실제로 도면을 보면 모든 것을 글로 설명하는 것보다 더 명확하게 알 수 있을 것이다. 도면을 작성하는 과정에서 얻게 된 결과는 60도와 45도의 일반적인 삼각자가 아니라, 경우마다 적절한 관계에 따른 각도자가 바람직하다는 것이다. 이를 사용하면 그 속에서 언제나 적절한 기준선이 제공되기 때문이다. 실무적 측면에서, 60도와 45도 직각 삼각자를 사용할 때도 이와 다르지 않다. 증권거래소 도면을 만들 때, 5:8의 비율을 가진 직각 삼각자를 사용하였다. 기준선이 자동으로 정해지게 되고, 아울러 우리가 이미 보았듯이, 양식적 통일성에 관한 요구는 타당하게 모든 디테일에 같은 기본 체계를 사용하도록 만들었으며, 이때 기준선은 스스로 모든 윤곽선과 장식을 구성하는 데 동시에 적용되었다. 이런 이유로 예외 없이 모든 장식은 이집트 삼각형의 체계에 따라 설계되었다.

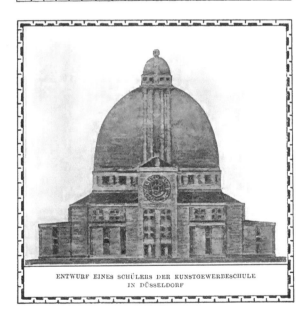

"뒤셀도르프 예술공예학교
학생의 설계"
[아돌프 마이어(Adolf Meyer)]

ENTWURF EINES SCHÜLERS DER KUNSTGEWERBESCHULE
IN DÜSSELDORF

ENTWURF EINES SCHÜLERS DER KUNSTGEWERBESCHULE
IN DÜSSELDORF

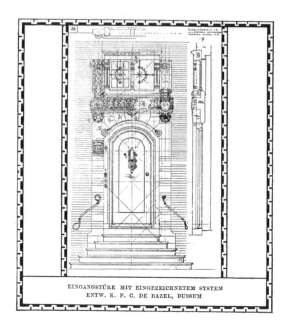

EINGANGSTÜRE MIT EINGEZEICHNETEM SYSTEM
ENTW. K. P. C. DE BAZEL, BUSSUM

"중첩 체계로 만든 정문.
K. P. C. 더 바젤(K. P. C.
de Bazel)의 디자인,
뷔쉼(Bussum)"

DETAIL DER EINGANGSTÜRE MIT EINGEZEICHNETEM SYSTEM
ENTW. K. P. C. DE BAZEL, BUSSUM

"중첩 체계로 만든 정문
디테일. K. P. C. 더 바젤의
디자인, 뷔쉼"

거의 모든 장식은 기하학적이지만, 일부는 식물 문양이다. 상품 거래소의 기둥 상부의 띠 몰딩[52]은 담뱃잎, 포도, 쌀 등의 무역 상품에서 온 모티브를 사용하였다. 이것은 또한 위에서 언급한 기준선에 따라 양식화되고 가장 작은 가구의 디테일에도 똑같이 적용되었다.

그리고 나는 한 걸음 더 나아갔다.

이 건물에는 조각과 벽화도 있는데, 부분적으로 같은 체계를 따라 디자인되었다. 부분적으로만 그렇게 한 이유는 오늘날과 같은 상황에서 이 체계를 모든 예술가가 따르도록 승복하게 만들 수는 없었기 때문이다. 그 가운데 다수는 여전히 스스로 "순수예술"을 선호한다고 단언하고 있으며, 실제로 특정한 기준선을 자신을 옭아매는 그물처럼 여기고 있다. 그러나 회화와 조각 역시 장식이 아닌가? 아울러 건축이 장식을 지배하듯, 이런 장식은 같은 법칙에 따라 양식화될 순 없단 말인가? 이는 장식을 경시한다는 뜻이 아니라 상호 존중의 문제이다. 이젤 그림, 순수예술의 경우에는 건축을 업신여기는 경우가 더 많다.

이것이 의미하는 핵심은 바로 이 사실이 오늘날 예술이 충분한 성과에 이르지 못하게 된 원인 가운데 하나라는 것이다.

누구나 조각과 회화는 건축을 보조해야 한다는 생각을 자명한 것으로 인식한다. 그러나 어떻게 우리는 이 생각을 실행할 것인가?

절충주의 건축은 대체로 좋은 결과로 이어진다. 이 경우 건축가는 같은 정신에서 작업하는 예술가를 찾기가 매우 쉽기 때문이다. 그러나 지금의 건축에서는 쉽지 않다. 대부분 의도와 능력 모두가 잘 조화를 이루도록 목표로 하는 것은 아직 불가능하기 때문이다. 이유는 단순하다. 그런 조화가

52) (역자 주) Astragalband: 기둥 상부 주두가 시작하는 곳의 띠 모양의 몰딩.

FASSADE DES BÖRSENGEBÄUDES ZU AMSTERDAM
MIT EINGEZEICHNETEM SYSTEM. ENTW. H. P. BERLAGE

"중첩 체계로 계획된 암스테르담 증권거래소의 정면"

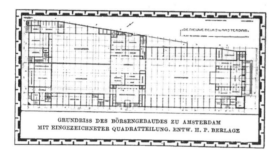

GRUNDRISS DES BÖRSENGEBAUDES ZU AMSTERDAM
MIT EINGEZEICHNETER QUADRATTEILUNG. ENTW. H. P. BERLAGE

"중첩 체계로 계획된 암스테르담 증권거래소의 평면계획"

SÄULENDETAIL AUS DER BÖRSE ZU AMSTERDAM
ENTW. H. P. BERLAGE

"암스테르담 증권거래소의 기둥 디테일. 베를라헤의 설계"

존재하지 않기 때문이다. 전통만이 이런 조화를 이룰 수 있지만, 그런 전통은 아직 만들어지지 않았다.

결과적으로 능력이 있는지 없는지에 상관없이 현대 건축가는 조각과 회화의 초안을 작성해야 하는 불편한 위치에 있을 수밖에 없다. 이 상황에서 건축가의 위치는 조각가나 화가 등의 예술가를 수동적인 노동자로 전락시키고, 그들 작품의 질에까지 영향을 미친다. 예술가가 선호하는 것처럼 건축가가 이런 사전 통제를 포기한다면, 현재의 조건에서는 건축에 통일된 총체성을 실현하는 데 실패할 것이 뻔하다. 왜냐하면 조각가와 화가는 모든 면에서 건축가의 정신에서 작업하지는 않을 것이기 때문이다. 이것은 그 자체로 예술가의 잘못이 아니라 예술적으로 미성숙한 시대의 탓이다. 하지만 성숙한 양식건축[53]이라면 살롱 조각상과 이젤 그림을 위한 자리는 없을 것이 확실하다. 일반적으로 말하자면 틀, 구성, 채색의 유형과 방식은 언제나 결정적인 요인이며 조각과 회화가 서로 조율되도록 하는 것이지만, 너무 지나치게 되면, 그런 융합은 곤란할 수밖에 없다. 그러나 터놓고 말하자면, 대부분의 현대 벽화가 터무니없이 두드러지는 이유는 무엇일까? 왜 채색보다는 구성에 더 몰두하는가? 왜 벽에서 떨어지려고 하는가? 이는 분명히 벽화가 지나치게 회화처럼 취급되기 때문인데, 다시 말하자면 벽화의 묘사가 건축의 확고한 선들을 고려하지 않아서 늘 불안하게 보이기 때문이다. 그 원인은 오직 이젤 회화가 여전히 장식 화가의 피 속에 너무나 강하게 흐르고 있다는 사실에 있다. 이는 학교에서 이젤 회화만 가르

..

53) (영역자 주) 베를라헤가 여기에서 사용한 양식건축(Stilarchitektur)이란 말은 역사적 모델의 모방에 기초한 것이 아니라 기하학적 체계에 기초한 건축을 지칭하는 것으로 긍정적 의미로 사용되었다.

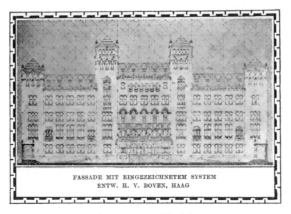

FASSADE MIT EINGEZEICHNETEM SYSTEM
ENTW. H. V. BOVEN, HAAG

"중첩 체계로 설계한 정면.
보벤(H. V. Boven)의 디자인, 헤이그"

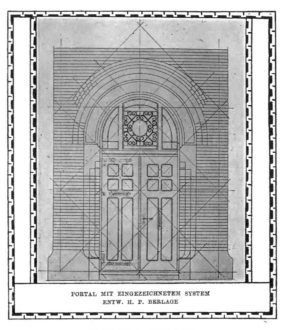

PORTAL MIT EINGEZEICHNETEM SYSTEM
ENTW. H. P. BERLAGE

"중첩 체계로 계획된 포르탈.
베를라헤의 설계"

치고, 특정 공간을 위한 장식화를 가르치지 않기 때문에 생긴 일이다.

장식 화가는 아직도 지난 수 세기의 낡은 전통에서 벗어나지 못하고 있으며, 심지어 장식 틀을 만들 때조차 그들의 작품은 건축적 정신을 담고 있는 예전의 벽화가 아니라, 여전히 회화에 머물고 있다. 그들에게 상호 제약을 통해서만 성취할 수 있는 형태의 짜임과 색채의 조화는 전혀 존재하지 않는다.

조각의 경우도 마찬가지이다. 건축적 조각이라는 표현을 쓸 때, 이것이 의미하는 것을 아주 잘 이해하는 사람조차도 실행의 문제에 들어서면 건축과 조각이 충돌하는 것을 보게 된다. 어느 정도 회화적 경향에 사로잡힌 조각가들은 건축에 적합한 엄밀히 조절된 선들을 성취하기 위해서 자유로워야 하지만 실제로는 화가와 마찬가지로 그렇지 못하다. 그리고 스케일이 잘못된 경우도 의외로 빈번하다. 이와 반대로 위에서 언급한 의미의 규율은 타당한데, 그 이유는 서로의 관계는 스스로 자연스럽게 결정되기 때문이다. 여기서 물론 감성(Gefühl)은 첫 번째이며, 마지막도 이에 따르게 된다.

그렇다면 마지막으로, 가구, 조명, 그리고 여타 시설 등 건축적 창조물과 밀접하게 연관되는 다른 여러 기술적 예술 분야와의 전망은 어떠한가?

이런 분야의 디자인과 관련해서도 어려움은 있다.

위대한 양식 시기의 건축 거장들이 이런 분야까지 디자인해야 했던 것은 아니었다. 그것은 건축가의 일이 아니라 오히려 응용예술가의 일이었다. 그리고 이렇게 여겨진 것은 타당하며, 그 이유는 응용예술은 전통적 형태의 도식 속에서 성장했기 때문에 건축에 적합했고, 또 아름답게 디자인되는 것도 보장되었기 때문이다. 우리가 통일성을 다시 한 번 이루길 간절히 원한다면 이를 위한 전망은 그리 좋다고 볼 수가 없다. 조각과 회화에서 발견되는 원인이 여기에도 작용하기 때문이다. 통일된 형식적 양식의 부재 속에 건축가는 외적으로나 내적으로 모두 같은 정신이 관통하길 원한다면 모든 것을 스스로 해야 한다. 만약 건축가가 이를 행할 수 없다면, 자신만의 방식에 집착하고 고집하는 가구 제작자가 건축과 어울리지 않는 가구를 들여놓게 되리라는 것쯤은 쉽사리 알 수 있다. 그리고 다른 응용예술가가 방에 들어가서 마찬가지의 일을 벌이는 경우가 매번 일어난다. 이 응용예술가들이 자신의 역량에서는 탁월하고 자신의 방식대로 타당하게 일한다고 전제하고 말하더라도 상황은 마찬가지이다.

그래서 당분간 건축가는 모든 것을 스스로 디자인해야 한다. 그리고 최소한 건축과 관련하여 다른 분야의 예술가들이 독자적으로 일하는 것도 허용되어서는 안 된다. 내가 이렇게 말하는 것은 잠정적일 뿐인데, 왜냐하면 실제로 각 응용예술은 자신이 속하는 분야의 작품을 스스로 책임져야 하기 때문이다. 그렇지만 이렇게 독자적인 실천이 가능한 경우는 어디까지나 형식적 의미에서 동의가 이루어졌을 때이다.

우리 시대의 모든 예술 활동은 이제 이런 합의를 목표로 설정되어야 한다. 이 합의는 바로 공간의 예술이며, 진정한 예술로서의 건축을 의미하기도 하기 때문이다.

이런 조건이 온전히 충족되었을 때, 비로소 공간의 예술을 말할 수 있고, 전체와 다양한 부분 간의 조화, 곧 다양성 속의 통일성이 성취될 것이다.

그리고 19세기가 잊고 있었던 것은 바로 내부에서 외부로 향해 작업하는 일이었다. 이뿐만 아니라 건축이 공간을 창조하는 역할을 담당한다는 사실도, 또한 "건축물은 필요를 에워싼 것이다."라는 사실도 잊고 있었다.

그 대신 19세기는 내부를 잊어버리고 모든 예술을 건물의 정면에 쏟았다. 고작 정면이라니!

이렇게 19세기는 정확히 반대로 외부에서 내부로 작업해갔으며, 이 과정에서 외관을 위해 현실성을 희생시키고 말았다.

하지만 이제 위에서 기술한 방법은 모든 점에서 큰 이점을 준다.

첫째, 건축가가 모든 것을 직접 디자인할 수밖에 없을 때 큰 이점을 발휘한다. 일반적으로, 고정된 기하학적 도식은 가구와 다른 모든 물건의 올바른 위치를 정하는 데 매우 유용한 공간 체계를 만든다. 그 물건의 위치는 스스로 모종의 방식으로 결정되며, 바람직한 건축적 간결함이 이루어진다.

이 방법은 서로 통일성뿐 아니라 가구의 디테일과 내부 공간의 건축적 장식을 자신의 손으로 만들어야 하는 건축가에게 특히 중요하다. 이 방법은 최소한 크게 엇나가게 하지는 않는다. 아울러 하나의 기준선이 전체 도식을 결정한다면, 그 방법의 가치를 인정하지 않을 수 없을 것이다.

둘째, 이 방법은 건축가가 전체 문제를 직접 처리할 수 없거나 하려 하지 않을 때, 응용예술가에게 건축가와 같은 감각으로 작업할 수 있게 한다. 디테일의 문제에서 이 방식은 혼자 작업하는 응용예술가에게 적절한 기하학적 스케일과 외형을 통해 디테일에서 중요한 통일성을 달성할 수 있게 한다.

만약 누군가 얼마나 많은 기술적 솜씨가 이 방법 속에 통합될 수 있는지 생각해본다면, 최종 목표에 상관없이, 호의적이지 않은 단기간의 조건 아래에 있다고 해도, 오늘날 많은 것이 바람직한 방향으로 성취될 수 있음을 희망하고 확신하게 될 것이다.

나는 지금까지 이 방법이 특히 오늘날의 건축과 일반적인 시각예술의 예비적 연구에 기초를 제공할 수 있음을 명확히 보여주려 했다. 이것은 기하학적 원리 위에 설립되어야 하며, 매스와 형태는 큰 맥락과 작은 디테일에서 모두 상호 통일된 관계 속에 존재해야 한다는 말이다. 이렇게 함으로써, 나는 그 방법이 예술적 의미에서 보잘것없거나 무가치한 것이 아님을 분명하게 보여주었다. 오히려, 그것은 더 고차원적 개념에 관한 요구일 뿐이며, 이 방법을 따른다면 예술적 상상력은 자극받지, 파괴되는 것은 아닐 것이다. 만약 누군가 어떤 목표를 원한다면, 또한 이를 이룰 수단을 원할 것이다.

마지막으로, 그런 수단은 정확히 우리 시대의 정신에 들어맞으며, 그 정신도 스스로 펼쳐낼 것이다. 모든 영역에는 조직화를 향한 노력이 있으며, 궁극적으로 하나의 문화로 연결될 것이다. 문화는 바로 정신적, 물질적 필요의 합일이기 때문이다.

이제 우리는 기초 위에 서게 되었다. 하나의 방법을 갖게 되었으며 이제 우리는 건설로 나아가야 한다. 그런데 미래의 건축은 어떤 형태를 취할 것인가?

앞서 말했듯이, 19세기의 건축은 최고의 작품조차도 절충주의를 넘어서지 못했으며, 이런 이유로 최근까지 20년 넘게 새로운 이념을 내세운 건축가들의 비판을 받았다. 그들은 정당했는가? 확실히 그렇다. 그런데도 부당한 면이 있다. 시대마다 다른 창작 형식을 요구한다는 점에서 정당하다. 그리고 르네상스가 고대의 형태를 적용하여 표현한 것을 통해 이를 반박할 수도 있다. 그러나 이런 관점은 많은 이점에도 불구하고 너무 피상적이다. 전혀 새로운 정신이 당시 세계에 퍼져 있었고, 고대의 형태를 수단이 아니라 예술적 창조의 최종 목표로 간주했기 때문이다.

반대로, 19세기 양식을 이루려던 노력은 특정한 목표, 다르게 말하자면 고고학자와 예술학 교수가 수집한 양식에 관한 수많은 지식을 사용하려는

BEISPIEL: ALTER TRIUMPHBOGEN IN RÖMISCHEM STIL

"사례: 로마 양식으로 만든 고대 개선문"

목표를 넘어서지 못했다. 무테지우스가 통렬하게 비난했던 것처럼,

> 19세기의 새로운 유형이라고 할 예술학 교수는 교수직에 오른 후, 예술을 가
> 르치고, 심사하며, 비판하고 체계화했다. 이 교수가 큰 영향력을 가지면 가질수
> 록 예술의 맥박은 더 약해졌으며, 자연스러웠던 예술의 삶은 더욱 쇠약해졌다.
> 19세기 예술의 원천에 자리를 잡은 사람은 예술가가 아니라 예술학 교수였다.[54]

54) (영역자 주) 원문은 *Stilarchitektur und Baukunst*(Mülheim a.d. Ruhr: K. Schimmelpfen-
nig, 1902), 25. 영역은 Hermann Muthesius, *Style-Architecture and Building-Art*, trans,
and ed. Stanford Anderson(Santa Monica: The Getty Center for the History of Art and
the Humanities, 1994), p. 62. 베를라헤는 마지막 문장에서 말을 바꾸었다. 무테지우스
의 원 글은 다음과 같다. "*So sitzt an der Verwaltungsstelle der Künste des neunzehnten
Jahrhunderts nicht mehr der Künstler, sondern der Kunstprofessor.*(그래서 19세기 예술

이것은 19세기 예술을 전체적으로 특징짓는 말이다.

나는 이 주제와 관련해서 네덜란드 건축가의 글도 언급하고자 한다. 그는 위에 언급한 견해를 지지하는 사람이며 심지어 더 강력하게 건축에서 양식적 절충주의에 대한 분개를 토로한다.

간략히 과거를 회고한 후 그는 다음과 같이 말한다.[55]

예전에 만들어진 사물이 오늘날의 사물보다 더 아름답고 구조적으로 나은 것임을 알았을 때, 사람들은 예전 작품을 보기 시작하며 외적 아름다움을 연구하기 시작했지만, 이 아름다움이 현재에는 없는 사랑에서 비롯되었음을 깨닫지 못했다. 이런 이유로 사람들은 이제 사물을 예전처럼 보이게 만들면, 그것도 아름다울 것이라고 말하고 있다.

그리고 사랑을 통해 아름답게 만들어졌던 대상을 이제는 사랑 없이 모방하는 지경에 이르렀다. 아울러 누군가 와서 모방은 외적으로 원작처럼 보이지만, 어떤 것은 여전히 아름답고 어떤 것은 전혀 무의미하다고 말할 때 깜짝 놀라게 된다. 건축의 외적 형태는 창작자 내면의 결과여야 한다는 개념을 잃어버린 셈이다. 피상적인 사람들은 실제와 모방, 진실과 진실의 외양 사이의 차이를 전혀 이해하지 못하고 있다는 말을 들을 때 아연실색하게 된다. 그들은 진실한 작품과 그렇지 못한 작품의 차이를 구별하지 못하기 때문이다.

하나의 예로 그리스 신전을 보면, 그것은 대단히 아름답다. 이것은 모두 건

∴
을 지배하는 자는 예술가가 아니라 예술학 교수이다.)"

55) (영역자 주) J. E. van der Pek, "Bouwen in Stijl," *De Amsterdammer*(31.03.1894); 베를라헤는 이 글을 이미 "Ober Architectuur", in: Tweemaadelijksch Tijdschrift 1(1895), pp. 417-427, 1(1895/96), pp. 202-235에서도 인용하였다.

GEGENBEISPIEL: MODERNER TRIUMPHBOGEN
IN RÖMISCHEM STIL

"비교 사례: 로마 양식으로 만든 새로운 포티코"

축에 대한 사랑을 구조로 표현한 결과이기 때문이다. 그런데 이러한 그리스 신전을 모방한다고 해서 건축물이 반드시 아름다운 것은 아니다.

왜냐하면 그리스인들이 사랑을 표현해냈던 구조의 정신을 우리는 가질 수 없기 때문이다. 우리가 이 사랑과 이를 표현할 구조 개념을 가진다면, 필연적으로 그것은 그리스인들의 사랑과는 전혀 다를 것이며, 결과적으로 전혀 다른 구조의 형태가 만들어져야만 할 것이다.

우리는 이 과정에서 여러 시행착오를 겪게 될 것이지만 그런데도 결국은 올바른 길로 들어서게 될 것이다. 그러나 이 길은 예술 아카데미가 가르쳐주는 것도 아니고, 미학에 관한 책이 알려주는 것도 아니다.

건축에 관한 한, 예술 아카데미는 하나의 조직체로서 건축 실무와 크게 동떨어져 있고, 단지 관성에만 의존하고 있으므로 항상 20년이나 뒤처져 있는 상태이다. 그리고 실제로 건축 이론은 언제나 실무를 잘 알고 있어야 가능하지만, 예술 아카데미에서는 단지 이론만을 가르치고 있다.

미학 이론도 소용이 없다. 오히려 예술 철학이야말로 예술가가 증오하는 것이다.

우리 예술가는 삶을 사랑하고 이를 표현하려는 의지가 있으므로 우리는 철학자라고 하는 사람이 선조의 책을 고고학적으로 연구해서 끄집어낸 모든 규칙을 증오한다. 우리는 규칙이 사랑과는 아무런 연관이 없다는 사실을 알고 있고, 또 우리는 미학 이론이 없어도 우리가 창작하는 작품이 덜 아름다워지게 될 위험에 빠질 일은 결코 없다는 사실도 알고 있다.

아름다움의 개념은 미에 관한 개론서가 우리에게 가르쳐줄 수 있는 것보다 오히려 건초 창고의 목재 지붕 구조에 더 많이 존재하며, 양식 개념은 우리가 흔히 보는 농가에 더 많이 존재한다.

미학이라는 단어는 건축계에서 조용히 사라져야 한다. 왜냐하면 우리는 사랑과 헌신이야말로 아름다운 작품의 근원이라는 사실을 잘 알고 있기 때문이다. 미학에 관한 책은 사람들이 예술에 관해서 단지 말하고 싶은 욕구가 있었던 시절에 발명된 것이다. 왜냐하면 이 사람들은 예술을 스스로 창작할 수가 없었고, 이 결함을 대신 말로 해소하려고 했기 때문이다. 어떤 시대에도 예술가가 미학적 관찰을 충분히 한 결과로 아름다운 것이 탄생한 경우는 없었다. 어떤 시대에도 철학자가 아름다움에 대해서 철학적으로 사유한 후, 이 이론의 결과가 어떤 아름다운 것을 만들어낼 수 있게 되었을 때는 없었다.

그리고 또한 어떤 시대에도 탁월한 예술가가 미 이론에 관해서 쓰려고 했던 적이 없었다는 사실은 얼마나 이상한 일인가? 그리고 예술의 역사도 우리에게 거의 도움을 주지 않는다.

누구든지 절반의 지식에 만족하지 않고, 이로 인해 우둔해지고 싶지 않은 사람은 오히려 진정으로 한 민족이 특히 애정을 쏟는 곳이 어디인지, 그리고 그 방식은 어떤 것이었는지도 찾아내려고 할 것이다. 이렇게 연구하고 또 예술의 역사로부터 도움을 받게 되면 형태는 바로 이처럼 각별한 사랑의 표현들이라는 사실을 깨닫게 될 것이다. 그리고 그가 이 사랑을 함께 나누고 있지 않다는 사실을 아는 순간, 그는 그 사랑이 만들어낸 과거의 형태들을 이제는 더 이상 사용할 수 없게 된다. 어느 양식이 만들어낸 작품의 겉모습과는 전혀 다른 관점에서 하나의 양식을 진지하게 연구해본 사람이라면 어떤 예술가도 다른 사람이 선호하는 형태로 자신을 표현하지 않는다는 사실을 알게 될 것이다.

그런데 예술의 역사는 특별한 의미의 존재를 우리에게 가르쳐준다. 곧 형태는 마치 사랑이 변하는 것처럼 변하게 된다는 사실이다. 이 밖에도 또한 구조적인 것은 영원하며 자신의 가치를 유지한다는 사실도 우리에게 알려준다.

우리를 좋은 길로 인도할 수 있는 것은, 우리가 아는 "예술가란 누구인가?"의 개념이다. 한 예술가는 한 인간으로서 자신이 사는 시대의 삶을 내적으로 살고 있으며, 이 점이 다른 보통 사람들과 다르다. 이로 인해서 그는 다른 사람의 삶을 먼저 살게 된다. 건축가라면 한 인간으로서 자기 삶을 온 힘을 바쳐 일해야만 하며, 자기와 함께하는 동시대인의 요구를 만족시켜주어야 한다. 그리고 자신 스스로 삶을 올바르게 느끼고 이 느낌을 스스로 존재로서 가능한 대로 끊임없이 추구하고 이 느낌을 표현하는 과정에서 자기 작품을 아름답게 조형하도록 노력해야 한다.

약간의 취미와 약간의 적응력이 있는 상태에서 집을 지으려는 사람이라면 누

BEISPIEL: ALTER PORTIKUS IM RENAISSANCESTIL

"사례:
르네상스 양식으로 지은
옛 포티코"

GEGENBEISPIEL: MODERNER PORTIKUS IM RENAISSANCESTIL

"비교 사례:
르네상스 양식으로 지은
새로운 포티코"

"사례:
르네상스 양식으로 지은
옛 포르탈"

BEISPIEL: ALTES PORTAL IM RENAISSANCESTIL

"비교 사례:
르네상스 양식으로 지은
새로운 포르탈"

GEGENBEISPIEL: MODERNES PORTAL IM RENAISSANCESTIL

BEISPIEL: ALTES PORTAL IM ROMANISCHEN STIL

"사례:
로마네스크 양식으로 지은
옛 포르탈"

GEGENBEISPIEL: MODERNES PORTAL IM ROMANISCHEN STIL

"비교 사례:
로마네스크 양식으로 지은
새로운 포르탈"

"사례:
르네상스 양식으로 지은
옛 가로변 모서리 처리"

BEISPIEL: ALTE STRASSENECKE IM RENAISSANCESTIL

"비교 사례:
르네상스 양식으로 지은
새로운 가로변 모서리 처리"

GEGENBEISPIEL: MODERNE STRASSENECKE IM RENAISSANCESTIL

구나 다른 사람의 작품에서 빌린 모티브들을 모아서 전체를 이루도록 하는 일은 잘할 수 있다. 이 사실을 예술가도 잘 알고 있다. 그러나 이 경우 전체는 원작의 속성이 아니라, 단지 그 원작품의 외관만을 보여줄 수밖에 없다.

또한 예술가는 진실 자체와 그 외관의 차이, 아름다움 자체와 그 외관의 차이를 잘 알고 있다. 외관의 건축가는 진정한 건축가가 아니라는 것은 사실이며, 양식을 공장처럼 생산해내는 사람은 그들의 부류에 속하지 않는다는 사실도 예술가라면 잘 알고 있다. 그리고 많은 사람이 역사적 양식 개념에 몰입해 있기 때문에, 이들은 하나의 건축물을 아름답다고 평가하기 위해서는 반드시 어떤 하나의 양식을 바탕으로 지어야만 한다고 생각할 수밖에 없다. 그래서 이런 이유로 하나의 양식으로 건축물을 짓는 경우, 이는 예술가 자신의 작품이라고 할 수 없으며, 건축이 어떤 양식으로 지어진다면 이는 예술과는 무관하다고 말해야 한다.

어떤 화가가 오늘은 홀바인의 의미로부터, 내일은 다시 벨라스케스의 의미에서, 그리고 모레는 와토의 의미에서 그림을 그린다면, 이 화가는 단지 외관만을 그리기 때문에, 진정한 예술가라고 할 수 없을 뿐만 아니라, 이들 화가에 대한 존경심을 전혀 표하지 않는 것이다. 어느 조각가가 유명한 그리스 조각품을 모방하거나, 미켈란젤로 혹은 페터 피셔의 작품을 모방하며 산다고 했을 때, 진정한 예술가의 자세도 아니며, 이들 조각가에 대해서도 전혀 존경심을 갖지 않는 것이다. 어느 건축가가 어떤 원인에서든지 의상을 모방하는 방식으로 건축물의 외관을 설계해서 자신 스스로뿐만 아니라 자신의 시대를 부정한다면, 진정한 예술가는 이런 건축가에 대해 전혀 존경심을 갖지 않을 것이다.

자신의 시대를 파악하지 못하기 때문에 그 결과 피상적인 것만을 나열할 수 있는 사람, 그리고 오직 이런 사람만이 돈을 벌기 위해서 건축물을 양식건축에 근거해서 설계할 것이다. 왜냐하면 양식건축은 예술의 대상이 아니라, 오히려 상행위의 대상이며 건축 판매업자의 가게에서나 가능하기 때문이다.

양식건축은 어떤 경우에도 자신 고유의 감정을 통해서, 그리고 자신이 검증한 감정을 표현하려는 건축가의 작품과 같을 수 없다.

양식건축은 자신이 속한 민족과 상관없이 어느 개인이 스스로 배워서 만든 것이기 때문에 진정한 예술가에게는 자연스럽지 못한 것이다.

양식건축은 가짜건축가가 만든 인위적 개념이며, 자신이 설계한 건물을 상품처럼 광고하려는 장사꾼 같은 건축가가 사용하는 표어이다.

양식건축은 예술 밖에 있는 것이며, 단지 외관만이 건축예술과 공통점을 나눈다.

양식건축은 스스로 예술가로 여기려는 사람이 하는 거짓말이거나, 건축가처럼 보이려고 하는 장사꾼이 하는 행위이다.

양식건축은 결국 사랑을 속이는 사람이 손에 들고 있는 도구이며, 거짓말쟁이와 예술가는 서로 다른 두 사람이다.

양식건축과 예술가는 서로 합치될 수 없다.

이 글은 1894년 작성되었다. 비록 저자가 지금은 이 모든 주장을 인정하고 싶어 하지 않을 수도 있지만, 그 핵심 논점인 양식 건축에 대한 견해에는 반론의 여지가 없다. 이렇게 양식건축에 대해서 완곡한 표현의 반대만으로는 충분하지 않다. 오히려 반박의 근거를 말해야 할 것이다. 이를 짧게 설명한다면, 변혁이 필요하지만, 시기가 아직 도래하지 않았다고 할 수 있다. 아무리 강한 인간이라도 시대정신만큼은 거역할 수 없다. 그러므로 발생하는 모든 일을 필연적이라고 받아들이는 숙명론적인 철학, 혹은 사람은 예전의 양식에서 편안함을 느끼고, 또 과거 조국의 르네상스 예술을 결국 가장 신뢰할 만한 고향으로 여기는 감정의 관념론적 철학과 같은 사유로 양식건축에 대해서 아무리 변명하더라도, 이를 사용하는 이유는 미래를 내다보는 예술관이 충분히 성숙하지 못한 시대정신 때문이다. 그렇다면 우리가 사는 이 시대는 이를 위해 성숙한가? 이 질문을 간단하게 던진다면 우리는 조심스럽게 이 질문에 대해 "그렇다."라고 대답할 수 있다. 단지 이 답을 내릴 때 우리는 조금은 조심해야 할 것이 있다. 왜냐하면 우리는 새로운 예술, 즉 새로운 양식에 대한 희망이 단지 몇 년 안에 충족될 것이라고 기대해서는 안 되기 때문이다.

19세기는 과거의 양식들이 혼란스럽게 뒤섞인 특징을 가장 잘 보여주는 시대였다. 건축이 이 사실을 가장 분명하게 보여준다. 무테지우스가 말한 것처럼 적어도 다음과 같은 주장은 옳다.

새로운 양식을 추구하는 일을 전적으로 평가절하하거나 이렇게 잘못된 일을 확신해서 역사적인 건축 양식을 학교에서나 하는 것처럼 사용하는 것은 아무런 장점도 없을 뿐만 아니라, 더 이상 우리는 여기에 관심조차 기울일 필요도 없다. 과거의 건축 양식을 다시 받아들인 어떤 것도 생명력이 없는 것으로 증명된 이상, 양식건축은 오늘날의 양식으로 대변될 수 없다는 것은 의문의 여지가 없다.[56]

그러므로 많은 노력에도 불구하고 19세기는 단지 비극적 운명에 처할 수밖에 없었다. 그 이유는 첫째, 과거의 양식들이 철저하게 남용되었으므로 오히려 전적으로 양식에 관한 관심이 사라졌기 때문이다. 그리고 둘째,

56) (영역자 주) Hermann Muthesius, *op. cit.*(1902), p. 64; 영역은 Hermann Muthesius, *op. cit.*(1994), p. 98.

과거의 건축 양식은 오늘날 우리의 요구를 만족시킬 수 없다는 것이 증명되었기 때문이다.

이것은 무엇보다도 부정적인 결과이다. 그렇다면 과연 긍정적인 측면은 없는가?

나는 있다고 믿는다. 왜냐하면 어느 시대라도, 또한 아무리 혼란스러운 시대라도 긍정적 가치를 보여줄 수 없는 시대는 없었기 때문이다. 그러므로 19세기 예술의 성과 가운데에서 미래를 위해 대단히 큰 가치가 있는 것으로 분류될 것들이 존재할 수 있다. 바로 두 가지, 네오르네상스와 네오고딕의 경향이 그렇다. 어떤 경우라도 우리에게 새로운 길을 제시해줄 것은 원칙적으로 중세의 예술이어야 한다는 점을 부정할 수는 없다. 나는 예전에 「건축예술의 양식에 관한 고찰」이라는 제목의 강연과 지난해 겨울 취리히에서 여러 차례에 걸쳐 행했던 「과거의 건축예술과 공예예술에 관한 비판적 관찰들」이라는 제목의 강연[57]에서 이 의견을 좀 더 자세하게 해명할 기회를 가진 적이 있다.

첫 번째의 강연에서, 나는 위대한 실용미학자였던 젬퍼와 비올레르뒤크를 언급하였다. 여기에서 나는 비올레르뒤크의 업적이 젬퍼의 것에 비해 결코 낮다고 평가할 필요가 없다고 믿는다. 왜냐하면 그는 원칙적으로 새로운(modern) 시대를 위한 올바른 근본이 바로 중세 예술에 있다는 통찰력을 가지고 있었기 때문이다. 그에 따르면 이 중세 예술은 그 근본을 구

57) (영역자 주) 베를라헤의 강연은 취리히가 아닌 함부르크에서의 강연이며 "Baukunst und Kleinkunst," *Kunstgewerbeblatt* 18(1907), pp. 183–188, 241–245에 출판되었다. 네덜란드어 출판: *Beschouwingen over bouwkunst en hare ontwikkeling*(Rotterdam: W. L. & J. Brusse,1911), pp. 19–35.

조에 두고 있었을 뿐만 아니라, 옛것과 새것 사이를 이어주고 있었기 때문에 우리는 이 고리를 다시 올바른 자리에서 이어가야 한다. 고전 예술, 즉 이탈리아의 르네상스 혹은 지난 18세기 중반 네오르네상스 운동 전체는 단지 한시적인 가치를 지닐 뿐이었다.

하나의 예술이 원칙적으로 구조적이지 못하고, 그러므로 오직 장식적인 방향으로 퇴락해간 예술을 새롭게 하는 일은 이미 시작부터 걱정스러웠다. 왜냐하면 이를 실천하려던 사도와 같은 예술가들은 곧 자가당착에 빠져들었고, 이 모순을 피할 수도 없었기 때문이다. 젬퍼조차도 중세 예술의 원리를 누구보다 더 잘 이해했다고 기대할 만한 건축가이지만 이 모순에서는 자유롭지 못했다.

르네상스 예술이 원칙적으로 구조적이지 못했기 때문에 곧바로 장식의 경향으로 빠져들어 스스로 혼란을 겪었다는 사실이 바로 내가 취리히의 강연에서 자세히 다루려고 했던 부분이다. 내가 문제로 지적했던 것은 로마인이 사용했던 기둥과 필라스터의 처리 방식이었다. 이것이 염려스러운 이유는 그들이 이것을 독자적으로 자유롭게 서 있는 지지체로서가 아니라, 벽에 붙어 있는 장식 수단으로 처리했기 때문이다. 벽기둥(Halbsäule)[58]에 대해 헤겔은 이 벽기둥이 두 가지의 서로 다른 목적이지만, 어떤 내적 연관성도 없이 병치되어 있는 상태일 뿐이고, 또 서로 뒤섞여 있어서 이러한 처리는 그저 몹시 불쾌할 뿐이라고 폄하했다. 그렇게까지 극단적으로 평가할 필요는 없지만, 결과적으로 주두는 절단되고, 보는 꺾였으며, 홈통이 벽에 들러붙는 등 장식으로 이어질 수밖에 없었다.

∴

58) (역자 주) 절반은 기둥, 나머지 절반은 벽인 형식.

이 점에 관해서 나는 다시 "첫 번째의 예술혁명", 곧 르네상스에 관한 글을 썼던 무테지우스의 권위를 불러오려고 한다.

"비록 외형은 몰락한 상태지만, 실질적으로 위대한 정신만큼은 여전히 생명력을 갖고 있던 고대 세계가 북유럽에서 새로운 예술의 이상이 된 시대가 있었다. 정신 과학에서 이 인본주의 시대가, 예술에서는 르네상스 시대가 이제 지배력을 갖게 되었고, 이로부터 예술이 번영하게 되었으며, 놀랍게도 특별히 회화와 조각 분야에서 성과를 보여주었다. 그런데 건축 영역의 성과는 전혀 달랐다. 당시의 회화, 그리고 어느 정도 조각 예술에서는 새로운 흐름이 미완성 시대를 완성으로 이끌어가는 방식으로 기존의 예술에 작용할 수 있었지만, 건축에서는 완성된 예술의 상태가 거칠게 해체되어서 풍요로웠던 [중세] 건축의 유산은 구석으로 내몰리게 되었다. 르네상스 건축이 이뤄낸 성과는 단지 더 훌륭했던 본래 건축의 모사였다. 그래서 누구든지 이탈리아를 여행해보면, 콜로세움이나 로마의 판테온과 같은 고대의 건축작품 하나가 전체 르네상스 건축을 압도한다는 것을 분명하게 체험할 것이다."[59]

르네상스 건축이 본래의 양식을 단지 모사한 것에 불과하다는 사실이 분명해졌다면 우리는 이제 네오르네상스를 어떻게 보아야 할 것인가? 누군가는 실수로 물을 한 번 더 탄 독주에 지나지 않는다고 생각할 수도 있지 않을까?

이 문제에 관해서 내가 불러 올 수 있는 두 번째의 권위는 카를 셰플러

••
59) (영역자 주) Hermann Muthesius, *op. cit.*(1994), p. 51; 독일어 원문, *op. cit.*(1902), p. 10.

이다. 그는 예술의 발전을 철학적 관점에서 관찰하고 있다. 그가 쓴 『예술의 전통』을 보면 네오르네상스 운동을 심지어는 하나의 절망적 행위라고 했고, 또 기발한 불구자, 하나의 에피소드라고 폄하했다.[60]

나는 비올레르뒤크 이외에도 젬퍼를 언급한 적이 있다. 그는 천재적인 건축가였다. 그뿐만 아니라 예술에 대한 안목도 탁월했으며, 불멸의 저서인 『양식론』이 보여준 것처럼 뛰어난 학식을 갖춘 건축가였다.[61]

아마도 건축에 관한 저술 중에서 가장 훌륭한 책이라고 할 수 있는 비올레르뒤크의 『프랑스 건축 사전』과 『건축 강의』[62]에서 다루었던 것을 젬퍼는 이 『양식론』에서 발전시켰다.

비올레르뒤크는 중세 예술에서 출발했다. 그에게 이 예술은 원칙의 측면에서 가장 순수한 건축예술 양식을 총체적으로 표현하는 개념이었고, 이 양식으로부터 단 하나뿐이며 올바르다고 여긴 양식 개념을 발전시켰다.

젬퍼는 그와 달리 오히려 철학자였고 양식에 관한 생각을 발전시켰지만, 결코 "구체적인 결론"을 내리지 않았다. 그 결과로 그는 착오에 빠져들었으며, 이는 부분적으로는 그가 고전적 고대에 대한 공감을 처음부터 갖도록 한 교육의 탓인 것 같다.

누가 보더라도 이것을 결함이나 실수라고 할 수는 없다. 그러나 내가 감히 이 부분에 대해서 말하자면, 이것은 19세기의 건축을 위해서는 해가 되

..

60) (영역자 주) Karl Scheffler, *Konventionen der Kunst*(Leipzig: Julius Zeitler, 1904), pp. 15-16.

61) (영역자 주) Gottfried Semper, *op. cit.* 다음의 영역도 참고: Gottfried Semper, *The Four Elements of Architecture and Other Writings*, trans. Harry Francis Mallgrave/Wolfgang Herrmann(New York: Cambridge Univ. Press, 1989).

62) (영역자 주) Eugène-Emmanuel Viollet-le-Duc, *op. cit.*(1854-1868), Idem, *Entretiens sur l'architecture*, 2 vols.(Paris: A. Morel, 1863-1872).

었다는 점을 주장하고 싶다. 그렇다고 해서 이 표현은 실로 이 탁월한 건축가를 폄훼하려는 의도는 결코 아니다. 그는 여전히 대단히 뛰어난 능력을 지녔고, 또 지도자의 위치를 차지하기 때문이다. 그러나 유감스럽게도 그는 셰플러가 말했던 것처럼, 자신이 살던 시대에서 전혀 반향을 얻지 못해 과거의 인습들로 되돌아갔고, 결국 소위 "희생된 천재"가 되었다. 젬퍼는 위대한 장군과 같은 인물이었다. 그러나 그는

> 안정된 시대였다면 그 안에서 예술을 위한 불멸의 업적을 이루었을 것이고, 생명력이나 활기의 관점에서도 과거 어떤 위인에게 뒤지지 않았을 테지만, 예술의 전쟁터에서 그의 영향은 단지 에피소드에 머무를 수밖에 없었다.[63]

그러나 이 상황에서 그가 완성한 진정한 불멸의 작품은 인류 전체의 숙명론과 맞닿게 된다. 괴테가 말한 것처럼, 그는 "자신이 속한 시대의 취약점과 관련되어 있다."[64] 왜냐하면 이미 말했던 것처럼, 『양식론』의 저자로서 젬퍼는 자연의 원리로부터 예술의 발전과 기원을 설명하려는 목표를 가지고 있고, 과도한 모든 것과 거짓의 외관, 또 어떠한 종류의 것이건 사

..

63) (영역자 주) Scheffler, *op. cit.*, p. 16. 베를라헤는 이 인용에서 내용을 바꾸고 있다. 셰플러 원문에는 젬퍼를 언급하고 있지 않다. 원문은 젬퍼가 아니라 뛰어난 정신의 소유자로 되어 있다. "Auf den Schlachtfeldern unserer Kunst Kämpfen schöne Begabungen, die innerhalb von Epochen, wie die Renaissance oder die Gotik, Unsterbliches leisten würden, die dem Masse der Energieentwicklung nach, hinter keinem Meister der Vergangenheit zurückstehen und deren Wirken dock nur Episode bleiben kann."

64) (영역자 주) Johann Wolfgang Goethe, "Aus Ottiliens Tagebuche," *Die Wahlver-wandschaften*, part 2, chap. 5: "Die größten Menschen hängen immer mit ihrem Jahrhundert durch eine Schwachheit zusammen.(위인들은 언제나 취약함을 통해 자신의 시대와 연관된다.)"

물의 본성에 반하는 표현을 단죄하려고 하고, 또한 이 과정에서 사도와 같이 행세하며, 19세기 예술이라는 이름으로 행해진 온갖 속임수들을 전례 없이 날카로운 이성의 힘으로 채찍질을 하였지만, 왜 그가 건축에서는 일관성을 보여주지 못했는지 도대체 이해되지 않기 때문이다.

그는 비올레르뒤크와 달리 그리스를 로마와 구별할 줄 몰랐으며, 치명적으로 성기 르네상스의 이탈리아에 대해 동정심을 가진 상태에서 이것이 주도적으로 새로운 건축을 인도할 수 있다고 확신하였기 때문이다. 나는 믿는다. 이 시대는 단지 하나의 과도기였을 뿐이다. 우리는 이 양식이 주도적인 역할을 할 수 있을지에 대해 의심을 할 만큼 성숙해 있다. 그래서 나는 "건축을 위한 손실"이라는 표현을 사용하게 되었다.

젬퍼가 자신의 『양식론』에서 불멸의 가치에 대해 말했을 때, 만약 그 결과를 건축으로 연계시키기만 했더라도 우리는 만족할 수 있었을 것이다. 그랬다면 독일과 이곳 스위스에서의 건축은 그의 영향으로 얼마나 다르게 전개되었을 것인가! 이 최고 건축가의 예술은 한편으로는 이해의 관점에서 대단하고, 다른 한편으로 디테일의 관점에서 얼마나 섬세했는가! 무엇보다도 가장 중요한 것은 그가 이룬 예술이 훨씬 더 생명력 있는 무언가를 제시하였으면 하는 점일지도 모른다. 이런 이해가 있었다면 그의 예술은 미래에서 발전할 수 있는 잠재력을 가졌을 것이다. 정말 비극적인 것은 이 예술이 단지 한정적인 가치를 갖는다는 사실을 인정해야만 한다는 점이다. 결과적으로 이러한 완벽함이 당시로서는 너무 많은 것을 요구하는 것은 아니었을까?

지금까지의 관찰을 종합해보면, 19세기의 모든 시도 가운데 두 가지의 주된 경향, 즉 네오르네상스와 네오고딕이 가치가 있었다는 결론에 도달하게 된다. 그런데 이 두 양식 중에서 오직 네오고딕만이 열매를 맺었고,

이 양식은 미래를 위한 생명력의 씨앗을 스스로 가지고 있는 중세의 예술로서 우리의 주목을 끌었다.

왜 우리는 중세 예술에서 교훈을 얻어야 하는가? 미래를 위해 무엇인가를 창조하기 위해서? 이미 우리는 양식건축은 거짓 사랑이라 충분히 설명했고, 바로 위에서 네오르네상스가 양식으로는 더 이상 의미가 없다고 해명을 했음에도 불구하고 도대체 예전의 양식에서 교훈을 얻어야만 하는가?

바로 위에서 말한 것을 따른다면 이 질문에 대한 대답은 무조건 아니라고 해야 할 것 같다.

이제 과거의 어떤 양식도, 그리고 퇴락한 형태 중 어떤 것도 취하지 말아야 할 것이다. 19세기는 양식건축에 대한 우리의 사랑을 차갑게 식도록 만들었다. 우리는 다른 시대에 살고 있으며, 따라서 다른 특별한 예술을 요구한다! 무엇보다도 이 질문에 대한 옳은 대답은 어느 정도 유보를 한 상태에서 결론적으로 "방법"을 중요하게 다룰 때라야 할 수 있다. 사람은 누구나 어떻게 배움의 길을 갈지 잘 생각했을 때라야 훌륭하게 배움의 길을 갈 수 있는 것과 마찬가지이다. 그리고 최종적으로 다른 대안이 없을 때, 배움의 길을 가야만 한다.

무엇이 문제인가?

위에서 언급한 「건축예술의 양식에 관한 고찰」이라는 강연에서 나는 젬퍼의 양식론에서 몇 문장을 인용한 적이 있다. 나는 이 자리에서 이를 다시 인용하려고 한다.

그렇다. 위대한 태고의 창조자인 자연조차도 자신의 고유한 법칙을 따른다. 자연이 할 수 있는 유일한 일은 자신을 재생산하는 것이기 때문이다. 이 자연의

원형은 그 모체가 영원 속에서 생산해낸 모든 것을 통해 항상 동일한 모습으로 머문다.[65]

이것은 본래 헤겔의 식견이었다. 젬퍼는 이를 자신의 것으로 만들었고, 예술에 관련해서 그가 썼던 책 전반에서 이를 잘 보여주고 있다.

　예술가여, 자연이 자신의 본원적 형태를 바꾸어나가듯이 당신들이 할 수 있는 것도 예술의 본원적 형태를 바꾸어나가는 것뿐이다. 새로운 형태를 창안해 낼 수 없다. 만일 새로운 것을 만들려고 시도한다면 당신들의 작업은 자연스럽지 않고, 진리와도 거리가 멀다.

　인간은 스스로 자연에 복종해야 하는데도 도대체 왜 자연보다 더 많은 것을 이룰 수 있다고 하는가? 실제로 그렇다! 인류 문화의 역사 전체가 이를 끊임없이 반복하고 있으며 형태는 변하지만 서로의 관계는 언제나 같은 것이었다는 사실을 가르쳐주지 않았던가? 짧게 요약하자면 문화의 근본은 언제나 같은 하나가 아니었던가?
　이 사실은 예술을 문제 삼을 경우, 위에서 제시한 질문, 즉 "어떻게 배움의 길로 갈 것인가?"에 대한 즉각적인 답을 제시한다. 형태가 요구하는 것이 아니라, 영원히 지속할 근본에 해당하는 것을 배워야 한다는 것이 바로 그 답이다. 그러므로 존재자가 아니라 정신이 무엇인지 연구할 것이다! 양식 개념과 관련해서 올바른 결론을 내린다면, 예술가에게 남은 일은 다음과 같다.

∴
65) (역자 주) Semper, *op. cit.* (1860–1863), Vol. I, p. viii. 「건축예술의 양식에 관한 고찰」 각주 29 참고.

여러분이 생각하는 예술적 형태를 변형하라. 이 형태를 복제하지 마라. 왜냐하면 복제는 여러분이 단지 외형에만 매달리는 것이고 이런 경우는 원작을 단지 창백하게 복제하는 것일 뿐이며 더 이상 발전시켜갈 수가 없기 때문이다.

복제한 형태는 여러분의 것이 아닐 뿐만 아니라 여러분의 사랑에서 나온 것도 아니다!

자연이 하듯이 해야 한다. 그리고 지난 시대의 위대한 작품에 내재해 있고 언제나 같은 것으로 지속할 정신이 무엇인지 연구해야 한다. 형태를 재구성해야 한다. 말하자면 다른 예술적 형태가 되도록 해야 한다. 이 형태는 여러분의 사랑에서 탄생하는 것이기 때문이다.

19세기의 양식건축은 지난 시대 양식의 형태를 자신의 것으로 만드는 것 이상을 할 능력이 전혀 없었다.

이 양식은 형태를 근본적으로 연구도 했고, 그 정신에 부합하도록 노력도 했지만, 결과적으로 단지 표피적 양식 개념으로 와해되었다.

또한 이탈리아 르네상스도 고전 예술에 비해 이미 퇴색해 있었다. 건축과 관련한 한 형태만을 받아들였기 때문이다. 그리고 로마의 예술도 어떤 의미에서는 의심스럽다. 왜냐하면 이 예술도 그리스인들의 형태만을 반영하고 있을 뿐, 그 정신은 반영하지 않았기 때문이다. 무엇보다도 이 정신이야말로 영원히 진실하고 순수하며 구조적인 건축의 법칙이다.

이 정신은 한 예술의 독창성을 이루는 부분이 아니다. 왜냐하면 독창성은 형태적인 것에 종속되어 있기 때문이다. 누군가 정신을 파악하고 있다고 해서 곧바로 어떤 독창적인 행위를 했다고 할 수 없다. 단지 하나의 영원한 법칙을 이해한 것이다. 그리고 형태를 단지 복제하였다면 그는 어떤 특별한 것을 행했다고 할 수 없다. 그러나 누군가가 형태를 변형시켰다면, 그는 어떤 독창적인 것을 이루어낸 것이며, 이는 마치 자연이 가장 단순한 수단으로 이를 실천하고, 그러므로 언제나 독창적인 것과 같다.

이 이유로 인해서 서양에는 단지 두 개의 독창적인 양식이 있다고 할 수 있다. 즉 그리스와 중세의 양식이며, 두 양식만 있는 이유는 이들이 그 이외의 모든 문화 시대를 초월한 상태에 있었기 때문이다.

무테지우스는 다음과 같이 말하고 있다.

역사가 시작한 이래 우리의 서양 문화에서 인류에게는 두 개의 빛나는 시대가 우뚝 솟아 있었다. 그리스 고대와 북유럽의 중세이다. 그리스 고대는 예술 교육에서 세계가 더 이상 다시 도달하리라고 희망할 수 없는 정점을 보여주는 시대이며, 두 번째의 중세는 적어도 예술이 완전하게 도달할 수 있는 자립성과 예술이 체화해야 할 민족 고유의 속성도 가지고 있었다. 이 민족적 성격은 무엇보다도 예술 시대를 위해서는 근본 조건이며 이를 반드시 채워야 한다.

그리스 예술은 대단히 강력하고 승리감에 차 있었으며, 또 대단히 탁월해서 그 본토에서 영향력을 끼쳤을 뿐만 아니라, 그렇게도 강력했던 로마 제국 자체는 예술적인 관점에서 열매를 맺지 못한 상태였기 때문에 이 그리스 예술만으로 삶을 지속했다.

고딕 예술은 그리스 예술과 결코 동떨어진 것이 아니라 서로 관련되어 있지만 각각은 하나의 완벽한 독립적 문화현상이다. 그리고 이 고딕은 그리스 밖의 서양 세계에서 독자적으로 발전한 고유 예술이다. 전체 고대의 세계가 그리스 예술에 의존하고 있다면, 북유럽 민족들의 예술이자 새로운 시대의 예술의 뿌리는 바로 이 고딕에 놓여 있다. 이 뿌리로부터 첫 고딕의 전성기에 건축과 그에 의지하는 여러 예술이 탁월한 열매를 맺게 되었다. 중세 시대의 고딕은 근본적으로 고전과는 다른 예술이 승리하고 있다는 것을 보여준다. 고도로 발달하였고 철저하게 모든 현상에서 통일을 이루며 인간의 손이 이룰 모든 능력이 철저히 관통하며, 무엇보다도 최상의 의미에서 민족적이었다. 그러므로 고딕은 그 자체로 완벽한 예술 시대이다.[66]

여기에서 다시 위대한 이 두 건축이 분명히 기하학의 법칙에 따라 발달한 사실을 유추하면 우리에게 하나의 질문이 남는다. 곧, 우리가 그 정신을 파악하려고 한다면, 마찬가지로 다시 기하학의 법칙에서 시작해야 하는지의 문제이다.

나는 이 질문에 긍정적으로 대답해야 한다고 생각한다. 그리고 그 과정에서 나는 이미 언급했던 두 번째의 요점, 즉 과거의 양식에서 어떠한 형태도 복제해서는 안 된다는 점을 확실하게 주장한다. 이제 세 번째의 문제가 남아 있다. 만약 기하학의 법칙이 단지 수단이고, 그래서 본래 양식의 정신에 부속되는 부분일 뿐이라고 하면, 이 정신의 주된 부분을 우리는 분명하게 드러내어 강조하고, 연구하고, 또 조사해야 할 것이다.
지난 몇 년간 건축에 관해 관찰한 성과들을 고려해볼 때, 많은 사람이 항상, 그리고 반복적으로 "구조적인 것"을 말하고 있었다. 그리고 나도 또한 이 강연에서 이 어휘를 다시 언급하였다. 그러나 이 단어는 우리에게 아주 쉽게 오해를 불러일으킨다. 일단 작정하고 나를 믿지 않으려는 누군가에게 스투코로 마감된 철재 기둥에 고대의 정신이 깃든 기둥 형태를 부여

:.
66) (영역자 주) Hermann Muthesius, *op. cit.* (1994), p. 51; 독일어 원문, *op. cit.* (1902), pp. 9-10.

하는 것은 구조적이지 않다고 주장한다면, 그는 내게 물을 것이다.

왜 구조적이지 않은가? 이 기둥은 무게를 지탱하고 있고, 나는 그 기둥에 내가 원하는 형태를 부여할 수 있는데, 그렇다면 이것은 구조적이 아닌가?

내가 만약 어떤 궁륭천장의 홀에 들어섰을 때, 그곳이 석고로 만들어져 있고 기둥들이 서 있는 곳이라면, 당연히 하나의 비어 있는 공간이 있고, 위층의 바닥이 이 공간의 상부를 에워싸는 그런 곳일 것이다. 이곳에서 나는 그 공간을 설계한 사람에게 이 홀은 구조적이지 않다고 응답하면, 그는 실로 대단히 화를 낼 것이다. 그러면서 내게 "왜 구조적이지 않은가?"라고 반문하며, 이 구조는 수백 년 동안 같은 방식이었는데, 상갈로나 페루치[67] 보다 더 잘 설계해야 구조적인가라고 질문을 다시 던질 것이다.

그리고 마지막으로 하나의 탑이 상부에 있는 건축물을 설계한 건축가에게 왜 이 탑의 지지체가 평면에서 보면 몇몇 다발 기둥으로 되어 있고, 이 다발 기둥에서 철재 빔이 탑 전체의 하중을 지탱하도록 되어 있는지를 물어본다면, 이 건축가는 나를 실질적으로 제정신이 아니라고 여기고 나서는 고딕의 돔 평면을 예로 들며, 마찬가지로 탑마다 네 번째 모서리는 하나의 다발 기둥에 서 있는 구조 방식이었다고 말할 것이다.

나는 이 문제와 관련해서 이런 명쾌한 대답만으로 즉각 만족하지는 않는다. 그리고 아무리 소심하게 들릴지라도, 나는 내가 옳다는 것을 알고 있다. 내가 이 명쾌한 대답만으로 즉각 만족하지 못한다고 했을 때, 우리

---

67) (영역자 주) 안토니오 다 상갈로(Antonio da Sangallo the Younger, 1483-1546). 그리고 발다사레 페루치(Baldassarre Peruzzi, 1481-1536)는 성기 르네상스의 뛰어난 건축가였고, 라파엘이 1520년 사망한 이후 이 둘은 성 베드로 성당의 협력건축가로 임명되었다.

가 고민해야만 하는 것은 오늘날 얼마나 많은 새로운 구조가 생겨났는지, 산업에서 이루어낸 것들은 또 얼마나 많은지, 그리고 이 모든 것이 전체 건설 기술에서 커다란 변혁을 일으켰다고 했을 때, 재료 사용의 측면에서 소위 구조적 건축 방식은 무엇을 의미할지, 이를 이해하는 것은 간단하지 않다는 의미이다. 예를 들어 철근콘크리트의 발명이 이와 같은 종류의 것이 아닌가? 그러므로 위 문제에 대한 해명은 그리 간단하지 않다. 내가 믿기로는 오해가 있다면 단지 단어 사용의 문제일 뿐이며, 예를 들어 더 좋은 단어를 선택했다면 일반인들도 더 쉽게 이해를 했을 것이다.

우리가 선택할 이 단어는 예술적으로 들리지 않는다는 단점을 가지고 있다. 그런데도 내가 선택한 "즉물적으로"라는 단어[68]를 "사무적으로"라고 혼동하지만 않는다면 이 문제를 극복할 수 있다. 우리가 예술이 즉물적이라고 말하면 사람들은 그때의 예술은 과연 진정한 예술일까 물을 것이다. 좀 더 세심하게 묻는 경우, 만약 조합이 아주 간단하고, 논리가 대단히 명확하게 전개된 예술이라면 과연 진정한 예술인가 의아해할 것이다. 이 질문은 자명하지만, 한 건축물의 공간 구성을 묻는 것이 아니라 오히려 예술적 형태를 묻는다고 이해해야 한다.

왜냐하면 경제적인 즉물성만 있는 것이 아니라, 예술적인 즉물성도 있기 때문이다. 형태를 부여할 때, 치장이나 장식이 아니라 원시적인 형태로

••

68) (역자 주) 즉물적인: 원어는 Sachlich이며, 영어는 이를 여러 가지로 번역한다: material, objective, down-to-earth, functional, practical, realistic. 사태로 흔히 번역하는 Sache 의 형용사이며 후설의 Zur Sache selbst(사태로의 회귀)가 현상학의 기치가 된 배경을 상기하면 의미가 더 분명해진다. 즉물적의 사전적 정의는 "1. 관념이나 추상적인 사고가 아니라 실제의 사물에 비추어 생각하고 행동하는, 2. 이해관계를 우선으로 물질적인 면을 중시하는"의 의미이다.(출처: 국립국어원) 베를라헤가 즉물성을 구조로 이해할 때는 건축창작의 과정에서 재료와 구축의 논리에 집중하고 있음을 보여준다.

부터 시작해서 가능하면 단순하게 선을 구성하는 경우를 생각하면 이를 예술이 아니라고 할 수 있는가? 또 형태를 부여할 때 건축의 구조에 속하지 않는 불필요한 모든 것을 제거하면 예술이 아니라고 할 수 있는가? 여기에서 필요와 불필요의 판단을 위해서 비올레르뒤크는 우리에게 하나의 척도를 제시했다.

어떠한 형태도 구조에 의해서 결정된 것이 아니라면 거부되어야 한다.[69]

"제한이 비로소 장인임을 보여준다."는 말처럼, 여기에서도 이 원칙은 일반적으로 알려진 사실을 위한 증거가 된다. 언제나 복잡한 형태가 아니라 오히려 단순한 형태가 가장 어렵다.

예술가라면 여기에서 무미건조함(Nüchternheit)과 단순함(Einfachheit) 사이의 경계가 어디에 있는지 감각으로 알 것이다. 말하자면 비예술가와 예술가 사이의 구별과 마찬가지이다. 진정한 예술가라면 그가 한 작업이 아무리 단순해도 결코 무미건조하게 되지 않을 것이다.

그러므로 즉물적인 예술, 다시 말하면 구조적인 예술이 나의 좌우명이며, 이렇게 표현할 때 만약 의구심이 든다면 내가 이미 했던 관찰들에 대해서 여러분이 곡해하지 않기를 바란다. 나는 이미 두 위대한 양식, 즉 그리스와 중세의 양식이 마찬가지로 "즉물적"이었으며, 단순하고 명료한 방식으로 형태를 부여해야 한다는 요구를 이 두 양식이 충족했다고 주장했다. 그런데도 이 두 양식이 가장 비예술적이었다고 할 수 있는가? 오히려 그

..

69) (영역자 주) Violette-le-Duc, *op. cit.* (1863-1872), p. 305. 베를라헤는 불어로 인용하였다.

반대이다.

우리가 생각해보면 가장 단순하고, 그러므로 가장 아름답다고 할 수 있는 형태의 요구를 건축적으로 발전시켰던 것이 바로 도리아의 주두가 아니었던가?

도리아 양식에서 메토프가 있는 프리즈도 마찬가지로 건축의 근본 형태로부터 발전한 것이며, 하나의 장식으로서 결코 지루한 느낌을 주지 않는다. 오히려 이것은 영원한 아름다움을 지니고 있다. 이 아름다움은 놀라울 정도의 단순함에서 온 것이다. 더 나아가 로마네스크의 포르탈의 경우, 더 이상 단순해질 수 없을 정도로 벽을 세심하게 절단해서 예술적 감정을 최대한 느낄 수 있게 되어 있다. 여기서 아름다움은 더 이상의 우아한 것을 생각할 수 없을 정도이다. 형태들이 처음과 달리 차츰 더 풍요로운 것으로 발전하면 결국 아름다움이 희생될 수밖에 없고 명료함도 혼탁하게 된다. 위의 예들이 이 단순성의 법칙을 증명해주지 않는가?

이제는 왜 이 법칙이 르네상스의 경우 처음부터 건축적으로 충족되지 못했는지가 분명해졌다. 그 이유는 본래 명료했던 기둥과 파일러(다발 기둥)가 이제는 장식의 형태로, 즉 불명료한 방식으로 사용되었을 뿐만 아니라, 건축에서 필연적으로 요구되는 대로 사용되지도 않았기 때문이다. 여기에서 괴테를 인용할 만하다.

기둥을 부적절하게 사용하지 않도록 하라! 기둥의 본질은 자유로이 서 있는 것이다. 가련한 자들, 불쌍하도다, 홀쭉한 몸집을 둔중한 벽에다 갖다 붙이다니![70]

..

70) (영역자 주) 요한 볼프강 괴테, "독일 건축에 관하여"(Johann Wolfgang Goethe, "Von Deutscher Baukunst," in Johann Gottfried Herder, Johann Wolfgang Goethe, Paolo

알려진 것처럼, 로마인들은 이미 이러한 방식으로 기둥을 사용하고 있었다. 그리고 이미 말했던 것처럼, 르네상스의 건축가들도 형태의 도식을 원래대로 차용한 것이 아니었다. 그들은 실제로 화려한 르네상스 본래의 장식을 사용해서 생명력을 불어넣으려고 했지만, 끝내는 그 생명을 살려내는 방법을 알지는 못했다. 그러므로 장식이 없는 르네상스 건물은 더욱더 무미건조해 보인다.

이러한 사실로부터 분명하게 드러나는 점은 우리가 이 두 위대한 양식, 즉 그리스와 중세의 양식을 연구해야 한다는 것이다. 특히 후자의 경우에는 더욱 그러하다. 왜냐하면 하나의 새로운 시대를 위한 예술의 뿌리가 바로 이 중세 양식에 있으며, 이 양식도 마찬가지로 즉물적이기 때문이다. 무테지우스는 그가 쓴 『양식건축과 건축예술』에서 다음과 같이 말한다.

왜냐하면 즉물적인 예술에 관한 한, 이미 로마네스크 건축이 이를 표현하려고 시도를 했었다. 그렇지만 그 방식은 불명료한 성격의 것이었다. 분명한 것은 과거 고딕 시대가 이 즉물성을 가장 명료하게 보여주었다는 점이다. 그리고 19세기에 들어서야 처음으로 다시 즉물적이며 이를 실질적으로 받아들인 예술관이 핵심을 차지하게 되었다. 단지 신고딕학파가 똑같은 방식으로 외적 형태들로 빠져들면서 이 양식 개념을 오해하는 오류를 범했다. 이런 상황은 고전주의에도 있었다. 이 오류가 위대한 개혁 과정을 혼란스럽게 했지만, 19세기의 여러 시도와 성숙의 과정은 점차 결실을 보이기 시작했다. 고전미의 이상이 북유럽 게르만의 정신에 부합하는 새로운 이상으로 대체되었다.[71]

∵

Frisi, und Justus Möser, *Von deutscher Art und Kunst*(1773; Stuttgart: Reclam, 1968), p. 98). 그러나 나중에 괴테는 비첸차에서 팔라디오의 건축작품을 보고 난 후 자신의 생각을 바꾸었다.(괴테, 『이탈리아 기행』, "1786년 9월 19일" 기록 참고)

나는 우리가 두 과거의 양식을 연구해야만 한다고 말했다. 이제 우리는 이 정신이 "즉물성"에 있으며, "명료한 구조"와 같다는 사실을 알게 되었다. "건축의 법칙"은 일반적으로 옳으며 또 영원히 유효하다. 이 관점에서 오늘날의 시대가 열정적으로 즉물성을 향해 돌진하고 있다는 것을 주목하는 일은 흥미롭다. 나는 이미 취리히의 강연에서 이 사실을 강조했다. "이 시대의 발전이 장식을 거부하는 쪽으로 향해 가고 있다."는 것과, 특히 순수한 합목적성을 결단력 있게 추진하며 발전하고 있다는 사실은 무테지우스도 『미적 관점의 현대적 개조』라는 제목의 흥미로운 저술[72]에서도 충분한 설명과 함께 인정하고 있다.

이것이 19세기를 끝없는 과장과 근거도 없이 온통 장식으로 채웠던 경향에 대한 반발로 생겼다면 올바른 판단일 것이다. 그리고 부정할 수 없는 사실은 10년 전부터 이미 작품을 장식 없이 조형하기 시작했다는 것이다. 초기의 성과가 비판의 대상이 되었던 것은 당연하다. 그러나 이제는 사람들이 이를 인정하기 시작했다.

이런 현상이 보여주는 것은 말하자면 장식 없는 건축이다. 즉 장식은 검소하게 되어 있지만, 지난 시대의 경우와 비교할 때 지금은 사람들이 장식이 없다고 판단한다.

그런데 나는 이 현상에서 극단적인 결론을 끌어내지는 않을 것이다. 내

∴

71) (영역자 주) Hermann Muthesius, *op. cit.*(1994), pp. 98-99; 독일어 원문, *op. cit.*(1902), p. 65.

72) (영역자 주) Hermann Muthesius, "Die moderne Umbilding unserer ästhetischen Anschauungen," *Deutsche Monatsschrift für das gesamte Leben der Gegenwart* i(1902): pp. 686-702; 또한 in idem, *Kultur und Kunst: Gesammelte Aufsätze über künstlerische Fragen der Gegenwart*(Jena: Eugen Diederichs, 1904), pp. 39-75.

가 주장하는 것은 우리가 장식 없는 문화를 지향한다는 것이 아니다. 오히려 그 반대이다. 우리가 여러 현상을 통해 알 수 있는 것처럼, 오늘날에도 수많은 장식주의자가 있고 이들은 새로운 장식에 몰두해 있다는 사실이다. 나로서는 이것이 미래의 예술도 지금과 마찬가지로 장식을 포기하지 않을 것을 말한다고 생각한다. 왜냐하면 장식을 향한 인간의 내적 충동은 결국 승리할 것이기 때문이다.

그런데 마찬가지로 장식이나 치장에서 일반적으로 위대한 특징에 부합하며 주도적인 정신으로서 영향을 미치는 것은 다시금 즉물성이다. 다시 말하면 장식은 선을 다룰 때는 명료함으로, 형태를 만들 때는 단순함으로 부각된다.

이러한 관찰로부터 우리는 다음과 같은 결론을 내릴 수 있다. 미래를 위해 가치가 있는 길, 또 우리가 개진해야 하는 길, 그리고 우리에게 새로운 예술을 안내할 길을 규정하는 결론은 다음과 같다.

첫째, 건축 구성의 근본은 기하학의 도식을 따라야 한다.
둘째, 과거 양식의 특징적 형태들을 사용해서는 안 된다.
셋째, 건축물의 형태는 즉물성의 정신에서 발전되어야 한다.

첫 번째의 결론에 관해서 내가 강연 시작 부분에서 해명했던 것처럼, 두 위대한 양식도 마찬가지로 기하학의 토대 위에서 구축되었기 때문에 모두 고도의 예술적 조형에 이르게 되었다. 창작의 형태가 모두 기하학적이라고 증명할 수는 없지만, 그렇다고 해서 이 방식을 따르는 것을 우리는 포기해서는 안 된다. 기하학을 사용한다고 해서 우리가 지나치게 맹목적일 위험은 없기 때문이다. 오히려 그 반대이다. 예술가가 아닌 사람은 이 체계의 방식을 통해 아무런 결과도 내지 못하지만, 예술가가 이것을 손에 쥐게 되면 이 기하학의 형태를 통제하는 방법을 이해하고 이를 수단으로 사용하며, 어느 위치에서 이를 더 이상 사용하지 않아도 되는지를 알기 때문에 결국 이 도구는 창작을 위한 원동력이 된다. 진정한 예술가라면 이 원칙으로 세상을 파괴하지는 않는다. 고대에서도 이 체계의 사용에 관련한 편차는 있었다. 이 체계가 무미건조한 결과가 되지 않은 이유는 한편으로는 이를 올바르게 사용하였기 때문이며, 또 다른 한편으로는 지나치게 현학적으로 될 것 같은 경우 사용을 포기하였기 때문이다.

두 번째의 요점은 과거 양식의 형태를 모방하면 독자적 창작이 될 수 없다. 이것은 자명한 사실이다. 변화하는 것들, "변하는 유행", 개인적인 것들, 혹은 하나의 양식을 하나의 양식으로 규정하는 것 등이 이에 해당한다. 옛 형태들을 복제하면 독창성은 희생될 수밖에 없다.

세 번째 요점은 두 번째 요점에 대한 답을 포함한다. 우리는 과연 새로운 형태들을 어떻게 창조할 것인가이다.

우리가 이 문제에 대해 부분적으로 답할 수밖에 없음은 당연하다. 우리가 각 개인에게 어떤 지시를 내리거나 명령을 할 수는 없기 때문이다.

그리스의 도리아 건축가들은 모두 같은 주두를 만들었지만, 서로 조금씩 다르고, 발전시켜가면서도 근본 형태는 같게 한 것을 보면, 예전의 다른 시대들은 어떠했는지 궁금증이 생길 것이다. 그리고 결론적으로 우리가 위대한 양식의 시대를 보면 오늘날처럼 큰 개별적 오차를 보여준 때도 없다. 그렇다, 실제로 그렇다. 그러나 이 문제에 대해서는 바로 답을 해야 할 것이다.

하나의 위대한 양식은 전체 민족의 표현이다. 그러므로 전통에 근거하고 이 영역에서 개인적인 것은 사라진다는 점에서 바로 지금의 양식과 과거의 양식은 차이가 있다. 어느 시대가 위대한 양식을 갖지 못하는 이유는 개인화라는 특징 때문에 한 개인이 정신적 전통을 가진 민족 전체에게 속한다는 감정을 갖지 못하게 되고, 모두가 스스로 특별히 두각을 나타내거나 자신을 표현하려고 하기 때문이다. 이런 시대는 바로 개인적으로 존재하는 학파의 시대이며, 주도하는 건축가가 자신의 이름을 작품에 새겨놓고자 하는 시대이다. 그러나 위대한 양식의 시대들에서는 그런 학파들이 존재하지 않았다.

르네상스는 이런 학파와 함께 시작한다. 인본주의라는 말이 말하듯, 이 시대는 그런 세계관을 요구하였다. 이 이유로 인해서 고딕은 오히려 위대한 양식으로서는 마지막이었다.

개인주의는 오늘날의 우리 시대를 가장 강하게 각인하고 있다. 르네상스 시대는 고대에 뿌리를 둔 분명한 전통이 있었다면, 오늘날은 전혀 전통을 가지고 있지 않다. 모두가 자신만이 안다고 생각할 뿐만 아니라, 무명의 개인조차도 스스로 드러내려고 한다. 이런 경우 자신의 이웃을 복제하는 것이 오히려 더 낫지 않을까? 우리는 어렵지 않게 그런 사람은 이런 일을 전혀 견뎌내지 못하며, 그 이유도 똑같이 개인적인 이유에서라는 것을 본다.

이렇게 어느 개인이 자신을 표현하려는 현상이 어떤 폐해를 일으켰는지 (왜냐하면 전통이 없는 곳에서는 누구나 양식의 창시자라 주장하기 때문이며, 이 양식이 저급할 경우에 실제로는 훨씬 더 심각하다.) 새로 만들어진 도로 위에서 보면 알게 된다. 양식의 가장 잔인한 적은 바로 예술의 무정부상태이다.

이 상황에서 우리가 함께 하나의 전통을 향해 일할 때, 비로소 위대한 양식에 도달할 수 있지 않을까? 고도의 문화를 이룬 민족 모두가 그렇게 많은 노력을 기울였던 사실을 도외시한다면 이 질문에 대해서는 "아니다."

라고 대답할 수도 있다. 생각해보라. 이를 위해 얼마나 많은 것이 필요한가?

마지막으로, 결론을 내리기 전에 나는 다시 한 번 세 번째 요점으로 되돌아가려고 한다. 나는 건축의 형태는 반드시 즉물성의 측면에서 발전되어야 한다고 주장하였다. 이 요구에서 비개인적 부분은 첫 번째의 요점, 곧 기하학의 근본과 연관된다. 이 둘을 서로 연결하는 이유는 우리가 추구하는 양식의 통일을 위해서이다.

나는 두 위대한 양식이 기하학에 토대를 두고 있는 사실에 주목했고, 어떤 특정한 체계, 하나의 통일된 수학적 관계가 전체 구성을 통해 실행될 수 있는지를 이해시키기 위해 새롭게 작품들을 예로 제시했다.

여기에서는 주두, 돌림띠, 턱받침 등 일반적인 장식에 관련한 것을 다루었다.

분명한 것은 기하학적 평면에서 각각 삼각도법과 사각도법이, 장식의 디테일을 위해서는 마찬가지로 기하학적인 토대가 있었다는 점이다.

나는 앞에서 기하학적으로 조형된 주두를 보여주었고 다른 기하학적 형태들도 소개했다. 그렇다면 결론적으로 두 위대한 양식은 장식의 특성상 마찬가지로 기하학적 양식이라고 불릴 수는 없을까?

이 두 양식에서 식물 문양보다는 기하학적 장식이 특히 초기에는 예외적으로 적용되었기 때문에 가능하지 않았을까?

도리아 신전과 로마네스크, 그리고 고딕 성당에 있는 식물 문양은 기하학적 문양과 비교하였을 때, 덜 중요하지 않았던가?

이 사실이 우리에게 건축의 디테일을 새롭게 기하학적으로 창조하고, 각각 구체적인 도식을 따라 건축을 구성할 수 있게 해주는 하나의 지침이 아닌가?

이렇게 해야 지나치게 개인적이거나 추악한 성격의 창작이 되지 않을 것이다. 이 과정에서 기하학의 형태는 개인에 의해 좌우되지 않으며, 그 자체로 언제나 아름다운 상태로 머문다.

이렇게 예술가들을 고무하는 일 말고 우리가 잠정적으로 더 요구할 수 있는 것은 없다. 왜냐하면 디테일을 완성하는 일은 각 개인에게 맡겨져 있어서 그가 일하는 방식을 따를 수밖에 없기 때문이다. 이미 말했던 것처럼, 우리가 합의한 통일된 근본형식은 아직 존재하지 않는다. 도리아 양식을 도리아 양식답게, 이오니아 양식을 이오니아 양식답게, 코린트 양식을 코린트 양식답게 하는 근본형식으로서 오더의 도식은 존재하지 않는다. 그런데도 과거에는 최종적으로 아칸서스 잎을 가진 주두가 유일하게 형식의 차원에서 예술의 혁명을 불러일으켰고, 수백 년 동안을 지속했다.

기하학은 형태에 무한한 가능성을 제공한다. 하나의 모티브로부터 수많은 모양을 만들어낼 수 있다. 그래서 그 경계를 지나치게 좁게 한정하지 않는다면, 다시 말해 나선형의 경우가 가장 잘 보여주듯이, 엄격하게 기하학의 선들을 따라 만든 형태나 기하학의 선 개념을 지나치게 세심하게 다루려고 하지만 않는다면, 훨씬 시야를 크게 넓힐 수 있어서 결과적으로 장식의 가능성은 무한히 열릴 것이다.

나는 위에서 이렇게 예술가들을 고무하는 일 이외에 우리가 더 요구할 것은 없다고 말했다. 이 고무라는 말을 오해하지 않았으면 좋겠다. 이 단어가 마치 장식을 사각형이나 삼각형으로 하라는 처방처럼 들리는 오해만큼은 없었으면 좋겠다. 아무리 반복해도 지나치지 않은 것은, 아무리 낯설게 들려도 언제나 기하학은 단지 수단이며 결코 목적이 아니라는 사실이다. 이 기하학은 형태를 아름답게 만들기 위해, 그리고 하나의 양식을 양식답게 만들기 위한 수단이 되어야 한다.

따라서 오늘날 우리가 기하학적 장식을 사용하면 개인적 양식을 기대할 수밖에 없음은 분명하다. 왜냐하면 이 기하학의 근본은 그 자체로 이미 하나의 고유한 토대이고, 개인적 성격이 아니지만, 예술가 각자가 장식을 자신의 방식에 따라 발전시킬 것이기 때문이다. 이것에 관한 증거는 많다. 오늘날의 장식예술가들이 (여기에 종사하는 예술가들은 무리를 이룬다.) 많거나 적거나 기하학의 형태들로, 그리고 모두 개별적으로 작품 활동을 한다는 사실이다. 이것은 주목할 만한 가치가 있지 않은가? 어떤 사람들은 사각형이나 삼각형으로, 다른 사람들은 자유로운 형태로, 어떤 사람들은 나선형으로 작업을 한다. 이 사람들은 강요된 것처럼 보이지만, 나로서는 이들이 거의 무의식적인 상태에서 하나의 진정한 양식의 원칙의 근원으로, 곧 기하학의 형식으로 되돌아가고 있다고 말하고 싶다.

예외도 있다. 오늘날의 예술가 가운데 식물 문양의 장식에서 벗어날 수가 없어서 오히려 이 장식을 아주 자유롭게 다루는 사람도 있다. 그러면 이러한 장식은 올바르지 않다고 할 수 있는가? 옳다고 해야 한다. 그러나 순전히 창작자 개인의 입장에 서서 볼 때뿐이며, 만든 이가 사라지면 이 장식도 함께 사라지고 만다. 자유로운 선으로 장식했던 예술가가 사라진 것과 같다. 이러한 작품은 개인적인 취미에서 탄생한 것이기 때문에 양식의 형성에 이바지하지 못한다. 이것은 단지 개인적이고, 그래서 일시적 유행일 뿐이다. 이미 말했던 것처럼, 모든 위대한 양식에는 기하학적 장식 이외에도 식물 문양이 있었다. 우리는 식물이 가진 양식적 매력에서 벗어나기가 어렵다. 더욱이 오늘날처럼 자연에 대해 사랑이 점점 더 커지고 있는 상황에서는 더욱 그러하다.

오늘날에는 식물도 장식에 사용되기는 하지만, 기하학의 근본에 따르는 경우에만 오직 양식을 위한 가치가 있다. 오늘날 예술가의 관심을 새롭게 일깨운 것은 한 종류의 식물이 아니라 중세에서처럼 식물 세계 전체이다.

이집트나 그리스의 양식에서 야자수와 로터스만으로, 그리고 로마에서 아칸서스 잎으로만 했다고 해서 똑같이 오늘날 오직 하나의 식물이 장래 양식의 장식을 위해 근본 모티브로 사용되리라고, 더욱이 서로 다른 개인적 시도들에 사용될 것으로 생각되지는 않는다.

동물이나 인간의 문양이 장식에 도입되지만, 이런 시도들은 반 데 벨데가 이름을 붙인 대상 없는, 곧 추상적인 장식이나 기하학적인 장식에 비하면 아직 주도적이지 않다.

아직도 여전히 하나의 양식을 양식으로 만드는 마지막 심급인 위대한 "어떤 무엇"이 빠져 있다고 하면, 이는 옳은 진단일 뿐만 아니라 자명하다. 바로 이상에 대한 사랑이다.

요점을 되풀이하면 건축 양식을 위한 전제로서 다음과 같은 세 가지 요점이 있다.

1. 건축 구성은 기하학을 토대로 해야 한다.
2. 과거 양식들의 형태들을 복제해서는 안 된다.
3. 건축 형태는 기하학적 본질에서 온 것이어야 한다. 자유롭게 구상해도 되지만 단순하고 즉물적인 방식으로 발전시켜야 하며, 평면과 입면처럼 같은 도식을 따라야 한다.

이 세 명제를 통해서 우리가 지금 추구해야 할 양식 개념을 고민해보려고 한다. 누구나 과거와 마찬가지로 지금도 여전히 이 근본 법칙의 범위 안에서 어떤 의미 있는 것을 실현하려면 창조적 정신의 예술가이어야만 한다는 점을 다시 한 번 강조하고 싶다. 예술가만이 오로지 이 법칙, 영원한 진리, 곧 정신을 초월할 수 있으며 이 법칙을 통해서 새로운 아름다운 형태를 외관으로 우리에게 드러내 보여줄 수 있다.

19세기의 양식건축에는 바로 이 영원한 근본 진리와 정신이 존재하지 않았다. 이 정신은 잊힌 상태였고, 사람들은 이 정신을 배제한 상태에서 단지 이전 시대의 아름다운 형태들을 복제하고 있었다.

이제 우리는 이 정신을 되찾았기 때문에 과거 양식의 아름다운 형태들이 더 이상 필요하지 않다. 오히려 반대로 예술의 형태들을 새로운 애정으로 만들어야 한다.

이미 여러 예술가가 얼마 전부터 이 원형을 재창조하기 위해 노력해왔지만 내가 이미 말했듯이, 오늘날의 성과는 르네상스의 경우와 마찬가지로 개인적일 수밖에 없다. 이것이 르네상스가 위대한 양식으로 발전하지 못한 원인이었다. 그런데 오늘날의 상황도 이와 마찬가지여서 우리 시대를 위해 위대한 건축 양식에 대해서 생각하기가 더욱 어렵다. 왜냐하면 공통의 역사가 없이는 위대한 양식에 대해 말할 수 없기 때문이다. 르네상스 시대에서 전통은 고대의 모방을 통해 유지되었지만, 오늘날에는 전통이 부재한 상태이기 때문에 새롭게 창조해야 한다. 하지만 새로운 예술가들은 단지 전적으로 전통과 무관하게 작업을 하는 상태이다. 그런데도 새로운 예술가들은 여러 시도와 착오를 거친 이후에는 결국 화해하며 예술적 통합이 중요하다는 인식에 이른다. 이 상태가 되었다고 해서 하나의 위대한 양식이 탄생했다고 할 수 있는가? 나는 그렇지 않다고 믿는다! 왜냐하면 내가 이미 말했듯이, 여전히 아직 위대한 무엇인가가 빠져 있기 때문이다. 양식을 위대하게 만드는 것이다. 그것은 바로 이상에 대한 사랑이다.

아름다운 형태는 어떻게 하면 가능할까? 이 질문에 누군가는 코린트 주두에 아칸서스 잎을 사용한 것을 타당한 예라고 제시할 수도 있을 것이다. 여기에는 분명히 형태에 관한 동의가 있고, 이를 바탕으로 하나의 양식이라고 규정할 수 있다. 그러나 이 동의만으로는 결코 위대한 양식에 도달할 수 없다.

그 이유는 이상적인 아름다움의 본질은 형태가 아니라 정신에 있기 때문이다. 그리고 예술은 최종의 심급에서 정신적 이념의 반영이어야 한다. 헤겔도 다음과 같이 말했다.

과거의 여러 시대와 민족은 예술에서 정신적 만족을 찾았고, 오로지 예술이 이 요구를 충족시켜주었다. 종교적 측면에서 이 만족은 예술과도 가장 가까이 연결되어 있었다. 그러나 이 모든 관계에서 예술은, 이 말의 최고의 정의에 따르면 이제는, 그리고 앞으로도 우리에게 하나의 과거의 일이다.[73]

내가 이미 인용했던 것처럼, 셰플러도 『예술의 전통』이라는 저술에서 중요한 생각을 말하고 있다.

모든 예술은 스스로 영혼의 언어가 되려고 하는 한, 전통을 따르게 되어 있으며 서로 연계되어 있다. 보편적 전통은 삶을 위한 근본이념을 받아들인 경우라면 조형예술을 위해서 커다란 가치를 지닌다.[74]

그도 전통을 강조하는 이유는, 예술이 영혼의 언어라고 할 때, 전통 없는 예술은 영혼을 완성하지 못하기 때문이다. 그러나 사랑이 없는 곳에서

∴

73) (영역자 주) Karelis, ed., *Hegel's Introduction to Aesthetics*, pp. 10-11; Hegel, "Vorlesungen", 10.1: pp. 15-16.
74) (영역자 주) Scheffler, *op. cit.*, pp. 9, 12.

과연 예술이 진정으로 예술일 수 있을까? 과거의 경우를 보면 왜 오늘날에는 위대한 예술이 없는가를 비로소 확신하게 될 것이다. 그리고 또한 왜 양식건축에는 사랑이 빠져 있고, 또 빠져 있을 수밖에 없는지도 알 수 있다. 이미 언급했던 것처럼, 외형의 형태들을 다시 사용하게 될 때는 더 이상 고귀한 사랑에 대해 말할 수 없다.

두 번째 셰플러의 문장은 바로 사태의 근본을 말하고 있다.

예술가들이 내적으로 또 외적으로 형태의 아름다움을 위해 일관되게 기하학을 바탕으로 형태를 체계적으로 통일하고, 이를 통해 아름다운 형태에 합의했다고 하더라도 마지막의 심급에서 보면 아직 위대한 양식의 건축은 존재하지 않는다. 왜냐하면 여기에는 위대한 정신적 합의가 빠져 있으며, 이 합의는 바로 예술에 반영된 전통을 요구하기 때문이다. 누군가는 예술이 르네상스처럼 인류가 필요로 하는 커다란 삶의 기쁨이 되도록 하거나, 이를 어느 정도 만족시켜줄 형태 문제로 합의할 수도 있다. 누구라도 고요한 영혼의 상태에는 만족할 것이다. 그러나 정신적 합일이 이루어지지 않으면 양식에 도달할 수는 없다. 그리고 셰플러가 삶의 근본이념에 대해 말했고 보편적 전통이 이를 받아들인 경우 조형예술을 위해 커다란 가치를 갖는다고 했을 때, 나도 또한 조형예술에는 전통이 필요하며 이것이 없으면 위대한 양식은 성장할 수 없다고 주장하고 싶다. 그리고 나는 한편으로는 예술가가 표피적인 관찰만으로, 다른 한편 스스로 만족하는 과대평가로 귀머거리가 되지 않는다면 나와 같은 인식에 도달할 것이라고 믿는다. 장식을 과감하게 하려고 할 때, 만약 이상적 근본이념이 그 형태에서 빠져 있다면, 마지막의 심급에서는 누구라도 무력감에 빠지지 않겠는가?

그런데 사람들은 이상적인 근본이념이라고 할 수 있는 종교가 오늘날에도 여전히 과거와 같은 기능을 한다고 쉽게 착각에 빠진다. 여기서도 더 이상 합의는 없고, 또 그런 합의에 더 이상 도달하기 어렵기 때문에 기독교의 위대한 두 종파 사이에서 여러 분열이 일어났으며, 결과적으로 오늘날 미사나 예배에서도 고유한 정신은 더 이상 존재하지 않고, 단지 외적 형식이 남긴 아름다운 형태만이 있을 뿐이다.

그래서 르네상스를 개시한 것은 바로 이 종교개혁이었다!

이 문제에 관해 셰플러는 다음과 같이 말했다.

> 과거 예술 시대들이 완결성을 갖게 된 데에는 인간이 오직 하나의 종교로 합일을 이루었기 때문이며, 오늘날 예술작품들이 분산된 이유는 마찬가지로 보편적으로 인정된 세계이념이 없기 때문이다.
>
> 양식은 오직 제한을 통해서만 생긴다. 그리고 토대로서 하나의 체계가 필요하며, 양식은 그 자체 하나의 체계이다. 인류가 의식이 높아지면 높아질수록 더 광범위하게 이 체계를 요구한다. 이 체계 안에 수많은 의구심에 대한 해답이 놓여 있으며, 모든 삶의 모순도 여기에서 해결되어야 한다.[75]

이 사태는 좀 더 심도 있게 다루어야 한다. 이 일은 분명 흥미로울 것이며, 역사가, 예술연구가, 그리고 무엇보다 예술가들도 결과에 대해 대단히 고마워할 것이다. 특히 예술적 표현으로서의 아름다움에 관한 사유와 형태들을 연구하고, 이 연구로부터 여러 종교의 가치 판단을 도출해내는 일은 중요한 주제이다.

∴

75) (영역자 주) 이 인용은 셰플러의 저술에 근거하기도 하지만 베를라헤가 덧붙인 부분도 있다. *Ibid.*, pp. 12-13.

나는 단지 이 관찰이 잘못된 결론으로 이어지지 않기를 바란다. 프로테스탄트교가 열등한 종교로 이해되거나, 이 종교의 예술적 표현이 열등하다고 보는 것은 분명히 오해이다. 누구나 원인과 결과를 혼동해서는 안 된다. 그런데도 주목할 만한 점은 누군가 이 원인을 연구했을 때, 이 맥락에서 바로 개인적 표현이 실제로 특기할 만한 원인이었다는 사실을 관찰하게 된다. 프로테스탄티즘이 개인에게 생각의 자유를 위해 지나친 여유 공간을 허용했다는 사실을 부정할 수는 없다.

나는 지금 이 자리에서 이 생각들을 더 자세히 밝히거나 감히 그렇게 할 시도도 하지 않겠다. 다만 한 가지 사실만은 분명하게 말하고 싶다. 과거에 있었던 모든 예배는 하나의 종교에서 이루어졌기 때문에 최고의 예술적 표현이 될 수 있었다. 그러므로 정신적 사랑에 관한 한 우리는 두 종교, 곧 두 정신적인 전통 사이의 시대에 살고 있고, 이로 인해 조형예술이 성과를 낼 수 없는 시대에 살고 있다는 사실만큼은 확신하게 된다. 셰플러도 다음과 같이 말했다.

왜냐하면 이상적인 것이 무엇인지 이에 대해 합의하더라도 결과는 더 이상 유효하지 않기 때문이다. 서로 공감해야 할 상징들도 예술가들에게 더 이상 존재하지도 않는다. 그래서 그들의 감정은 새로운 비유들을 찾아내지만, 이들이 알아낸 것을 누구는 상징적인 것으로 여기더라도 다른 사람에게는 이해되지 않는 것으로 남는다.

이런 이야기는 우리에게 아무런 희망도 가져다주지 않는 것처럼 들린다. 그렇지만 이 말이 의미하는 것은 더도 덜도 아닌 다음의 사실이다.

우리가 고군분투해서 창조해낸 것은 무엇이든지 간에 기껏해야 통일된 아름다운 형태, 기껏해야 형태의 양식일 뿐이다. 그러나 정신적 이념, 정신적 이상의 반영으로서의 양식에는 도달하지 못했다. 그런데 우리가 문화라고 이름 붙인 것은 바로 이것이 아닌가? 우리에게는 문화가 없다. 왜냐하면 문화는 연대감을 전제로 하고, 오직 정신적 바탕 위에서만 발전할 수 있으며, 또 정신적 이상의 반영이기 때문이다.[76]

오늘날의 예술에는 공감할 수 있는 상징이 빠져 있다. 어떤 사람에게는 그가 인식하는 어떤 것이 상징적으로 보이지만, 다른 사람에게는 그렇지 않으며, 따라서 이 예술은 이해되지 않은 채로 있게 된다. 그러므로 최종의 심급에서 예술가들이 어떤 형태의 아름다움과 관련하여 합일을 이루었다고 했을 때조차, 이 형태의 아름다움을 위해서 필요한 정신적 토대, 곧 상징은 빠져 있으며, 따라서 열매를 맺을 이념이 없는 상태이다.

나는 셰플러를 다시 인용하려고 한다.

오늘날 우리는 두 조건 사이에서 살고 있다. 최근의 예술은 한편으로는 종교적, 철학적 전통이 없고, 다른 한편으로는 이를 동경한다는 것이 특징이다. 예술가가 어떤 어려움에 처해 있든지 간에 한 부류는 이교나도 기독교의 과거 형태들을 사용한다. 그리고 그것들에 새로운 인식의 형식을 적용하려고 한다. 소위 실용 예술가라는 또 다른 부류의 예술가들은 열심히 책상과 의자, 주택, 그리고 상업 건물을 이성적으로 구축하려고 시도한다. 그러나 이런 목적론은 근

76) (영역자 주) *Ibid.*, pp. 14-15.

본적으로 인과론, 다시 말하면 신이념이기 때문에, 종교적 열망을 부추기는 저류에서 기인한다.[77]

이 마지막 문장은 우리가 지금까지 관찰해온 것을 말한다.

다시 한 번 요점을 되풀이하면, 우리는 다음과 같은 사실을 관찰하게 된다. 조형예술에서 양식이 필요로 하는 것을 이루려는 사람은 전체를 수학적 근본 도식에 따라 구축해야 한다. 그리고 여기에서 어떤 형태도 임의에서 비롯된 것은 안 된다. 과거 양식의 형태들을 사용해서도 안 되며, 이 이유로 이것들은 치워내야 한다. 이 원리를 따르면 형식을 채우는 양식을 추구하게 되지만, 이 양식에는 아직 정신적 충동이 빠져 있다. 이 과정을 지나야 결국 다시 하나의 세계이념이 탄생하게 될 것이다. 오늘날의 새로운 운동은 단지 형태의 변형 과정일 뿐이고, 19세기가 쇠약해졌기 때문에 올 수밖에 없는 현상이다.

그러나 이 새로운 운동이 이성적이고 구조적인 형식으로, 곧 두 위대한 양식이 했던 것처럼 보편적으로 즉물적이고 명료하게 진행된다면, 이 운동은 마찬가지로 종교적 열망과 함께 종교적인 방식으로 현실화되고, 또 새로운 세계이념이 탄생하게 될 때까지 진행이 될 것이다.

그러나 어떻게 새로운 세계이념이 공표되고, 어떤 정신적 이상이 이 이념을 위한 토대가 될 것인가? 여기에 대해 누가 대답을 할 수 있을까? 기독교 문명은 죽었다. 그리고 보편적 세계개념의 새로운 형태는 자연 과학의 연구 결과를 따를 수 있다고 하더라도, 이 세계는 아직 모습을 보여주려고 시작하지도 않은 것처럼 보인다. 그런데 우리 인간이 이 세계에 대해

••

77) (영역자 주) *Ibid.*, p. 15.

서 윤리적 만족을 요구할 때, 이 시대는 스스로 성숙해지고 있다는 특징을 무엇보다도 외관에서 보여준다. 마치 이타주의적 투쟁처럼 표면에 대한 커다란 동요가 일고 있다. 문제는 어느 한 개인을 감싸야 할지, 혹은 전체를 감싸야 할지의 선택이다. 여기서 윤리를 무시한 채 개인만을, 아니면 평등의 원칙에 따라 모든 사람을 보호해야 할까?

여기는 이 원칙이 가치가 있는지 없는지 따질 장소는 아니다. 그러나 모든 인간이 경제적 평등을 추구하는 것은 위대한 윤리적 의도이며, 우리는 이를 부정할 수 없다. 이 노력을 통해 인간은 정신적으로 독립하게 된다. 그리고 이로써 모든 정신적 소재를 최대한 활용하는 것도 가능해진다. 이렇게 해야 비로소 한편으로는 정신적인 세계 전쟁에서 최대한의 능력을 펼칠 수 있는 조건이 만들어진다. 여기에서 정신적 결과는 지금의 물질이 이룬 것보다 더 높게 평가될 것이다. 그리고 다른 한편으로는 정신적 합일을 통해 결과는 더욱 최고조에 달하게 될 것이다. 그러나 지금은 자본의 영향이 거의 마비시킬 정도이고 이것이 일으킨 계급투쟁으로 인해서 그 결과는 최저로 전락한 상태이다.

내가 인용했던 강연 「건축예술의 양식에 관한 고찰」에서 나는 양식건축에 대항하는 전쟁을 노동자 운동과 비교하였다. 전자는 정신적인 진화로서, 그리고 후자는 물질적 진화로서 서로 나란히 진행하고 있었으며, 나는 정치적 진화가 완결되었을 때 비로소 예술적 진화에서 변혁이 있을 수 있고, 이를 계기로 비로소 하나의 양식을 발전시킬 수 있다고 주장했다.

그러므로 내가 해명했던 조건들 속에서 새로운 예술가들이 즉물적으로 명료하게 작업을 한다면, 이들은 또한 새로운 정신적 이상, 곧 모든 인간의 경제적 평등의 원칙을 위해 노력하게 될 것이다. 이를 통해서 이미 진화한 아름다운 형태에 생명이 필요로 하는 숨결, 최종의 심급에서 하나의 양식이 최고조에 달하는 데 필요한 숨결을 불어넣게 될 것이다.

나는 즉물적으로 명료한 작업이라는 말을 새로워진 의식으로 이해한다. 건축은 공간을 에워싸는 예술이다. 이 때문에 건축과의 관계에서 구조적이든 장식적이든 공간에 가장 중요한 가치를 두어야 하며, 건축물은 외부로 향한 선언이 아니라는 의식이다. 건축가의 예술은 공간의 창조에 있다. 입면의 설계에 있지 않다. 공간의 위요는 벽을 통해서 만들어진다. 그러므로 공간 혹은 다양한 공간은 많거나 적게 벽들의 복합적 구성을 통해 밖으로 자신을 펼쳐낸다. 이 의미에서야 벽은 타당한 가치를 갖게 되며, 그 본질에 따라 평편한 면으로 보여야 한다. 왜냐하면 지나치게 분절된 벽은 벽으로서의 고유한 성격을 잃기 때문이다.

나는 즉물적으로 명료한 작업이라는 말을 벽면의 건축이 평면 장식인 것으로 이해한다. 건축물의 부재가 앞으로 튀어나온 경우 창틀, 이무깃돌, 배수구, 각각의 돌림띠 등은 구조가 규정하는 대로 제한되어야 한다. 수직적 구성이 제거된 소위 "벽의 건축"의 결과는 파일러나 기둥들과 같은 지지체가 튀어나온 주두를 가지고 있지 않아서 오히려 벽면의 구성과 같은 성격을 반영한다. 창문은 평면 장식에서 결정적이다. 그러므로 창은 마땅히 설치되어야 할 곳에 있어야 하고, 또 적절한 크기를 가져야 한다.

나는 즉물적으로 명료한 작업이라는 말을 회화적 장식의 경우 주도적이지도 않고 최대한 섬세하게 고민해서 선정한 결과 올바르다고 여겨지는 곳에만 적용한 경우로 이해한다. 이 원칙에 따르면, 장식은 평면 장식이어야 한다. 다시 말하면 벽 속으로 장식되어야 하며 장식물은 치장된 벽의 부분이 되어야 한다. 무엇보다도 아무 장식이 없어서 단순한 아름다움을 가지고 있는 상태가 되어야 한다.

나는 즉물적으로 명료한 작업이라는 말을 건축물에 부착되어 기생하는 속성의 부재가 전혀 없는 것으로 이해한다. 어떤 과적도 허용되지 않고, 불필요한 처마돌림띠, 턱받침, 받침대, 벽기둥, 상부에 두른 띠, 상부 부재 등 어떤 것도 허용되어서는 안 된다.

나는 즉물적으로 명료한 작업이라는 말을 이해할 수 있고, 그래서 흥미를 유발하는 결과로 이해한다. 여기에서는 오직 자연스러운 단순함과 명료함이 이를 가능하게 한다. 이와 반대로 자연스럽지 않고 복잡하며 명료하지 않아서 이해되지 않는 것은 둔탁해 보일 뿐 아니라 흥미를 일깨우지도 않는다. 19세기에 건축이 문화 운동의 밖으로 밀려나게 되었던 원인은 여기에 있었다. 즉물적이고 이성적이며, 그래서 명료한 구조는 새로운 예술의 바탕이 될 수 있다. 이 원칙이 충분하게 스며들어 전반적으로 적용된 상태에서야 우리는 새로운 예술의 관문에 서게 된다. 그리고 바로 이 순간 모든 인간이 사회적으로 평등한 상태에 있다는 세계감(Weltgefühl)[78]이 공공연하게 드러나게 될 것이다. 이 세계감은 우리와 무관한 저 너머의 이

∴

78) (역자 주) 「건축예술의 양식에 관한 고찰」의 100쪽 각주 41 참고. 세계감(Weltgefühl)은 관념론, 특히 괴테, 헤겔, 쇼펜하우어 등이 내세운 세계상(Weltbild)의 구조에서 주관과 객관의 분리, 자연과 정신의 분리와 합일을 논구하는 과정에서 주체가 세계와 맺는 연관 전체를 말하기 위해 사용되던 개념이었다. 이 개념은 이후 예술학으로 옮겨와 공간감(Raumgefühl, 슈마르조, 1894), 형태감(Formgefühl, 뵐플린, 1931)으로 발전하였다.

상, 곧 종교적 이상이 아니라, 현실의 이상이다. 이를 통해 우리는 모든 종교의 최종 목표에 좀 더 가까이 다가갈 수 있지 않을까? 기독교의 이념도 결국 실현할 수 있게 되지 않을까? 모든 인간이 평등으로 되돌아가야 한다는 교리가 바로 기독교가 추구했던 이상의 첫 번째 조건이 아니었던가?

예술은 다시 이러한 세계관을 의식적으로 표현하기 위한 정신적 토대가 될 수 있다. 이제 예술은 정신적 이념을 반영하고, 양식이 요구하는 상징들도 갖게 될 것이다.

이때 건축예술의 작품은 개인적 성격을 갖는 것이 아니라, 오히려 모든 사람, 곧 공동체의 결과로 존재하게 될 것이다. 정신적으로 특출한 능력의 건축가가 주도하는 가운데 모든 노동자가 함께 정신적 차원에서 이 일을 할 수 있기 때문이다. 우리가 이미 알고 있듯이 중세 시대를 제외하면 아무리 위대한 예술 시대라도 이러한 상호 협력의 방식은 존재하지 않았다. 오늘날 우리는 노동자들이 일을 할 때 정신적 차원에는 전혀 관심이 없다는 것을 알고 있다.

예술작품은 한 개인의 표현이 아니라 시대정신의 실현이고, 이 정신을 통역하는 사람이 바로 예술가이다. 그래서 융통성 없는 개인의 감정들, 정신적 무관심은 사라져야 하지만, 이런 주장에도 불구하고 오늘날 이 싸움은 거의 승산이 없다. 그러나 자명한 사실이듯 언젠가 개인은 공동체를 위해서가 아니라 오히려 이념을 위해서 배경으로 물러나게 될 것이다. 과거에도 분명히 그런 경우가 있었다.

누가 도대체 중세 시대의 대성당 건축가가 누구였는지 물어보겠는가? 누가 이집트의 건축가 이름을 물으려 하겠는가? 우리는 건축물이 서도록 주도한 지배자의 이름만을 알 뿐이다.

사태가 어떻든 간에 우리는 긴 여정을 시작했다는 사실을 인정할 수밖에 없다. 이 길이 건축의 양식으로 이끌 것이며, 이 길은 내가 믿기로는 어떠한 샛길로도 인도하지 않을 것이다. 그러므로 오늘날의 건축가라면 이 의미에서 활약해야 할 것이며, 이 길이 과거의 경우처럼 고도로 발달한 양식에 이르도록 할 것이 틀림없다.

그리고 더 나아가 이러한 건축은 20세기의 예술이 될 것이며, 이것은 현재의 사회와 정신의 여러 현상에서 내가 읽어낸 확신이다. 노동자 운동의 성장은 예술의 성장과 함께하며, 인간은 모든 민족을 통틀어 보았을 때 자신에게 가장 가까이에 놓인 예술, 바로 건축예술 없이는 지낼 수 없다.

건축예술은 이렇게 여러 예술 형식 중에서 첫째의 자리를 차지하게 될 것이다. 그 이유는 무엇보다도 건축이 본래 민족의, 즉 모두의 예술이지 어느 개인의 예술이 아니었기 때문이다. 또한 건축은 공동체의 예술이어서 그들의 시대정신을 반영한다. 그리고 건축작품을 창조하기 위해서는 모든 실용예술과 그에 관련한 모든 노동자를 필요로 한다. 건축예술은 모든 힘이 함께 작용하도록 요구한다. 그리고 이 힘들이 경제적인 관점에서 독립적일 때에만 우리는 이들을 정신적으로 사용할 수 있다. 건축예술은 한 민족 전체가 외적으로 표출해낼 수 있는 능력을 선언적으로 보여주는 일이다. 하나의 이상적인 목적을 위해 모든 힘을 하나로 모을 때 모든 사람이 놀라울 정도로 완벽한 성취를 이룩할 수 있다. 이 완벽함이 고도의 건축예술이 품고 있는 비밀이다. 그러므로 이를 개인 혼자서는 이루어낼 수 없다.

건축가들이 이러한 자세로 일한다면 건축예술은 다시 20세기의 조형예술의 자리를 차지하게 될 것이다. 우리는 이 지위를 600년 전에 마지막으로 보았다. 이 과정에서 회화와 조각은 다시 건축예술에 봉사하기 위해 함께 보조를 맞추어 결과적으로 이를 더 높이 발전시킬 것이다. 그렇지만 오늘날의 회화와 조각은 이 과정에서 지난 시대의 특징이었던 벽장식용 그림이나 조각품으로서의 성격을 잃어버리게 될 것이다. 이런 작품들은 원칙적으로 낮은 차원의 정신적 가치를 보여주는 예술이기 때문에 중요하게 여겨질 수가 없다. 이는 오늘날 사회와 예술이 발전하였기 때문에 우리가 볼 수 있는 가까운 미래의 상이다. 실용예술이 얼마나 성숙했고 많은 관심을 끌게 되었는지, 그리고 벽에 가득 차 있던 그림들이나 살롱을 채우던 조각들에 관한 관심이 해마다 얼마나 줄어들고 있는지 우리는 이미 관찰했다. 지금은 예술뿐만 아니라 사회에서도 다양성 속의 통일성과 또한 고도로 발전한 양식에 해당하는 질서를 찾으려는 노력이 주류를 이룬다. 나는 또한 사회에서의 양식, 곧 문화에 대해 논의할 수 있는 것은 아름다운 일이라고 생각한다.

오늘날의 예술가는 예술적으로 탁월한 의미가 있는 과제, 미래의 공동체를 위한 위대한 건축 양식의 과제 앞에 서 있다. 이들은 여전히 홀로 외로이 서 있다는 감정에 사로잡혀 있을 수도 있지만, 곧 서로 함께 하나로 모여들게 될 것이다. 이런 정서는 종교의 공백기가 보여주는 성격이기도 하다. 새로운 예술의 이념은 다가올 시대를 예감한 것이다. 그런데 대중은 이것이 자신의 이해 범위를 벗어나 있다고 느낄 때, 이 이념을 가진 사람들에게 욕설을 퍼붓는다.

그러나 이것보다 더 아름다운 일은 존재하지 않는다. 이 시대도 다시 하나의 문화를 갖게 되며 아직 한 번도 존재한 적이 없는 것들을 이루어낼 것이다. 모든 인간이 사회적으로 평등하다는 이상을 더 높은 곳에 세울 것이며, 예술적으로 이를 더 아름답게 반영할 것이기 때문에 중세나 다른 어떤 시대들보다 정신적으로 더 높이 발달하고, 건축적으로도 이 양식을 더 아름답게 채울 것이다. 이를 믿는 사람들은 서두르지 않는다.

우리가 이러한 시대를 더 이상 못 보게 되리라는 것을 알면 한편으로는 애석하지만, 다른 한편으로는 지평선 위로 밝게 퍼지는 희망의 풍경이 우리를 위로하며, 다시금 이러한 새로운 시대로 우리를 이끌어줄 것이기 때문이다. 이러한 희망 속에서 울리히 폰 후텐(Ulrich von Hutten)[79]은 이렇게 외친다.

새로운 시대가 다가오고
정신은 약동하니,
기쁨으로 살아갑니다.

[79] (영역자 주) 울리히 폰 후텐(Ulrich von Hutten, 1488-1523)은 문필가이자 독일 종교개혁의 주창자였다. 브리태니커 11판에는 다음과 같이 소개되어 있다. "그는 애국자였고 그의 영혼은 이상의 영역에 도달해 있었으며, 위대한 유토피아의 복원자였다. 그는 독일의 루키아노스가 되기 전에는 키케로이자 오비드(로마의 시인)였다." 베를라헤는 이 문장을 폰 후텐이 1518년 10월 25일 독일 인본주의자였던 빌리발트 피르크하이머(Willibald Pirkheimer)에게 보낸 편지에서 인용하였다.

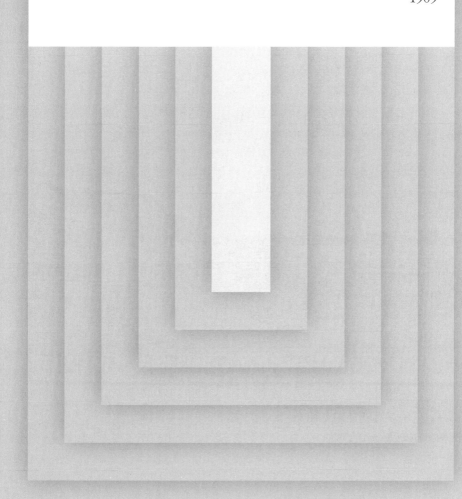

「도시건축에 관하여」

Stedenbouw/Über Städtebau

1909

STEDENBOUW

PLAN·VOOR·HET·HAAGSCHE·RAADHUIS

1911년 발행된 베를라헤의 글 모음집 『건축예술과 발전에 관한 고찰(*Beschouwingen over bouwkunst en hare ontwikkeling*)』에 실린 「도시건축에 관하여」 네덜란드어 원고 표지

출처: *Neudeutsche Bauzeitung, 1909*

우리는 도시건축에서 두 가지의 조형 방법, 곧 기념비적이거나 회화적인 방법이 도시를 아름답게 하며, 특히 기념비적인 아름다움은 양식에 부합할 때 더 높은 차원의 의미를 갖는다는 사실을 잘 알고 있다. 따라서 이두 방식 가운데 하나를 선택해야 한다면 이 일은 그리 어려운 것이 아니다. 그리고 오늘날 그 어느 때보다도 고전의 정신, 곧 규칙에 근거해서 양식에 이르는 방식의 설계는 충분히 유효하고 고려되어야 한다. 우리 시대는 특히 여러 이념이 서로 대단히 혼란스럽게 뒤얽혀 있는 상황이므로 사회적 관계들에 질서를 부여하고, 이를 실용뿐만 아니라 양식의 차원에서구체적으로 보여주려는 노력이 그 어느 때보다 절실하다. 건축예술이 끊임없는 정신의 발전을 물질로 표현하는 것이라고 한다면, 우리는 질서를 향한 노력을 건축예술에서도 분명하게 보여줄 수 있어야 한다. 그러므로 오늘날 구체적인 성격, 곧 즉물성과 진지함(Besonnenheit)[1]이 그 어느 때보다 건축예술에서 더욱 두드러질 때, 우리는 도시건축의 해결책도 여기에서 찾아야 할 것이다.

슈튀벤(Stübben)[2]은 『도시건축』이라는 탁월한 저서에서 다음과 같이 쓰고 있다.

우리 시대 유럽에서는 더 이상 새로운 도시를 짓지 않는다.

— 그럼에도 만약 사람들이 도시를 건설한다면 그것은 전원도시일 것이며, 그 계기도 전혀 다른 의도이다. —

그런데 지금도 도시를 짓고 있는 곳이 있다면 지구의 다른 곳, 곧 아메리카와 아프리카, 그리고 오스트레일리아이다. 그 과정을 보면 17세기와 18세기 여러 제후가 새로운 공국의 수도를 건설하거나 과거 로마인들이 식민지를 건설할 때와 마찬가지의 방식이며, 단지 차이가 있다면 지금은 특별히 이 시대가 요구하는 사항을 반영한다는 점이다. 편리한 교통체계, 수로, 살기 좋고 홍수의 위험이 없는 곳, 단단한 토질, 확장 가능성, 원활한 식수 공급, 그리고 용이한 배수처리 등이 도시 건설의 입지를 위한 결정적인 요인들이다.

로마인들이 기본 계획을 완성한 후, 통치를 위한 건축물을 군용도로와 연계

---

1) (역자 주) 독일어 Besonnenheit는 일반적으로 사려 깊음의 의미이고, 그리스어 "소프로지네 (Sophrosyne)"에 해당한다고 한다. 이 말은 고대 그리스의 개념이었다. 이상적 성격의 탁월함과 정신의 건강이 균형 있게 하나로 조화된 상태를 뜻하는 용어였다. 이를 통해 개인은 절제, 온건, 분별, 순수, 자제 등의 성격에 이르게 된다고 보았다. 중용을 의미하는 메소테스 (mesotes)와 종종 동의어로 사용될 만큼 이 용어는 중요하게 여겨졌다.
2) (독어본 주) Joseph Stübben, *Der Städtebau*, 1890.

해서 도시의 건설을 시작했던 것이나, 과거 제후들이 궁전을 먼저 건립했던 것처럼, 미국인들도 교통(항만과 철로)과 행정을 위한 건축물을 먼저 건설하고 있다.

오늘날 계획에 의해 도시를 확장할 때, 그 출발은 옛날과 마찬가지로 주로 직사각형의 도식을 따르고, 새로운 요구가 생긴다면 이를 보완하거나 연장하기도 한다.

여기서 우리는 원칙적으로 하나의 도시를 새롭게 건설하는 방식이 예전과 다르지 않다는 것과 옛 도시를 확장해가는 경우, 우선은 실용적인 요건을 충족시켜야만 한다는 것을 알 수 있다. 사람들은 오랫동안 이 견해를 존중해왔다. 그리고 오직 이 부분만 염두에 두고 있었다. 그러나 시간이 지남에 따라 이러한 식견이 점차 확대된 결과, 실용적인 조건들 이외에도 아름다움에 대한 요구가 효력을 갖게 되었다. 이 관점에서 보았을 때, 도시의 구조와 건축 사이에는 밀접한 관계가 있다. 왜냐하면 이 관계에는 언제나 경솔함, 신중함, 그리고 자의성의 주기가 반복적으로 나타나기 때문이다.

르네상스 시대의 생명력을 더 이상 볼 수 없었던 18세기 이후, 19세기에 이르면 진지한 숙고도 없이 무엇인가를 끊임없이 추구하는 시기가 되었다. 이 시기는 한편으로는 사회적 관계 때문에, 다른 한편으로는 정신적으로 특별해지려는 욕구 때문에 대단히 혼란에 빠져 있었으며 일탈과 같은 상황도 피해 갈 수 없었다. 19세기는 대단히 경솔한 시대였고, 불행하게도 양식건축만이 펼쳐지는 시대로 전락하고 말았다.

그렇지만 이제 도시건축은 건축과 마찬가지로 미래를 향해 발전하고 있다. 우리는 미숙하고 경솔했던 지난 시대를 지나 발전과 숙고의 특징을 보여주는 시기로 접어들었다.

여러 양상을 살펴볼 때, 위대하고 탁월했던 양식들의 전성기 시대를 특징짓는 진지함이 다시 중요한 가치로 되돌아왔다. 우리는 이 진지함에 대해서 특별히 주목할 필요가 있다. 이것은 기능의 문제뿐만 아니라 예술의 문제와도 관련되기 때문이다. 건축예술의 발전이 눈에 띄는 것처럼 도시건축도 마찬가지로 발전하고 있다. 그러므로 이 성장의 성격에 대해서 실용뿐만 아니라 미학적인 관점에서도 진지하게 고민할 가치가 있다.

지난 시기가 모든 것을 축적하려는 의도를 중시했다면, 이제는 형태를 가능한 한 단순하게 하려는 노력을 더욱 강조하고 있다. 과거에는 정신이 아니라 단지 겉으로 드러난 형태가 의미를 지탱하는 것이었기 때문이다. 이런 맥락에서 오늘날 새로운 도시의 건축도 단순함과 보조를 맞추고 있으며, 우리는 앞으로도 이 경향을 계속 유지해야 할 것이다. 왜냐하면 건축물이 실용적 기능을 충족하는 것은 당연한 이치인 것과 마찬가지로, 도시건축의 과정에서도 기능의 문제는 언제나 중요하기 때문이다. 그런데 이 문제의 해결은 과거보다 훨씬 더 시급해졌다. 무엇보다 교통과 위생의 요구가 훨씬 더 커졌기 때문이다. 더 나아가 도로 체계도 더욱 효율성을 요구하고 있으며, 도로에 면하게 될 건축물 블록들과도 가능한 한 편리하게 연계되어야 하기 때문이다. 이를 해결하는 방법은 '단순한' 구획이다. 다시 말하면 모든 방해 요소를 제거하는 것이다.

이제 우리는 예술의 문제를 고려해야 하고, 그 해결책을 위한 많은 고민이 필요하다. 무엇보다도 이 문제가 지금까지 전혀 고려되지 않았기 때문이다. 건축물은 언제나 그랬던 것처럼, 이제는 대지와 하나가 되도록 우리로서는 온갖 노력을 기울여야 한다. 과거에는 기능의 요구도 충분하게 충족되었고, 도로와 광장들을 형성하는 건축물도 충분한 가치를 발휘하도록 체계적으로 구성되었다. 이것을 우리가 다시 실현하려면, 도시 전체의 구성에서 가장 중요한 건축물들을 광장에 면하도록 세워야 한다. 이를 위해서 우리는 광장에서 출발해야 한다. 그리고 과거의 경우처럼 전체의 조형은 미학적으로 최대의 효력을 발휘할 수 있도록 다루어야 한다.

또 우리가 도로와 광장을 건축할 때, 도시의 모습은 고전주의적 정신의 측면에서 혹은 중세의 정신적 측면에서 보았을 때, 하나의 완성된 상으로 보이도록 해야 한다. 왜냐하면 고전 시대나 낭만주의 시대는 도시가 기념비적인 요소나 회화적인 요소를 통해서 위대한 아름다움에 도달했기 때문이다. 기념비적인 아름다움이 더 고귀한 위상을 차지한다는 점은 앞서 언급했다. 그러므로 이 기념비적 아름다움을 우선순위에 두어야 한다.

오늘날은 더 이상 모든 일을 우연에 맡기는 시대가 아니다. 이를 의도적으로 드러내지 않는 방식과도 관련이 없다. 오히려 우리 시대는 확실히 숙고의 시대, 위기를 예견하는 시대, 그래서 하나의 규칙이 지배하는 시대, 곧 질서가 주도하는 시대이다. 하나의 양식, 곧 고요라는 이상의 시대이다.

따라서 우리는 이제 고전적인 방식을 이해하고, 그 정신을 따라야 할 것이다. 바로크식의 도시건축은 새로운 정신의 해결책을 채택했기 때문에 여기에 새로운 계획을 적용하는 것도 분명히 가능할 것이다. 일반적으로 도시가 직각의 교차 도로들로 계획된 상황에서 다시 도로를 대각선 형태로 건설해야 하는 문제가 생기면 이를 수용하는 것은 대단히 어렵다. 그렇지만 예술에 관한 한 바로크의 방식을 따른다면, 이들 조건은 충족될 수 있다. 왜냐하면 하나의 체계로서 완결된 직선 도로, 커다란 축의 투시도적 구성은 바로크식 계획의 핵심이기 때문이다.

따라서 우리는 이제 고전을 이해하는 것이 중요하다. 바로크식의 도시

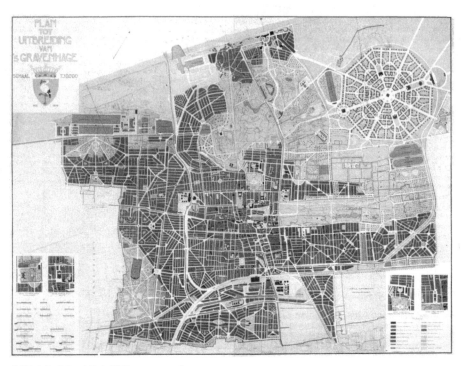

"베를라헤, 헤이그시 확장계획안, 1907-1911"

[베를라헤는 이 도시를 여러 구역으로 나누고 이들의 건설 방식을 확정하였다. 건축물 블록들의 배치와 공공 건축물을 포함한 광장들도 설계하였다. 이 계획안은 1900-1904년에 완성된 남부 암스테르담 도시 계획의 첫 번째 안과 달리, 교통 기술의 측면에서 더 효율적이고 개방된 방식으로 계획하였다. 첫 번째 계획안이 카밀로 지테가 주장했던 회화적 도시 이미지의 원리를 따랐던 것과 달리 이 계획안은 기존의 계획을 따르고 있다. (도판 설명문 출처: 콜렌바흐(Kohlenbach)의 독일어 편집본(1991), pp. 162-165])

"베를라헤, 헤이그시 확장계획안, 폴크스플레인(Volksplein, 인민광장), 1908"

[베를라헤는 중요한 광장들을 투시도로 보여주고 있다. 그는 이 광장을 남동쪽에 있는 녹지시설, 스포츠 시설과 분리하였다. 그리고 두 개의 성문 건축물을 두어 신도시와 주변 지역이 소통되도록 하였다. 이 성문 모티브는 도시를 에워싸는 방식으로 완결되지만 동시에 통과의 가능성도 주고 있다. 베를라헤는 이러한 모티브를 자주 사용하였다.]

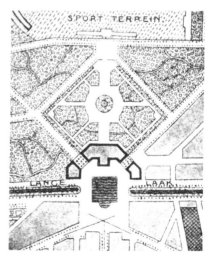

"폴크스플레인 배치도"

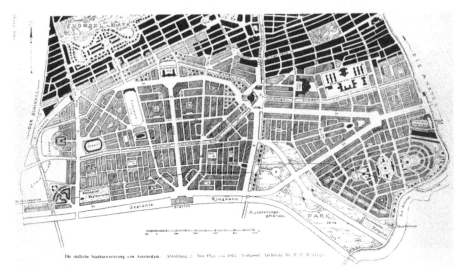

"베를라헤, 암스테르담 남부 확장계획안, 1915"

[1901-1904년에 작성된 첫 번째 베를라헤의 계획안은 여러 가지 이유로 실현되지 못했다. 그 가운데 하나는 계획된 철도 노선의 해결이 명료하지 못했고, 다른 하나는 전체 배치가 경제성을 충분히 보장하지 못했기 때문이다. 베를라헤는 이 계획안의 수정 요구를 받아들여 1914년 안을 새롭게 작성하였다. 새로운 안은 1917년 시 행정부가 승인했고 결국 조금씩 수정되면서 실행되었다. 베를라헤는 여기에서 도시를 관통하는 중요 축들을 설정하였고, 주택들이 들어설 위치가 경제적으로 합당하도록 토지를 구획했다.]

"베를라헤. 남부 암스테르담 확장계획안의 조감도. 1915"

[이 조감도의 시점은 베를라헤가 1934년에 비로소 실현하게 될 암스텔(Amstel)교에서 시작해서 서쪽으로 향하고 있다. 베를라헤가 이 "도면으로 보여주는 도시"의 투시도를 작성한 이유는 도시의 각 영역을 구체적인 건축물로 규정하기 위해서가 아니라, 신축 건축물이 도시 전체의 상에서 벗어나는 일이 생기지 않도록 하기 위해서였다.]

건축은 새로운 정신에 의해서 확립된 것이었기 때문에, 우리가 하려는 새로운 계획도 이러한 정신에 의거하는 것은 분명히 가능할 것이다. 도시 시설 주변의 교통은 직각 도로 형식 혹은 경우에 따라 대각선 모양의 도로를 요구하기도 한다. 이 요구에 부합하는 일은 대단히 어렵지만 예술의 문제에 관한 한 바로크의 경우는 이 모든 요구에 부합할 수 있었다. 왜냐하면 완결성, 직선의 완결 도로, 커다란 축의 투시도적 구성이 바로크식 계획의 핵심이었기 때문이다.

흔히 도시 계획을 새롭게 하는 경우, 주어진 상황에 대응하는 것은 당연하다. 그리고 발생할 수 있는 여러 불편 사항들에 대해서도 고려하는 것이 일반적이다. 그래서 사람들은 엄격한 규칙에 따르는 계획은 오히려 불가능할 뿐만 아니라, 미학적인 이유에서도 전혀 추천할 만한 가치가 없을 것이라 여긴다.

만들어진 어떤 것이 강요에 의한 것으로 보인다면, 수학적인 규칙을 따르는 경우도 이와 마찬가지이다. 건축에서 모든 건물은 반드시 사각형의 반듯한 평면을 가져야 한다고 할 때도 이 경우에 해당한다. 이와 달리 사람들은 "건축가가 설계 과정에서 변화를 시도한다면, 평면과 입면을 흥미롭게 계획할 것이며, 이에 따라 도시도 결국 내적으로, 그리고 외적으로 아름답게 될 것"이라고 말한다. 여기에 더해 자연조차도 장소의 특성으로 인해 도시가 엄격한 규칙에 따라 확장하는 것을 막고 있다. 우리는 이 방해 요소들을 제거할 수 있지만, 이 방식이 임의의 강제적 성격의 것이라면 만족스러운 결과를 얻지 못할 것이 분명하다. 따라서 두 가지 서로 다른 의견이 도시건축의 문제에서 지배적이다. 그 하나는 이론적 관점의 규칙성이고 다른 하나는 우리 감정을 기쁘게 채울 우연성이다. 이 둘은 이미 언급했던 고전과 중세의 발전 과정에서도 보인다.

구얼리트(Gurlitt)[3]는 파리의 오페라 거리와 옛 대로들을 비교한 후 다음과 같이 말한 적이 있다.

아무리 계획에 따라 성공적으로 창조된 도시라 하더라도, 역사적으로 형성된 도시에 비견할 만하지 못하다는 낭만주의자의 주장은 옳다.

그런데 내 생각으로는 이 두 가지 방향의 아름다움은 정도의 차이만 있을 뿐이다. 그리고 이들은 서로 보완적이며, 오늘날의 시대는 다가올 세대를 위해 도시를 계획해야 하며, 이때의 도시 계획은 규칙성을 따르는 것이 당연하다. 그 규칙이 예술적 안목으로, 더군다나 고전주의의 정신에서 표현된다면 이는 더욱 고귀한 미의 이념의 실현이다. 이와 마찬가지로 도시의 각 부분도 자연이 방해하지 않는다면 규칙성에 따라 계획되어야 할 것이다. 수로, 언덕, 그리고 기존의 숲 분할 등의 경우 전체 대지의 자연조건은 제거하기보다 오히려 계획 과정에서 함께 고려되어야 할 것이다.

이 요소들이 규칙적으로 계획된 도시 영역들에 예술적으로 연계된다면, 우리에게 즐거움을 주는 변화를 보여줄 것이다. 이것은 계획 과정에서 규칙이 천편일률적으로 적용되어 결국 형태가 단순해지는 것을 막기 위해서도 필요하다.

..

3) (역자 주) 코르넬리우스 구얼리트(Cornelius Gurlitt, 1850-1938)는 건축가이자 바로크 연구 예술사가였다. 도시건축 분야를 위해 『역사적 도시상(Historische Städtebilder)』(1900)을 저술하기도 했다.

이렇게 해야 서로 다른 각 부분들이 모두가 하나의 규칙에 부합하는 상황이 될 것이다. 설계가 진정한 의미에서 이 방식으로 진행될 때, 우리는 이를 고전적이라고 할 수 있다. 자연의 본성도 회화적 아름다움, 곧 낭만주의적인 아름다움을 염려하는 것처럼, 이런 측면에서 강요에는 굴복하지만, 숙고는 기꺼이 따를 것이다.

이렇게 해야 우리는 주어진 유산을 최대한 활용할 수 있다. 우리는 고전 시대에서 창작의 원리를 배운다. 그리고 바로크 시대는 이미 이 원리를 실용적으로 활용하고 있었다. 이 시대는 장축에 기반을 둔 투시도법과 넓은 공간, 그리고 경관의 완결성을 우리에게 알려주었다. 그리고 낭만주의 정신이 제시하는 다양한 해결책을 우리는 중세 시대에서 배운다. 특히 지역의 특성에서 비롯된 이러한 요소들은 도시 계획에서 고려되어야만 하기 때문이다.

오늘날 도시건축에서 더욱 위대한 아름다움을 성취하려면 건축과 도시 계획은 다시 하나가 되어야 한다. 아무리 좋은 계획이라고 해도 형편없는 건축물 하나가 이를 방해할 수도 있기 때문이다. 그리고 아무리 훌륭한 건축물이라고 해도 잘못된 도시건축의 결함을 보완할 수는 없다. 오늘날의 건축은 성장 과정에 있다. 그리고 이는 건축의 원칙을 다시 찾아낸 결과라는 점을 우리는 앞서 지적했다. 우리 시대 건축의 형태들은 기능뿐만 아니라 예술이 요구하는 한 아직은 완벽하지 않고 완성되어 있지도 않다. 그러나 즉물적인 성격에서는 성장하고 있다. 새로운 도시건축의 설계도 이와 마찬가지이다. 도시건축 분야는 과거에 비해 기능에서 또한 예술의 문제에서 더 뛰어난 해결을 보여주고 있다. 이를 통해 우리는 실제로 총체적 발전을 실감하고 있다.

이러한 상황에서 미래의 도시건축은 건축예술과 함께 발전한다면 지금까지의 의미뿐만 아니라 더욱 확장된 의미도 갖게 되고, 건축적으로 도시를 구성할 때 고대의 조건들을 배제할 수 있다. 왜냐하면 오늘날과 같은 새로운 시대는 전혀 다른 조건에 서 있으며 이 조건도 마찬가지로 중요하기 때문이다. 공공 건축물의 숫자가 크게 불어났고, 도시 당국도 전체 건축물의 관리 과제에 적극적으로 개입하고 있으며, 이를 가능한 한 과감하게 해결하려고 한다.

공공 건축물의 수가 늘어난 것뿐만 아니라, 그 규모도 고대의 경우보다 더 커졌기 때문에 바로크 시대의 정신으로 설계한다면 수월하지 않겠는가? 지금은 제후나 교회 당국이 아니라, 국가 기관의 정부가 이렇게 대담해진 건축적 과제를 수행해야 하기 때문이다. 이제 당국은 권력을 가졌고, 이를 수행하는 것은 그들에게 의무가 되었다. 그리고 그들에게 주어진 과제는 이중적이다. 과거 전적으로 소홀했던 유산을 보존하는 일과 새롭게 창조하는 일이다. 이를 가능한 한 타당하고 아름다운 방식으로 해결해야 한다.

이제 건축예술에서 풀어야 할 과제를 생각하면, 사람들이 선뜻 주장하는 것처럼 지난 한 세기에 비해서 그 과제가 줄어든 것이 아니라 오히려 더 많아졌다는 것이 분명하다. 중요한 것은 이 건축예술의 미학적 해결책을 무엇보다도 새로운 정신에서 찾는 일이다. 이 정신은 지난 시대의 것과는 전혀 다르며, 이미 확고하게 세워져 있다. 새로운 건축물들은 이제 더 이상 과거의 양식을 따르지 않는다. 새로운 해결책을 찾게 된다면 과거의 경우처럼 건축과 도시건축은 하나가 될 것이다. 다시 말하면 이 둘은 서로 같은 의미를 공유하여 새로운 양식으로 발전하게 될 것이다. 이 양식은 고전뿐만 아니라 낭만주의 정신의 내적 아름다움과 함께 합목적적일 뿐만 아니라 고요한 의식의 양식이 될 것이다.

「근대건축을 위한 투쟁과 국가의 역할」

Der Staat und der Widerstreit in der modernen Architektur

1928

[CIAM 창립 회의 연설문]

출처

Hg. Martin Steinmann, CIAM. Dokumente. 1928–1939, Basel, 1979. Schriftenreihe des
Instituts für Geschichte und Theorie der Architektur an der ETH Zürich, No. 11.

이 회의에서 다루는 현안들 가운데 가장 중요한 것은 다음 질문일 것입니다. 현대 건축과 국가, 곧 인간 사이의 질서를 담당하며 가장 강력한 고용주의 역할을 하는 행정 기관 사이의 관계입니다.

무엇보다도 이 질문은 질적인 것이 아니라 양적인 것과 관련되어 있습니다. 그런데 만약 국가가 예술을 진보의 표현으로 이해하고, 이를 장려하는 것을 의무로 인식했더라면, 새로운 건축은 아마도 짧은 시간에 전혀 다른 성과를 보여주었을 것입니다.

유감스럽게도 상황은 이와 달리 그 반대로 흘렀습니다. 어떤 시대이든 통치기구는 위대한 문화 운동을 뒤따라가기 급급하다는 점은 피할 수 없는 운명처럼 보입니다.

아나톨 프랑스의 경우를 보더라도 그렇습니다. 그가 쓴 풍자 소설, 『펭귄의 섬(L'Ile des Pingouins)』[1]에서 경멸조로 보여준 것은 행정부의 속성이란 도대체 아무것도 모른다는 점이었습니다. 정부가 알려는 의지가 없거나 알 능력이 없다고 우리가 주장한다면 이는 프랑스의 견해보다는 다소 완곡한 표현처럼 들릴 것입니다. 그렇지만 유감스럽게도 예술의 문제에서 정부가 아무것도 모른다는 사실은 정부만의 문제가 아니라, 오히려 예술가들에게도 해당된다는 사실을 우리는 인정해야 합니다. 예술가들 사이에서 예술에 관한 견해가 분분합니다. 일반적인 정의에 관해서뿐만 아니라, 가장 중요한 근본 명제에 관해서도 의견이 나뉘어 있습니다. 그리고 이러한 상황은 바로 예술을 국가와 분리하는 장애 요소이며 그 뿌리는 대단히 깊게 박혀 있습니다. 우리 시대의 개인주의도 이 상황을 한층 더 어렵게 만들고 있습니다.

중요한 질문은 그렇다면 우리는 무엇을 해야 하는가입니다. 이 질문이 타당한 이유는 이 시대를 위한 건축물은 아직 단 하나도 지어지지 않았기 때문입니다. 오늘날의 양식을 특징짓는 것이 도대체 무엇입니까? 나는 아직도 우리 시대의 양식이 실현되지 않았다고 생각합니다. "모던"은 도대체 무엇입니까? "시대를 위한" 것이란 무엇일까요? 우리는 이 질문에 대해 만족할 만한 대답이라고는 거의 듣지 못했습니다. 건축가에게서는 더더욱 그러합니다. 도대체 왜 이런 일이 생겼으며, 무엇이 문제일까요? 아름다움

..

1) (역자 주) L'Ile des Pingouins: 1908년 출간된 아나톨 프랑스의 역사 소설. 8권으로 구성되어 있고, 드레퓌스 사건을 직접 경험한 저자는 프랑스의 역사를 풍자하는 형식으로 인류가 처한 디스토피아와 지식인의 역할을 묻고 모순된 사회에 대한 저항의 목소리가 어떤 가치를 갖는지를 주제로 다루었다. 1921년 프랑스는 이 소설로 노벨 문학상을 수상하였다.

이 사물의 질적 가치에 놓여 있다는 사실이 아니라, 오히려 아름다움이 우리에게 정신적으로 포착되는 상황 그 자체가 문제입니다. 모든 인간은 무엇보다도 깊은 사유의 관념(Idee)을 통해 자신의 고유한 아름다움을 창조해냅니다. 이것은 아름다움의 가치평가가 순수하게 우리 개인의 일이며, 또한 개성을 특징짓는 일시적 기분들에 종속된다는 것을 의미합니다. 마찬가지로, 현대의 특성이 물질이 아니라 정신의 표현이며, 물질은 수단일 뿐 결코 건축의 목적이 아니라는 것을 우리는 너무나 자주 잊고 있습니다.

일반적으로 새로운 건축의 특징을 "형식주의(Formalismus)"와 대비되는 "형식" 개념으로 정의하려고 한다면, 나로서는 달리 반대할 이유가 없습니다. 그렇지만 우리는 이 표현을 아주 조심스럽게 사용해야 합니다. 왜냐하면 무엇인가가 그 자체로 순수하게 형식적이라고 해도 그것은 결국 형식주의의 또 다른 형태가 될 수도 있기 때문입니다. 이런 이유로 인해서 나는 이 표현을 좋아하지 않습니다. 그래도 새로운 건축은 존재합니다. 여러 가지 다양한 양상을 보이지만 미학적 형태도 없고, 또 여러분이 선호할 표현을 따른다면, 과거 양식들의 특징을 이루던 형식주의가 없는 그런 건축입니다.

내가 위에서 일반적으로 정부가 새로운 건축의 발전을 반대하기 때문에 국가와 건축 사이에 대립이 존재한다는 것을 언급했습니다. 이제 나는 이 상황에도 하나의 예외가 있다는 것을 분명히 하려고 합니다. 네덜란드의 경우가 그렇습니다. 내가 이렇게 말할 수 있는 것은 쇼비니즘 때문이 아니고, 오히려 이 나라는 실제로 40년 동안 투쟁을 벌인 결과로 정부와 건축 사이의 협업이 가능해졌기 때문입니다.

그래서 네덜란드에는 오늘날 하나의 새로운 국가적인 건축이 존재합니다. 비록 그 양상은 다양하게 전개될지라도, 이 국가 건축은 우리 모두에게 유효합니다. 결과적으로 네덜란드에는 건축과 국가 사이에 대립이 더 이상 존재하지 않는다고 말할 수 있습니다.

이러한 성과를 얻기 위해서 우리는 항상 투쟁을 벌였어야 했습니다. 말하자면 지금까지 "이념"을 위해 끊임없이 프로파간다를 진행했습니다. 언제나 여기에서는 '무엇'이 아니라, 그 '방법'이 성과를 얻기 위한 유일한 관건이었습니다. 다른 국가에서도 이와 유사한 활동이 있었는지는 나는 아직 모릅니다. 네덜란드에서 이 프로파간다는 1880년대의 문학 운동과 나란히 진행되었습니다.

이를 자극한 것은 바로 건축가들이었습니다. 무엇보다도 그들은 "아름다움"에 대해 성과 없는 토론이나 글쓰기로 시간을 뺏기지 않았습니다. 우리 시대는 개인주의가 팽배한 상태이기 때문에 아름다움에 대한 논쟁은 과거만큼 의미 있는 성과를 내지 못할 것이 분명합니다. 오히려 우리 건축가들은 철학적 근본 명제들에 합의를 했고 이것을 발판으로 삼았습니다. 건축에서 양식은 아름다움에 관련한 일이 아니라 원리를 세우는 일입니다. 건축가들이 이렇게 생각하고 활동하기 시작했을 때, 대중도 이에 관심을 보여주었을 뿐만 아니라, 무엇보다도 해당 공무원들도 주목하기 시작했습니다.

이제 나는 몇 가지 사실을 언급하려고 합니다. 이는 나 자신의 활동과 관련된 것이기 때문에 먼저 여러분께 양해를 구합니다. 암스테르담에 있는 새 증권거래소 건축물에 관한 사항입니다. 이 설계 계약은 30년 전에 이루어졌습니다. 이것은 도시 당국에 의해 제안된 것이었고 사전에 공모전도 개최되지 않은 상태였습니다. 이런 방식으로 계약을 체결하는 일은 오늘날도 놀라운 것이지만, 그 당시에도 마찬가지였습니다. 공공의 의견과 언론은 이에 반대했기 때문에 거친 항의가 있었습니다. 왜냐하면 건축을 위한 유일한 치유의 길은 공모전에 있는 것처럼 여겨졌기 때문입니다. 제네바에서 멀지 않은 이곳에서 이 주장을 증명하는 일은 불필요해 보입니다.[2]

또 다른 예는 1917년 암스테르담시 도시국장이 담당했던 저렴 주택의 공모전에 즈음하여 표준화 시스템을 사용하자고 제안을 한 경우입니다. 이 과정은 격렬한 논쟁을 불러일으켰고, 무엇보다도 여기에 노동자들이 적극적으로 참여하게 되었습니다. 그들은 당시에도 그랬고 지금도 그렇지만 팽배한 개인주의에 휩싸여 있었습니다. 이들은 연단에 있던 내게 의견을 물었습니다. 그들은 내가 그들을 옹호할 것이고, 표준화 시스템에도 반대할 것이라고 기대했기 때문이었습니다. 그러나 나는 그들의 기대에 전혀 부응하지 않았습니다. 오히려 나는 그들에게는 실망스럽게도 표준화에 대해 찬성하였습니다. 이후 나는 이 아이디어를 강연이나 글을 통해 확산시켜나갔기 때문에, 오늘날 네덜란드에서 표준화는 어느 정도 확립된 상태입니다.[3]

이 회의에서 내가 말하고자 하는 것은 표준화와 규격화를 도입하려는

••

2) (독어본 주) 베를라헤는 여기에서 1927년 제네바의 국제연맹회관 현상설계 공모전을 암시하고 있다. 9개의 작품에 일등상이 주어졌고 여기에 르코르뷔지에와 피에르 잔느레의 설계도 포함되어 있다. 언론에서도 이를 심각하게 다루었고, 많은 논쟁들이 있은 후 결국 역사적 관점의 설계안이 실행되었다. 시공된 안의 건축가는 느뇌(Nenöt), 플레겐하이머(Flegenheimer), 바고(Vago), 브로기(Broggi), 그리고 르페브르(Lefebre)였다. 이 안에 대한 저항으로 인해 CIAM에서 현대적 의식의 건축가들이 결집하게 되었다.

생각에 동의해달라는 것입니다. 이렇게 해야 새로운 건축을 위한 운동은 활력을 얻게 될 것이기 때문입니다.

이 운동을 위해 암스테르담시가 선도 역할을 할 수 있을 것입니다. 이 도시는 이미 잘 알려진 "암스테르담학파"라는 이름으로 진정한 국가적 건축에 생명을 불어넣은 곳이기도 합니다. 또한 암스테르담은 소위 "미관 심의위원회"를 구성한 첫 번째 도시였고, 여러 다른 도시가 이를 뒤따랐습니다. 이 위원회는 모든 설계안을 검사하고 세밀히 연구해서 최선의 안이 시공되도록 하는 일을 맡습니다. 이 과제는 대단히 어렵습니다. 이들에게는 수정할 권한이 있으므로 지나치게 일방적으로 응모안을 선택할 위험이 있습니다. 그러나 위원회는 적어도 새로운 건축의 관점을 옹호하며, 그 결과로 고대의 전통에서 벗어난 설계안만을 선정하게 됩니다.

이제 네덜란드에서 어떤 방식으로 새로운 건축을 위한 프로파간다가 실행되었는지, 그 결과 정부와 새로운 건축 사이에 원칙적으로 대립이 없어지게 된 점을 여러분들에게 해명하려고 합니다. 네덜란드에서는 이로 인해 새로운 건축이 공식적으로 인정되기에 이르렀습니다.

결과적으로 오늘날 네덜란드 건축은 자유롭고 풍요로운 발전을 장려하고 지원하는 토대 위에 서 있습니다. 우리가 사는 이 시대의 건축은 가능한 한 모든 개인주의의 영향에서 항구적으로 벗어나 정화되어야 합니다.

∴

3) (독어본 주) 1918년 베를라헤, 「주거 건축의 표준화(Normalisatie in Woningbouw)」, 로테르담, 1918.

오늘날 엄습한 투쟁은 개인주의에 대항한 공동성의 투쟁입니다. 미래에는 이 공동성이 승리할 것이라는 믿음이 여기에 내재되어 있습니다.

친애하는 동료 여러분, 나는 지금까지 새로운 건축이 국민에게 어떤 방식으로 전달될 수 있는지의 생각을 여러분에게 보여주고자 했습니다. 나는 이 과정의 성과를 내가 사는 나라에서 경험했기 때문입니다. 건축은 어떤 다른 예술보다도 더욱 진보해야 합니다. 왜냐하면 건축만이 유일하게 사회적인 예술이기 때문입니다. 예술과 기술의 두 요소는 건축의 본질을 이룹니다. 우리는 이 둘을 각 개인뿐만 아니라 보편적 일반의 취미에도 부합하도록 해야 합니다.

우리가 건축의 새로운 이념을 관철하려면 반드시 이 개념들을 명료하게 해명해야 합니다.

이에 대한 긍정뿐만 아니라 반대에 대해서도 논해야 할 것입니다. 단지 건축가들 사이에서뿐만이 아니라, 국민 사이에서, 가족들도, 사회 구성원 모두 이 찬반에 관해 토론해야 합니다. 이러한 견해에 동의한다면, 여러분의 나라에서 건축이 어떻게 진행되고 있는지, 이러한 계몽 작업을 여러분의 고향에서도 수행하고 싶은 절실함을 느끼는지 의향을 듣고 싶습니다.

마지막으로, 우리는 유럽이 새로운 문화를 창조할 또 다른 기회를 가질 수 있는지 자문해보아야 합니다. 위대한 양식의 시대처럼, 보편적인 건축이 곧 미적 표현이 될 수 있는 그러한 문화 말입니다. 이 질문에 대한 답이 회의적일지 또는 희망적일지 우리로서는 알 길이 없습니다. 오직 미래만이 알 것입니다.

베를라헤의 생애와 건축예술

베를라헤 건축의 역사적 평가

건축의 역사 서술에서 베를라헤는 암스테르담 증권거래소(Beurs van Berlage in Amsterdam, 1903)의 건축물을 통해 진정한 모더니스트로 평가받고 있다.

건축이 새로워지려고 하는 시대, 곧 19세기 말 베를라헤는 양식을 목표로 적극적인 활동을 시작했다. 그리고 20세기 초에 이르러 그의 건축은 새로운 시대의 건축예술이 되었다. 모던과 양식, 이 두 개념은 얼핏 생각하면 쉽게 화합하기가 어려울 뿐만 아니라, 공존하는 것조차도 가능해 보이지 않는다. 그러나 1920년대 소위 고전적 모더니즘(Klassische Moderne)[1]의 시점, 곧 모던이 정점에 이르렀던 시기에 주도적인 역할을 했던 건축가들, 특히 데 스테일(De Stijl)과 암스테르담학파(Amsterdamse School)의 건축가들은 오히려 그의 건축과 건축론을 인정하고 적극적으로 수용하고 있었다. 그의 영향은 네덜란드에만 머물지 않았다. 이미 1912년 독일의 건축가 미스 반 데어 로에(Mies van der Rohe)에게 베를라헤는 진정으로 새로운 시대를 위한 건축의 진원지였다. 당시 건축계의 주목을 받으며 주도적인 역할을 했던 페터 베렌스(Peter Behrens) 사무실을 미스가 떠났던 결정적인 이유는, 베렌스에게서 건축의 근본과 발전의 가능성이 아니라 위대한 형식(Grosse Form)의 추구만을 볼 수 있었기 때문이다. 이러한 상황에서 실제로 네덜란드 소재 베를라헤의 건축작품은 미스에게 새로운 재료 사용 방식, 엄밀한 구조의 논리, 역사의 양식과는 무관한 조형, 그리고 전혀 다른 정신에 근거한 세계관을 보여주었다. 미스조차도 이러한 세계관을 쟁취하기 위해 힘든 정신적 투쟁을 벌여야 했을 만큼, 이들은 전혀 새로운 것이었다. 베를라헤는 새로운 건축가들에게 그리스나 로마의 고전과 같이 먼 곳에서 오는 희미한 빛이 아니라, 바로 가까이에서 들리는 크고 분명한 목소리의 주인공이었다.

건축의 공론장에서 베를라헤와 대화하고 이에 공감하며 그가 제시한 가치를 확신하던 건축가들이 있었다. 네덜란드의 젊은 건축가들이 그랬다.

그들에게 베를라헤는 건축을 새롭게 정의한 건축가였고, 현실 비평을 통해 시대의 요구에 부응하였을 뿐만 아니라, 역사적 양식의 모방에서 벗

<hr />

1) 이 개념은 한스 야우스(Hans Robert Jauß, *Literaturgeschichte als Provokation der Litera-turwissenschaft*, Konstanz: Konstanz Universitätsverlag, 1967)가 내세운 문학의 역사를 위한 논제에 근거한다.

어나 새로운 건축에 이르는 진정한 길을 찾은 건축가였다. 그리고 그가 성취한 건축은 순수하며 정제되었으며, 사회적 차원의 함의에서 비롯되었다. 그는 작품을 통해 새롭고 민주적인 세계관을 표현했을 뿐만 아니라, 저술을 통해 이를 널리 알릴 재능도 가진 건축가였다.[2]

베를라헤는 "단순함", "진리에 대한 사랑", "깊은 사려"와 "공동체에 대한 의식"의 가치를 건축예술로 실천한 건축가였다.[3]

베를라헤의 가치는 오늘날에도 여전히 유효하다. 1990년에 이르러서 그의 이름은 '베를라헤 인스티튜트(The Berlage Institute, 1990-2012)'라는 건축 교육 기관으로 우리 시대에 새겨졌다. 그의 유산은 건축물뿐 아니라 그가 개진한 건축의 정의와 그 가치에 대한 사유들도 포함한다.

오늘날 그와 건축적으로 대화할 수 있는 중요한 수단은 우선 그가 설계한 건축물들이다. 이 거대한 물성의 도구는 그가 목적으로 삼았던 건축의 상뿐만 아니라, 건축의 정신도 보여준다. 그런데 사실상 이들은 시간이 지나면서 겪었던 시험의 결과도 함께 보여준다. 지금은 기능이 바뀌어 새로운 생명력을 스스로 찾아내야 하는 증권거래소 건축물이 그렇다. 베를라헤가 정의한 건축의 본질을 환기하면, 이 건축물에서 둘러싸는 외피가 보존해야 하는 것은, 이제는 문화라는 새로운 이름이다. 그러므로 당면한 새

..
2) De infloed van Dr. Berlage, *Bouwkundig Weekblad*, 1916, Nr. 44, pp. 321-328, Nr. 45, pp. 330-335; Kohlenbach, *Hendrik Petrus Berlage, Über Architektur und Stil. Aufsätze und Vorträge 1894-1928*, Basel: Birkhäuser, 1991, p. 6.
3) *Ibid.*

로운 역사를 위해 그와 대화를 나누기 위해서는 그가 남긴 강연이나 논문과 소통하는 것은 또 다른 한편으로 효율적이고 생산적이다. 이러한 글에 피력된 건축에 대한 명료한 사유와 건축예술의 근본적인 정의는 시간의 흐름과 무관하게 존속하고, 그 가치도 퇴색하지 않기 때문이다.

베를라헤의 생애

헨드리쿠스 페트루스 베를라헤(Hendricus Petrus Berlage)는 1856년 2월 21일 암스테르담에서 태어났다. 그의 부친은 암스테르담시 도시국에서 높은 직위를 차지하고 있었다.[4] 그는 예술에 조예가 깊었고, 학교 교육을 이수한 후에는 암스테르담에 있는 국립미술아카데미(Rijksakademie van beeldende kunsten)에서 회화를 공부하였다. 이 과정에서 그는 화가로서의 재능이 부족한 것을 깨닫고 난 후, 학과를 건축으로 바꾸었고, 1875년에는 자신의 목표를 취리히 공대(Politechnikum)[5]으로 정했다. 이로써 그는 유럽에서 가장 큰 명성을 얻고 있던 대학교에서 건축을 공부할 기회를 얻게 되었다. 이 학교에는 1855년 설립부터 1871년 빈으로 자리를 옮기기 전까지 강력한 영향을 끼쳤던 고트프리트 젬퍼(Gottfried Semper)가 재직하고 있었다.

베를라헤에게 가장 중요했고, 또 "가장 큰 영감을 주었던" 교수는 율리우스 야콥 슈타들러(Julius Jakob Stadler, 1828-1904)였다.[6] 그는 싱켈(K. F.

⋮

4) 베를라헤의 성장과 건축 학습의 과정은 Kohlenbach, *op. cit.*, pp. 8-14에서 인용
5) 지금의 명칭은 취리히 연방공대Eidgenössische Technische Hochschule (ETH) Zürich이다.

Schinkel)의 바우아카데미(Bauakademie)에서 건축 교육을 마치고, 젬퍼의 조교를 거쳐 훗날 교수직에 이르렀다. 그가 베를라헤에게 젬퍼의 작품과 이론을 소개한 것은 어찌 보면 당연한 일이다. 이 과정에서 젬퍼의 책 『양식론』은 베를라헤의 건축론을 위한 토대였고, 결정적인 영향력을 행사하였다. 특히 공간론의 관점에서 그렇다.[7]

그 밖에도 취리히의 중요한 인물 중에는 예술사학자이자 신학자, 그리고 1848년의 혁명가였던 고트프리트 킹켈(Gottfried Kinkel, 1815-1882)이 있었다. 그는 야콥 부르크하르트(Jakob Burckhardt)와 친구였으며, 부르크하르트가 퇴임한 후 그의 후임이 되었다. 베를라헤는 킹켈을 통해 예술사 전반을 공부했고, 이 교육 과정에서 칸트 이후 독일 철학자들의 미학도 접하게 되었다. 킹켈이나 부르크하르트는 헤겔의 영향 아래 있던 중요한 역사가로서 베를라헤의 지적 토대를 형성, 특히 역사관에 큰 영향을 끼쳤다. 그리고 다른 스승들이 지녔던 중산층의 진보적 확신도 그에게는 중요한 정신적 자산이었다.

1878년 베를라헤는 디플롬 학위를 받으며 학업을 마치게 된다. 그가 제출한 과제는 젬퍼의 영향 아래 작성된 것이었고, 주제는 "공예박물관이 부속된 응용예술학교"의 설계였다. 그의 가구 디자인과 건축 설계에서는 스

6) Kohlenbach, *op. cit.*, p. 8.
7) 젬퍼는 공간론의 주인공(양식론의 핵심이지만 미완의 제3권의 내용)이었고, 베를라헤가 이를 수용하여 공간을 건축의 주제로 인식하고 있다.(『건축예술의 근본과 발전』) 그런데 구체적인 공간의 논리 전개는 젬퍼의 다른 제자였던 한스 아우어에게 더 분명하다.(Hans Auer, "Die Entwicklung des Raumes in der Baukunst", in *Allgemeine Bauzeitung* 48, 1883, p. 65ff)

승의 그림자가 확연하게 감지되고 있다. 베를라헤는 교양인이라면 필수라고 여겼던 여행(Bildungsreise)을 위해 1879년 독일로 향했고, 프랑크푸르트 소재 파놉티쿰에서 일했다. 그리고 1880년과 1881년에는 이탈리아를 여행했다. 이때 받은 인상을 일기에 자세하게 기록해두었으며 다수의 스케치도 남겼다.[8]

　베를라헤가 실무 건축가로 첫발을 내딛게 된 시점은 1881년 말이었다. 그는 암스테르담으로 돌아와 테오도어 잔더스(Theodor Sanders) 건축사무소에 입사해서 일했고, 1884년에 그의 파트너가 되어 함께 작업한 프로젝트에 공동으로 서명하게 되었다.

　이 시기의 암스테르담은 비록 더디기는 했지만 새로운 도시로 변모해가고 있었다. 거주 인구수는 급격히 증가하고 있었고, 도시 중심부의 황폐한 주거 건축물의 자리에는 점점 더 많은 건축물, 곧 상업 건축물, 은행, 일련의 대형 백화점과 중앙역이나 박물관, 중앙우체국이나 증권거래소와 같은 공공 건축물이 들어서게 되었다. 과거 이 도시의 성곽 영역 주변에도 새로운 도시 영역들이 주거 건축물들과 함께 조성되었다.

　이 과정에서 도시 하부구조를 개선할 목적으로, 증가하는 교통량에 대응하여 도로가 건설되고 운하는 메워졌다. 베를라헤와 잔더스는 건축가로

∙∙
8)　Pieter Singelenberg, *H. P. Berlage, Idea and Style, The Quest for Modern Architecture*, Utrecht: Haentjens Dekker & Gumbert, 1972, pp. 23-42. 여행은 투린에서 로마, 시칠리, 피렌체, 베니스 등의 도시를 거쳤다.

서 이 과정에 참여했는데, 잔더스는 특히 사업가로서의 기질도 갖추고 있었기 때문에 암스테르담시의 발전 가능성을 분석한 후 증기기관차 선로 건설 허가를 받아내기도 했다. 이러한 과정에서 베를라헤는 일찍부터 도시 계획의 문제와 대면하게 되었다.[9]

이 시기 그가 잔더스와 함께 진행한 가장 중요한 프로젝트는 포케 멜처 (Focke & Meltzer) 사옥의 건축(1885)과 1884년부터 1885년에 걸친 암스테르담 증권거래소 건축의 공모전 설계안이었다.[10] 잔더스와 베를라헤는 당시에 널리 통용되던 네오 르네상스 양식으로 이 건축물들을 설계하였고, 종종 여러 국가의 변형 형식을 혼합하는 절충주의적 방식으로도 설계하였다. 증권거래소 건축 프로젝트도 17세기 네덜란드 르네상스 양식에 충실한 설계였다. 이 두 건축가가 제시한 계획안은 199개의 응모작 가운데 네 팀과 함께 최종 후보작에 들게 되었다. 그러나 어떤 안도 실행에 옮겨지지 않았다. 이 상황에서 베를라헤는 1896년 이 현상설계와 상관없이 증권거래소의 설계권을 얻게 되었다. 이후 1889년 베를라헤는 독립하여 암스테르담에 설계사무소를 열었다.

그러나 설계 의뢰를 거의 받지 못하자 그는 주로 공모전에 응모하거나 이상적 계획안들을 통한 건축 연구에 집중하였다. 그 가운데 하나는 파리 만국박람회를 위해 제출한 절충주의적 기념비 건축물의 하나인 「역사적 기

---

9) Manfred Bock, *Anfänge einer neuen Architektur*, Den Haag/Wiesbaden: SDU, 1983, pp. 89 ff.
10) 이외에도 중요한 프로젝트와 실현된 건축물은 Singelenberg, *op. cit.*,; Bock, *op. cit.*, 참고.

념비(Monument Historique)」(1889)였다. 1889년에서 1890년 사이에는 쥣펀
(Zutphen) 시청사를 위한 계획안을 작성하기도 했다.

이와 동시에 그는 1887년부터 암스테르담 크벨리누스(Quellinus) 소
재 국립공예예술학교(Rijksschool voor Kunstnijverheid)에서 교수로 임명되
어 1896년까지 학생들을 가르쳤다.[11] 1879년 카이페르스(P. J. H. Cuypers,
1827-1921)가 설립하였고 네덜란드에서 가장 유수한 이 공예예술학교는
건축 실무를 위한 디자이너를 교육시키던 곳이었다. 베를라헤 자신도 이
곳에서 일했던 것을 자랑스러워했다. 그는 이 과정에서 괴테가 쓴 문장을
자주 인용하였다고 한다.[12]

재능이 형성되는 곳은 고요함에서, 그러나 성격은 세상의 거대한 흐름 속에
서 형성된다.

베를라헤의 건축작품

베를라헤는 건축가로 독립한 후, 초기 몇 년 동안은 새로운 건축의 진정
한 근간을 찾으려고 노력했다. 1890년의 초기 강연을 들어보면, 그는 "지
난 50년"의 역사적 건축을 폐기해야 한다고 주장할 정도였음을 알 수 있
다. 그리고 베를라헤에게 이를 대신할 건축은 비올레르뒤크(Viollet-le-Duc)

..

11) 1896년 증권거래소 설계 계약을 체결하면서 그는 이 교수직을 포기해야 했다. Singelenberg,
   op. cit., p. 108.
12) *Ibid.*, p. 53.

의 합리주의였다. 현실의 상황을 비판적으로 조명하며, 그가 던진 질문은 더없이 직설적이고 날카로웠다.

건축가 여러분, 도대체 당신들은 왜 벽돌을 겉으로 노출시키지 않고 감추어 둡니까? 이 벽돌이 포틀랜드 시멘트의 회색보다도 덜 아름답기 때문입니까? (…) 도대체 이 재료로 만든 처마돌림띠를 왜 또 건물에 둘러댑니까? 건물의 외관을 미장이 망쳐놓는데도 어찌하여 방관하고 있습니까? (…) 건축가 여러분, 당신들은 거짓말쟁이입니다. 당신들은 우리를 속이고 있습니다.[13]

또한 당시 도시 확장에 대해서도 베를라헤는 과격한 비판을 이어갔다.

엄청난 도시의 확장, 과격한 투기 열풍, 예술에 대한 애정조차 없는 행정 관청 직원들, 이 모든 것이 도시의 확장으로 인해 야기될 수 있는 가장 나쁜 모습의 도시를 만들어내는 원흉입니다.[14]

건축을 새롭게 하려면 건축물의 구조적 핵심이 그 근본 바탕이 되어야 했다. 베를라헤는 중세와 고딕, 그리고 로마네스크 건축의 진실한 구조를 훌륭한 예로 제시했던 비올레르뒤크의 다음 문장을 모토로 삼았다. 이를 바탕으로 그는 건축물이란 "단순화된 형태의 진실한 구조"라고 정의했다.

∴

13) 1890년의 미출간 원고. 이 원고는 네덜란드 건축연구소(NAI) 박물관에 보관되어 있었다. 이 원고를 다룬 저서는 다음과 같다. *H.P. Berlage 1856-1934, Ausstellungskatalog,* 1975, p. 13; Singelenberg *op. cit.,* p. 58; Bock, *op. cit.,* pp. 103, 135-139.
14) *Ibid.*

구조에 의해 정의되지 않은 형태는 거부되어야 한다.

베를라헤는 암스테르담에서 비올레르뒤크 건축을 수용한 네덜란드 건축가 카이페르스의 작품들을 연구하였다. 그의 건축은 고딕과 르네상스의 형태들을 엄선하여, 이를 새롭게 조합해가는 방식으로 건축 작업을 했으며, 의식적으로 벽돌을 건축의 재료로 선택해서 기념비적 건축을 창조해냈다. 그리고 무엇보다도 베를라헤에게 큰 영감을 주었던 것은 여러 수공 분야와 예술 분야를 통합하여 소위 하나의 종합예술작품으로 창조해낸 것이었다. 그의 작품에 담겨 있는 합리주의의 근본은 베를라헤에게 강한 인상을 심어 주었고, 베를라헤는 이를 건축을 새롭게 정의할 수 있는 근거로 받아들이기도 했다. 그런데도 고딕이나 르네상스의 형태들을 정확하게 복제하는 일은 그에게 더 이상 중요한 문제도 아니었을 뿐만 아니라, 건축물은 사회적 상징성을 가져야 한다는 주장도 그로서는 더 이상 받아들일 수가 없었다.

귀족적이고 철저하게 가톨릭적인 성향을 지녔던 카이페르스의 교회 건축에서 베를라헤는 그 어떤 감흥도 찾지 못했다. 오히려 베를라헤는 민주적 사고를 지향했고, 급진적 좌파에 속했으며 19세기 말에 시작된 노동자 운동에도 깊이 관여했다.

그는 시인, 지식인들과 교류했고 또 그들로부터 많은 영향을 받았다. 이들은 네덜란드 밖에서 새롭게 유행하던 인상주의적, 상징주의적 경향에 매료되어 심리 연구, 회화적 분위기의 묘사 등을 통해 인간의 삶에서 영혼이 어떻게 생명력을 얻는지를 표현하려고 했다. 그들의 신조는 내용과 형식의 통일이었다.

1889년에서 1893년에 이르는 기간 동안 베를라헤는 작품 수주를 거의 하지 못했다. 간혹 있더라도 거의 의미 없는 계약들이었다. 그러나 그가 공모전에 제출한 안들과 그가 그린 도면들은 탁월했기 때문에 건축가들로부터는 주목을 받았다. 성장세를 보이던 두 기업으로부터 1893년에 새로운 건물의 설계 의뢰를 받게 되면서 베를라헤의 상황은 달라졌다. 그하나는 「데 알게메네(De Algemeene)」, 다른 하나는 「데 네덜란덴 1845(De Nederlanden van 1845)」 사옥 설계였다.

1896년 이후 그는 암스테르담 증권거래소의 설계와 시공을 위해 많은 노력을 기울였다. 베를라헤가 이 계약을 얻게 된 데에는 급진 좌익당의 도시 계획 분야 관료였던 트로입(M. W. F. Treub)의 전략적 도움이 컸다. 그는 위원회에서 베를라헤를 건축가로 지명하는 데 결정적 역할을 했던 것이다.[15]

이 증권거래소는 1903년에 완공되었다. 완공에 이르기까지 그는 외부 입면을 위한 여러 설계안을 제시했다. 건물을 시공하는 도중에도 이 입면에 대한 안들이 작성될 정도로 수정 작업이 끊임없이 이루어졌다. 결국 이러한 노력은 그 유례가 없을 정도로 순수한 건축을 창작하려는 의지에서 비롯되었다. 입면 전체를 변화시키지 않으면서도 면 분할을 섬세하게 완성해간 과정은 이미 그가 1894년 「건축예술과 인상주의」에서 표명한 내용을 실현한 셈이다.

••
15) Kohlenbach, *op. cit.*, p. 10.

이 건축물 전체 몸체는 장방형의 육면체 블록처럼 보인다. 그리고 벽면이 평평한 면으로 구축되어 있기 때문에 이 입체감은 한층 더 돋보이고 있다. 이렇게 이 증권거래소 건축은 베를라헤 스스로 여러 저술에서 선언한 '외벽의 건축'을 강렬하게 표현하고 있다.[16]

베를라헤는 1897년에서 1900년에 이르기까지 증권거래소를 건설하는 도중에도 다른 여러 공공 프로젝트를 수주하게 된다. 그는 처음으로 교량을 설계하여 완공했고(1899-1903), 오랫동안 여러 안들을 제시하며 암스테르담 남부 확장 도시 계획에도 몰두하였다(1900-1917). 이 계획안은 마침내 1918년부터 실행되었다. 이외에도 주거 건축을 다루었다. 1906년 덴하흐 소재 평화궁전을 위한 국제현상설계에 참여했지만, 성과를 내지 못했다. 베토벤하우스(1907-1908), 바그너극장(1910), 평화 기념비였던 「인류의 판테온(Pantheon)」(1915, 제1차 세계대전 기념비) 등과 같이 여러 기념비적 건축물 설계도 진행했지만 이를 실제로 짓지는 못했다.

1908년에는 건축적 맥락을 고려하여 세심하게 계획한 덴하흐시 개조안을 자세한 설명문과 함께 출판했다.[17] 대규모 도시 계획과 주거 건축 계획이 포함된 이 계획안의 계기가 된 것은 1901년 제정된 네덜란드 주거건축 법규였다. 이 법규의 규정에 따르면, 10년마다 도시 확장 계획안을 마련해야 했고, 국가의 재정지원을 통해 주거건축협회가 설립되어야 했다.

∴

16) 이 증권거래소는 전술한 것처럼 오늘날에는 더 이상 그 기능을 수행하지 않는다. 현재는 큰 개조 없이 행사장으로 사용되고, 작은 홀 두 개는 음악회가 열리는 공간으로, 큰 홀은 기획 전시 공간으로 활용되고 있다.
17) 「도시건축에 관하여」, pp. 153-154 참고.

1913년 베를라헤는 기업가였던 크뢸러(A. G. Kröller)와 그의 아내이자 예술품 소장가였던 헬레네 크뢸러뮐러(Helene Kröller-Müller)와 설계 계약을 체결하였다. 그는 이미 1912년 이 부부의 주택을 설계했는데, 베를라헤 이전에 페터 베렌스와 미스 반 데어 로에가 이 주택에 대한 계획안을 제시한 적도 있었다. 건물의 용도는 주택이지만 대규모 예술 소장품을 소장하고 전시하는 기능도 해결해야 했다. 베를라헤는 1919년까지 예외적으로 이 기업과 크뢸러뮐러 가문의 건축물에만 전념하였다. 그러나 그가 크뢸러뮐러 부인과 맺었던 건축 계약은 의견 차이로 인해 1919년 파기될 수밖에 없었다. 베를라헤가 오직 이 크뢸러뮐러 가문을 위해서만 일하겠다고 결심한 이유는 "자신의 예술에 헌신할 수 있다."는 "순진한 기대" 때문이었다고 한다.[18]

베를라헤의 대표적 후기 작품은 「덴하흐 시립미술관(Gemeentemuseum, Den Haag)」이다. 1920년 설계된 이 작품은 상부에 둥근 천장이 있는 홀 형식의 진입부로 구성되었고, 기본적으로 더 단순화된 계획안에 따라 베를라헤의 사후 시점인 1934에서야 완공되었다.

그런데 그의 건축을 특징짓는 철근콘크리트 구조의 외관을 처음으로 아무런 타협 없이 보여준 건축은 1927년 완공된 덴하흐 소재 「데 네딜란덴 1845」 보험회사 사옥이었다.

..

18) Jan & Annie Romein, *Hendrik Petrus Berlage, 1938-40*, 1971, p. 864 인용; Kohlenbach, *op. cit.*, p. 12.

베를라헤의 저술과 건축론

베를라헤의 명성은 오랫동안 암스테르담 증권거래소에만 국한되어 있었지만, 그의 사후에 수많은 건축작품을 포함한 여러 출판물이 출간되었다.[19]

여기에는 베를라헤가 건축에 기여한 공적이 상세하게 기록되어 있고, 선구자적인 생각들과 진보적 사유들도 함께 실려 있다. 그런데도 이론가로서 그가 쓴 중요한 텍스트들에 접근할 수 있는 길은 여전히 충분하게 열려 있지 않았다. 베를라헤는 중요한 논문을 독일어로도 출판했는데, 이로부터 약 80년의 세월이 지난 후에야 독일어권에서 다시 그의 글들이 출판되기 시작했다. 그리고 영미권에서는 1996년에 가서야 영역본으로 출판되었다.[20]

베를라헤의 저술 목록[21]을 보면, 그가 평생 놀라울 만큼 많은 양의 저술을 남겨두었음을 알 수 있다. 중요한 논문들은 여러 번에 걸쳐 출간되었고, 그 가운데 몇몇 논문들은 여러 언어로 번역되었다. 베를라헤는 자주 여행했고 강연도 했으며, 많은 회의에도 참석하였다. 이렇게 그는 건축 분야에서 주도적인 인사들과 끊임없이 교류했고, 이러한 소통을 통해 동시대인들에게 자신의 이념을 공고히 했다. 암스테르담 증권거래소가 완공된

:

19) 앞서 언급한 Singelenberg *op. cit.*; Bock, *op. cit.* 이외에도 S. Polano, *H.P. Berlage, opera completa*, Milano: Electa, 1987 참고.

20) 1985년에 이탈리아어로 베를라헤가 쓴 텍스트들이 새롭게 출판되었다. H. van Bergerijk, *Hendrik Petrus Berlage. Architettura urbanistica estetica*, Bologna: Zanichelli, 1985 참고.

21) 이 책의 부록 참고.

후 그는 독일(1904)과 스위스(1907)에서 강연을 했고, 1911년에는 미국으로 건너가 장기간 체류하며 강연을 하기도 했다.

이렇게 남아 있는 많은 원고들 가운데 이 선집에서는 몇 편을 선별하였다. 핵심적이며 영향력이 큰 원고들을 선정하는 것이 의미 있다고 판단했다. 이 책에 실린 여섯 텍스트는 베를라헤 건축 이론의 여정을 기록하는 것으로서 가치가 있으며, 기능과 예술, 전통과 혁신의 종합에 이르게 하는 길을 보여주는 것이기도 하다.

베를라헤의 텍스트 「건축예술과 인상주의」(1894)의 시작에서 알 수 있듯이, 우선은 단지 사유의 차원에 국한되긴 했지만 베를라헤는 당시의 역사주의 건축과 결별했다. 이어서 그는 새로운 건축에 대한 비전도 발전시켜 나가고 있다.[22] 이어진 세 편의 글은 베를라헤가 발전시킨 건축이 정점에 이르렀을 때의 이론적 지형을 보여주고 있다. 여기에서 그는 이론적 스승이었던 젬퍼와 비올레르뒤크에게 경의를 표하고, 또 동시대 건축가였던 무테지우스(Muthesius)와 예술비평가였던 셰플러(Scheffler)와는 진지하게 대결해나갔다.

그가 서술하고 있는 내용은 자신의 의지(「건축예술의 양식에 관한 고찰」, 1904), 미래 건축의 형태, 자신이 살고 있던 시대 자체(「건축예술의 발전 가능성에 관하여」, 1905), 그리고 설계 방법론과 실용미학(「건축예술의 근본과 발전」, 1907)이었다. 그가 집중적으로 도시 계획 설계에 종사하던 시기에는 여러

⁘

22) Bock(1983)은 베를라헤 초기 작품의 연구에서 이 논문을 중심에 두었다.

계획안을 통해 네덜란드 도시의 이미지를 결정적으로 각인시켰을 뿐만 아니라, 도시를 주제로 중요한 논문도 작성하였다.(「도시건축에 관하여」, 1909)

그는 자신의 견해를 생애 마지막 순간까지 견지하였다. 1928년 라사라에서 개최된 CIAM 첫 회의에서 행했던 그의 연설에서도 마찬가지였다.(「근대건축을 위한 투쟁과 국가의 역할」, 1928) 여기에서 그는 건축가와 사회를 움직이는 힘들이 서로 긴밀하게 협력해야 한다는 전제를 다시 한 번 피력했으며, 국가의 차원에서 시공 과정을 표준화하는 정책과 같은 구체적인 안을 강력하게 요구하였다.

그는 "신즉물주의"의 건축가들이 그에게 헌정한 커다란 명예를 누리기는 했지만, 이 새로운 세대의 자세, 또 그들이 사용한 건축적 수단은 오히려 그에게는 낯선 것이었다. 그는 CIAM 회의석상에서 게리트 리트펠트(Gerrit Rietveld)에 대해 다음과 같이 공개적으로 비판했다고 한다. "내가 구축해나가는 것을 당신은 파괴하고 있소." 그리고 당신의 새로운 건축에는 "감정의 요소가 빠져 있답니다."[23]

베를라헤는 독일어로 강연할 경우, 독일어로 글을 썼다. 「건축예술의 양식에 관한 고찰」, 「건축예술의 근본과 발전」, 그리고 라사라에서 열린 「CIAM 회의 연설」의 경우가 그렇다.[24]

∴

23) 리트펠트는 베를라헤가 했던 말을 1960년 11월 27일 알도 반 아이크(Aldo van Eyck)에게 보낸 편지에서 언급하고 있다. Aldo van Eyck, *Niet om het even*, Amsterdam: van Gennep, 연도표기 없음, p. 74.
24) 베를라헤가 독일어로 쓴 텍스트 일부는 나중에 네덜란드어로 번역되었다. 「건축예술의 발전

베를라헤의 문체에 대해 언급된 적이 있었다. "그의 문체에는 특이하게도 구조가 결여되어 있다. 그의 건축에서 구조가 가장 중요한 특징을 이루고 있음에도 말이다."[25] 독일어 판본의 콜렌바흐가 주장한 것처럼, 베를라헤의 강점은 분명히 유려한 문체에 있지 않다.[26] 오히려 핵심을 파고드는 문장에 그의 강점이 있고, 우아함보다는 생동감을 중시하려는 경향이었다.

그의 글들은 전환기 시점에서 건축이 제시해야 할 질문들을 반영하고 있다. 그리고 이 질문들은 한 건축가가 찾고자 했던 동기에 대한 깊은 통찰을 드러내고 있으며, 바로 이것이 동시대에 큰 영향을 끼치게 되었다. 이 글들을 통해 베를라헤는 자신의 확고한 신념을 보여주었을 뿐만 아니라, 자신의 건축을 통해 표현했던 사유의 과정도 함께 보여주고 있다. 여기에서 중요한 것은 그가 도달하려고 했던 목표에 대한 확신이었고, 이외에도 기술적 가능성, 또한 사회가 요구하는 것, 그리고 무엇보다도 미학이 요구하는 가치들이었다.

독일어 편집본을 낸 콜렌바흐는 베를라헤의 건축 세계가 특별히 대립의 구도에 기초한 통합적인 성격의 사유라는 것을 강조하고 있다. 그의 관점에 따르면 베를라헤는 종종 모순되는 요소들 사이의 긴장을 해소하려고 노력했고, 감정에 휩싸이지 않은 상태로 중재를 시도하기도 하였으며, 결

..

가능성에 관하여(Beschouwingen over bouwkunst en hare ontwikkeling)』(1911)에서 베를라헤는 "이 고찰들은 원래 강연을 위해 기록한 것이며, 독일어로 기록하였다."고 표기해 두었다.
25) Jan & Annie Romein, *op. cit.*, p. 894.
26) 이 점이 무엇보다도 번역을 어렵게 한 요인이었다.

단을 내려 하나의 입장을 견지하기도 했다. 그런데도 그는 언제나 유연한 자세였으며, 그래서 특히 자신의 의지에 반해 새로운 사실들이나 발전들도 수용할 수 있었다는 것이다.[27] 그는 철근콘크리트 재료에 대한 베를라헤의 입장을 예로 들었다. 증권거래소 건축을 완공한 시점인 1905년 그는 석재와 철 구조물을 서로 연결하려던 시도는 실패로 돌아갔다고 주장했다. 분명히 마음속으로는 받아들이기 어려웠겠지만, 그는 새로운 철근콘크리트의 가능성을 인정하고 이 재료의 유용성을 긍정하는 주장을 폈다. 이 재료가 미적인 차원이 결여되어 있음에 안타까움을 토로했지만, 결국은 이 재료가 우위를 점하리라는 것을 인정했다. 그리고 그는 건축가들에게 이 새로운 재료를 사용하도록 요청하였다.[28]

베를라헤는 미래의 요구를 거부하지 않았다. 그러나 다른 한편으로, 과거 여러 시대의 건축가들에게 그가 깊은 경외심을 표했다는 사실 또한 알 수 있다. 또한 「건축예술의 양식에 대한 고찰」에서 언급한 것처럼, 그는 역사적 도시의 아름다움에 대해 찬사를 아끼지 않았다. 그는 새로운 시대가 요구하는 것을 간과하지 않으면서도 과거의 아름다움을 되찾아 다시 우리 시대의 가치로 만드는 일에 평생을 바쳤다. 막 도래한 기계 시대를 맞아 베를라헤는 건축을 통해 예술을 구원하기 위해 커다란 노력을 기울였다.

그리고 그가 도달하려고 했던 목표는 새로운 시대가 요구하는 새로운 양식의 건축이었으며, 암스테르담 증권거래소와 다른 여러 건축물을 통해

..

27) Kohlenbach, *op. cit.*, p. 14.
28) 「건축예술의 발전 가능성에 관하여」, pp. 72–75.

서 이 요구 사항을 실천하려고 노력했다. 한편으로는 기념비적인 건축물을 통해서 자신이 추구해왔던 양식의 발전을 구체적으로 증명하였고, 다른 한편으로는 이미 1894년 「건축예술과 인상주의」에서 제시했던 새로운 양식의 가치가 그의 건축관의 근간을 이루었다.

"그런데도 고요한 자태의 이 벽면은 진한 색의 면들과 대비를 이루며 오직 몇 곳만 풍요로운 조각상들로 장식되어 있다. 그리고 대부분 단순하게 남겨져 일부분만이 섬세하게 의상처럼 장식된 곳. 이렇게 진지한 작품, 그것은 스스로 말을 걸어오며 우리에게 감동을 준다. 이 작품은 세상의 혼란과 상실된 질서에서 벗어나 스스로 높게 솟아 있다."[29]

..
29) 「건축예술과 인상주의」, p. 36.

베를라헤 저술 목록

[베를라헤의 논문과 강연은 부분적으로 중복 출판되었고, 경우에 따라 제목도 바뀌었다. 바뀐 제목은 괄호로 표기하였다.]

1885

1 De St. Pieterskerk te Rome, *Bouwkundig Weekblad*, No. 5, pp. 26-29, No. 6, pp. 33-36.

2 Amsterdam en Venetie, *Bouwkundig Weekblad*, No. 34, pp. 217-220, No. 36, pp. 226-229, No. 57, pp. 232-235.

1884

3 De retrospective kunst, *Bouwkundig Tijdschrift*, IV, No. 30, pp. 77-88.

4 Gottfried Semper, *Bouwkundig Weekblad*, No. 21, pp. 142-146.

1886

5 De Dom te Milan, *Bouwkundig Weekblad*, No. 21, pp. 124–127.

6 De plaats die de bouwkunst in de moderne aesthetica bekleed, *Bouwkundig Weekblad*, No. 27, pp. 161–165, No. 28, pp. 169–172.

7 Indruk van de Jubileumstentoonstelling te Berlijn, *Bouwkundig Weekblad*, No. 34, pp. 203–207.

1887

8 Ingezonden brief aan de redactie, *Bouwkundig Weekblad*, No. 45, p. 275.

1888

9 Een reisje door noord-westelijk Frankrijk, *Bouwkundig Weekblad*, No. 13, pp. 81–84, No. 14, pp. 87–90, No. 15, pp. 94–97.

1889

10 Blijde inkomsten en steden in feesttooi, *Bouwkundig Tijdschriflt*, No. 35, pp. 23–56.

1892

11 De kunst in stedenbouw, *Bouwkundig Weekblad*, No. 15, pp. 87–91, No. 17, pp. 101–102, No. 20, pp. 121–124, No. 21, pp. 126–127.

1893

12 Is het schoone in de kunst ideaal of reeel, subjectief of objectief, *Bouwkundig Tijdschrift*, No. 39, pp. 25–29.

1894

13 Kunst en samenleving, *De Amsterdammer*, 11. Februar.

14 Het karakter van moderne bouwwerken, *Bouwkundig Weekblad*, No. 12, pp. 82–83.

15 Bouwkunst en impressionisme, *Architectura*, No. 22, pp. 93–95, No. 25, pp. 98–

100, No. 24, p. 105, 106, No. 25, pp. 109-110.

1895

16 Over architectuur, *De Kroniek*, No. 2, pp. 9-10, No. 8, pp. 58-59.

17 Schouwburgen, *Bouwkundig Weekblad*, No. 2, pp. 7-10, No. 5, pp. 16-19, No. 6, pp. 36-40.

18 Iets over Gothiek, *Architectura*, No. 17, pp. 70-72, No. 18, pp. 75-76, No. 21, pp. 86-87, No. 23, pp. 95-95, No. 24, pp. 97-99.

19 Over architectuur, *Tweemaandelijksch Tijdschrift*, No. 6, pp. 417-427, 1896, No. 3, pp. 202-235.

20 Ijzer en steen, *De Kroniek*, No. 46, pp. 362-563.

1896

21 Versieringskunst: Tentoonstelling in Haarlem, *De Kroniek*, No. 58, p. 34.

22 Versieringskunst: Een nieuw tijdschrift, *De Kroniek*, No. 65, pp. 92-93.

23 Architectuur en versieringskunst, *De Kroniek*, No. 67, p. 108.

24 Fransche Teekenaars, *Bouwkundig Weekblad*, No. 31, pp. 189-191, No. 32, pp. 195-198, No. 35, pp. 213-216, No. 36, pp. 219-220.

25 Versieringskunst: Een fraai boek, *De Kroniek*, No. 74, pp. 162-165.

26 De arbeiderswoningen aan de gedempte Lindengracht, *De Kroniek*, No. 98, pp. 360-361.

27 Een nieuw gebouw, *De Kroniek*, No. 104, pp. 408-409.

1897

28 Duitsche architectuur, *De Kroniek*, No. 113, pp. 59-60.

29 Dr. P. J. H. Cuypers, *De Kroniek*, No. 125, p. 153.

30 Dr. P. J. H. Cuypers, *Eigen Haard*, No. 21, p. 533-335.

1898

31 De nieuwe St. Bavo te Haarlem, *De Kroniek*, No. 176, p. 148.

32 Over architectuur, *De Kroniek*, No. 191, p. 295.

33 De beurs te Amsterdam, *Bouwkundig Weekblad*, No. 14, pp. 99–102, No. 15, pp. 109–112.

1900

34 Een nieuw produkt, *De Kroniek*, No. 263, p. 5.

35 J. H. de Groot. Iets over ontwerpen in de architectuur, *De Kroniek*, No. 303, p. 326.

1901

36 De nieuwe beurs te Amsterdam, *De Ingenieur*, 9. November, pp. 722–726.

1903

37 Gottfried Semper, *Architectura*, No. 6, pp. 46–47, No. 7, pp. 54–55, No. 8, pp. 62–63, No. 9, pp. 70–72, No. 10, pp. 79–82, No. 11, pp. 88–89.

1904

38 Architectonische toelichting tot het plan van uitbreiding der Stad Amsterdam tussen Amstel en Schinkel, *Gemeenteblad van Amsterdam*, 1, p. 867, 1725.

39 *Over stijl in bouw- en meubelkunst*, Amsterdam 1904, Rotterdam 1908, 1917, 1921.

40 Thema behandelt op het congres te Madrid, *Architectura*, No. 21, pp. 163–164. (비교. 47)

41 Voor-Historische Wijsheid, *Architectura*, No. 45, pp. 365–366.

1905

42 Feestrede, *Architectura*, (*Architectura et Amicitia* 50주년 특별 기념호) pp. 4–6.

43 Beschouwingen over stijl, *De Beweging*, No. 1, pp. 47–83. (비교. 44와 62)

44 *Gedanken über Stil in der Baukunst*, Leipzig 1905. (비교. 43)

45 Over de waarschijnlijke ontwikkeling der architectuur, *Architectura*, No. 29, pp. 239–240, No. 30, pp. 247–248, No. 31, pp. 259–260, No. 32, pp. 266–267, No. 33, pp. 273–274, No. 36, pp. 303–304, No. 41, pp. 371–373, No. 42, pp. 379–

381. (비교. No. 62)

46 Huizen van De Bazel, *De Kroniek*, No. 544, p. 166.

1906

47 Influence des procedes modernes de construction dans la forme artistique, in:
    6e Congres International des Architects, tenu a Madrid du 6 au 13 avril 1904,
    Comptes-Rendup. Madrid, 1906, pp. 174–176. (비교. 40)

48 K. pp. C. de Bazel, *Elsevier's geillustreerd maandschrift*, No. 32, pp. 75–87.

1907

49 Ter herinnering, *De Kroniek*, 19. Oktober, p. 9.

50 Baukunst und Kleinkunst, *Kunstgewerbeblatt*, N. F., XVIII, pp. 183–188, 251–
    245. (비교. No. 64)

1908

51 Slotvoordracht/Samenvatting, in: *Voordrachten over bouwkunst*, Amsterdam o. J.
    pp. 341–394. (비교. No. 62, No. 55)

52 Concertzalen, *Toonkunst*, IV, No. 1, 4. (비교. No. 64)

53 Eenige beschouwingen over de klassieke bouwkunst. Voordracht gehouden in
    de jaarvergadering van het Genootschap van leraren an gymnasia, *De Beweging*,
    No. 8, pp. 115–134. (비교. No. 64)

54 *Grundlagen und Entwicklung der Architektur. Vier Vorträge, gehalten im
    Kunstgewerbemuseum Zürich*, Berlin 1908, Rotterdam 1908. (축약본 in: No. 67,
    No. 73)

1909

55 Over architectuur, *Onze Kunst*, VIII, pp. 21–29, 60–69. (비교. 51)

56 Het uitbreidingsplan von 's-Gravenhage, *Bouwkunst*, I, pp. 97–144. (비교. No.
    59, 독일어 축약본; No. 60, 독일어로 축약 출간; No. 64, Stedenbouw.)

57 Alfred Messel, *De Beweging*, No. 8, pp. 115–116.

58 Kunst en Maatschappij. Voordracht gehouden voor het studentenleesgezelschap

voor sociale lezingen, *De Beweging*, No. 11, pp. 166-186, No. 12, pp. 229-264. (비교. No. 62, No. 80)

59 Über Städtebau, *Neudeutsche Bauzeitung*, pp. 393-397, 408-410. (비교. No. 56, No. 64 네덜란드어 완역)

1910

60 Der Haagsche Stadterweiterungsplan, *Der Städtebau*, No. 5, pp. 49-54, No. 6, pp. 65-68. (비교. No. 56; No. 64 네덜란드어 완역)

61 Iets over de Moderne Duitsche Architectuur ende Brusselsche Tentoonstelling, *De Beweging*, No. 11, pp. 151-156, *Bouwkundig Weekblad*, No. 46, pp. 542-543. (비교. No. 64)

62 *Studies over bouwkunst stijl en samenleving*, Rotterdam 1910, 1922. 다음 논문들의 편집본: Kunst en Maatschappij (1909); Beschouwingen over stijl (1905); Over de waarschijnlijke ontwikkeling der architectuur, 1905; Opmerkingen over Bouwkunst (d. i. Slotvoordracht/Samenvatting, 1908); 개정판에는 《De Crisis ende kunst》 (1922)이 추가됨.

1911

63 Over moderne Architectuur, *De Beweging*, No. 2, pp. 45-59. (비교. No. 82; No. 66, 독일어)

64 *Beschouwingen over bouwkunst en hare ontwikkeling*, Rotterdam 1911. 다음 논문들의 편집본: Eenige beschouwingen over klassieke bouwkunst (1908); Bouwkunst en kleinkunst (1907), Baukunst und Kleinkunst의 네덜란드어 번역; Iets over Moderne Duitsche Architectuur en de Brusselsche tentoonstelling (1910); Stedenbouw (1909); Concertzalen (1908); Over baksteenbouw.

65 Kunst en gemeenschap, *De Beweging*, No. 4, pp. 225-238. (비교. No. 70 und 72)

66 Über moderne Baukunst, *Zeitschrift des österreichischen Ingenieur- und Architekten-Vereins*, No. 21, pp. 321-326. (비교. No. 63, 82, 네덜란드어)

1912

67 Grondslagen en ontwikkeling der architectuur, *De Beweging*, No. 1, pp. 17-35.

(No. 54의 요약본, 비교. No. 73)

68 Waar zijn we aangeland, *De Beweging*, No. 4, pp. 1-13; *Bouwkundig Weekblad*, No. 14, pp. 160-161, No. 15, pp. 170-179; 부분적으로 출간 in: *Architectura* No. 8, p. 64.

69 Amerikaansche Reisherinneringen, *De Beweging*, No. 6, pp. 295-300, No. 7, pp. 47-56, No. 8, pp. 105-121, No. 9, pp. 278-287, No.10, pp. 46-61. (비교. No. 79)

70 Kunst und Gemeinschaft, *Wissen und Leben*, VI, pp. 168-183, 232-242, 307-314, 360-369. (비교. No. 65, 네덜란드어판, No. 72, 영어판)

71 Modem architecture, *The Western Architect*, No. 3, pp. 29-36.

72 Art and the Community, *The Western Architect*, No. 8, pp. 85-89. (비교. No. 65 und 70)

73 Foundations and development of architecture, *The Western Architect*, No. 9, pp. 96-99, 104-108. (No. 67의 영어판, 부분적으로 No. 54)

74 *Een drietal lezingen in Amerika gehouden*, Rotterdam 1912. 미국 강연 모음집 (No. 71-73): Kunst en gemeenschap (1911); Grondslagen en ontwikkeling der architectuur (1908, 1912); Over moderne architectuur (1912).

75 Neuere amerikanische Architektur, *Schweizerische Bauzeitung*, No. 11, pp. 148-150, No. 12, pp. 165-167, No. 13, p. 178.

1913

76 Reisindruk. Internationale Baufach-Ausstellung Leipzig 1913, *De Beweging*, No. 3, pp. 79-85.

77 Reisherinnering. Zwitsersche huisjes, *De Beweging*, No. 12, pp. 297-305.

78 *Bouwkunst in Holland*, Amsterdam, 연도 미표기

79 *Amerikaansche Reisherinneringen*, Rotterdam, 1913. (비교. No. 69)

80 L'Art et la Societe, *Art et Technique*, No. 6, pp. 95-112, No. 718, pp. 113-132, No. 10/1914, pp. 157-163, No. 11, pp. 169-182.

1914

81 Stedenbouw, *De Beweging*, No. 3, pp. 226-247, No. 4, pp. 1-17, No. 5, pp. 142-157, No. 6, pp. 263-279.

82 Over moderne architectuur, *Vlaamsche Arbeid* IX, pp. 1-17. (비교. No. 66, 독어본 No. 63)

83 Vertreter des Holländischen Werkbundes H. P. Berlage, in: *Die Werkbundarbeit der Zukunft*, Jena 1914, pp. 16-20.

1915

84 Over het boek van Dr. M. Eisler, *De Beweging*, No. 3, pp. 161-172.

85 *Het Pantheon der Menschheid*, Rotterdam 1915. (비교. No. 100)

86 Jury-Rapport, in: *Prijsvraag voor het ontwerpen van een tuinstadwijk*, Amsterdam 1915. A. Keppler와 공저.

87 Memorie van toelichting, *Gemeenteblad van Amsterdam*, 9. März 1915.

1916

88 De verhouding van de bouwkunst tot de maatschappij, *De Beweging*, Januar, pp. 1-14.

89 Een reis naar Kopenhagen, *De Beweging*, Juli, pp. 1-16.

90 Het uitbreidingsplan Amsterdam-Zuid, *De Bouwwereld*, No. 9, pp. 65-68, No. 10, pp. 75-77, No. 11, pp. 84-86.

91 Stedenbouw, in: *Bouwkundig Woordenboek*, hg. von L. Zwiers, 2 Bd. Amsterdam 1916.

92 Memorie van toelichting behoorende bij het ontwerp van het untbreidingsplan der gemeente Amsterdam, *Architectura*, pp. 68-71, 76-78.

1917

93 P. J. H. Cuypers, *Architectura*, No. 19, p. 146.

94 Baukunst und Religion, *Die Tat*, No. 7, pp. 615-621.

95 Memorie van toelichting, *Gemeenteblad van Amsterdam* I, pp. 901-914.

1918

96 Tooro'ps monumentale kunst, *Wendingen*, No. 12, pp. 19-23.

97 Aantekening: Meededeling betreffende het Comité Neerlando-Belge d' Art

Civique, *De Beweging*, No. 2, pp. 98-99.

98 Over normalisatie in de uitvoering van de woningbouw, *De Beweging*, No. 6, 387-403 그리고 in: *Normalisatie in Woningbouw*, Rotterdam 1918, pp. 21-50.

99 Het werk van de architect A. J. Kropholler, *Levende Kunst*, No. 2, pp. 21-37.

1919

100 *Schoonheid in samenleving*, Rotterdam 1919, 1924. 편집본: Over het begrip der bouwkunst, een inleiding tot het wezen der kunst; Over de ruimte; De historische ontwikkeling de ruimte; Het doel der kunst; De bouwkunst als maatschappelijke kunst; Het Pantheon der Menschheid (1915).

101 De restauratie in ambachts- en nijverheidskunst, *Jaarboek van Nederlandsche ambachts- en nijverheidskunst*, Rotterdam 1919, pp. 56-59.

102 Tot een afscheid, *De Beweging*, No. 12, pp. 321-322.

1920

103 De historische ontwikkeling der ruimte, *Bouwkundig Weekblad*, No. 3, pp. 11-17. (비교. No. 100)

104 Het ontwerp voor het Gemeentemuseum te 's-Gravenhage, *Wendingen*, No. 11/12, pp. 9-16.

105 Een plan voor de Kralinger Bosschen, *De Nieuwe Amsterdammer*, 30. Juli 1920.

1921

106 Frank Lloyd Wright, *Wendingen*, No. 11, pp. 3-8 (비교. No. 122).

107 Toelichting ontwerp uitbreidingsplan gemeente Utrecht 1920, *Tijdschrift voor volkshuisvesting*, 12월 특별호, 1921, pp. 8-21.

108 Een woord vooraf, in: *Arbeiderswoningen in Nederland*, hg. von H. P. Berlage, A. Keppler, W. Kromhout, J. Wils, Rotterdam 1921.

1922

109 *Ontwerp van het Hofplein te Rotterdam*, Rotterdam 1922.

110 De crisis ende kunst, *Ter Waarheid*, pp. 75-80. 개정판에는 "Studies over

bouwkunst, stijl en samenleving" 논문 첨가.

111 Slotbeschouwing, *Bouwkundig Weekblad*, No. 4, p. 36.

112 Het Hofpleinvraagstuk te Rotterdam, *Bouwwereld*, No. 5, pp. 36-41.

113 Het schoone stadsgezicht, in: *Winterboek van de Wereldbibliotheek*, Rotterdam 1922/1923, pp. 109-116.

1923

114 *Inleiding tot de kennis van de ontwikkeling der toegepaste kunsten. Een cultuurstudie van deze tijd*, Rotterdam 1923.

115 Bij het graafvan De Bazel, *Bouwkundig Weekblad*, 드 바젤(De Bazel) 사후 기념호, No. 50, pp. 500-502.

116 De Klerk, *Architectura*, No. 38, p. 230.

117 Entwurf für die Umgestaltung des Hofpleins in Rotterdam, *Stadtbaukunst alter und neuer Zeit*, No. 15, pp. 225-232. (비교. No. 109)

1924

118 De Bazel en De Klerk, *De Socialistische Gids*, No. 1, pp. 25-28.

119 De ontwikkeling der moderne bouwkunst in Holland, *Wil en Weg*, II, pp. 559-565, 588-594, 626-634. 암스테르담에서 책으로도 1925 출간.

120 De Europeesche Bouwkunst op Java, *De Ingenieur*, No. 22, pp. 399-408, Den Haag 1924.

1925

121 Het plan der 《First Church of Christ Scientist》, *Bouwkundig Weekblad*, No. 41, pp. 487-490.

1926

122 Frank Lloyd Wright, *Wendingen*, No. 6, pp. 79-85. (No. 106의 영어본)

123 Lambertus Zijl, *Architectura*, No. 26, p. 301.

124 Roland Holst, *Architectura*, No. 28, pp. 325-326.

1927

125 De nieuwe Amstelbrug, *Bouwkundig Weekblad Architectura*, No. 2, pp. 19−21.

126 Toelichting van Dr. Berlage en de directeur van Gemeentewerken op het 2e Hofplein-Ontwerp, *Bouwkundig Weekblad Architectura*, No. 5, pp. 41−45. (비교. No. 109, 112, 117.)

1928

127 Der Staat und der Widerstreit in der modernen Architektur, in: M. Steinmann (Hrsg.), *CIAM. Dokumente 1928−1939*, Basel 1979, pp. 24−26.

128 Le Plan de la ville moderne, *La vie urbain* VII, pp. 1193−1214.

129 R. N. Roland Holst, *Bouwkundig Weekblad Architectura*, No. 48, pp. 378−379.

1929

130 Nieuwe Strevingen in de Klerkelijke Bouwkunst, in: *Religie en Bouwkunst*, Huis ter Heide 1929, pp. 62−78.

1930

131 lndrukken van Rusland en zijn bouwkunst, 《Oud en Nieuw》, *Bouwkundig Weekblad Architectura*, No. 5, pp. 33−41, No. 9, pp. 73−80.

1931

132 *Mijn Indisch reis. Gedachten over cultuur en kunst*, Rotterdam 1931.

133 Naar een internationale Werkgemeenschap, een plan met 16 illustraties door H. Th. Wijdeveld, *Bouwkundig Weekblad Architectura*, No. 35, pp. 309−314.

1932

134 Bouwkunst en Socialisme, in: H. P. Berlage, H. van Treslong u. a., *Socialisme, Kunst, Levensbeschouwing*, Arnhem 1932.

135 Rede bij uitrijking Rl.B.A. − medaille, *Bouwkundig Weekblad Architectura*, No. 11, pp. 88−89.

136 Die nieuwe Amstelbrug, *Bouwkundig Weekblad Architectura*, No. 22, pp.

182-184.

137 Er komt geen nieuwe cultuur zonder levensstijl, *Vooruit*, 13. Februar 1932 und in: J. Duiker, Dr. Berlage en de 《Nieuwe Zakelijkheid》, *De 8 en Opbouw*, No. 5, pp. 43-51.

1933

138 Kunst en Broederschap, in: Henriette Roland Holst-van der Schalk, *Broederschap in de Levenspraktijk*, Den Haag 1933.

139 Over Bouwkunst, in: *VAEVO*, Vereeniging tot Bevordering van het Aesthetisch Element in het Voortgezet Onderwijs, 1908-1933, pp. 33-35.

1934

140 Willem Kromhout, *Bouwkundig Weekblad Architectura*, No. 19, p. 170.

141 *Het wezen der bouwkunst en haar geschiedenis, Aesthetische Beschouwingen*, Haarlem 1934.

1939

142 De Meening van Dr. H. P. Berlage over het boek van J. C. Slebos, in: J. C. Slebos, *Grondslagen voor aesthetiek en stijl*, Amsterdam 1939, p. 5.

1   Architectura 1894: p.16.

2   H.P. Berlage, *Beschouwingen over bouwkunst en hare ontwikkeling*, Rotterdam 1911: p. 278.

    Bouwkunst 1909: p. 284.

    Deutsche Bauzeitung 1918: p. 286.

3   *Gemeentelijke Archiefdienst*, Amsterdam: p. 287.

4   H.P. Berlage, *Grundlagen und Entwicklung der Architektur*, Berlin 1908: p. 158, 187, 192–193, 195, 204, 209–210, 215–216, 218, 220, 225, 227, 230–233.

5   Nederlands Architectuur Instituut: p. 285.

    Der Städtebau 1910: p. 285.

6   H.P. Berlage, *Studies over bouwkunst, stijl en samenleving*, Rotterdam 1922: p. 50, 56, 64, 72, 79, 87, 94, 110.

지은이

:: 헨드릭 페트루스 베를라헤(Hendrik Petrus Berlage)

1856년 2월 21일 네덜란드 암스테르담에서 태어났다. 1874년 화가가 되기 위해 암스테르담 국립미술아카데미에서 공부하였으나, 이듬해 1875년 스위스 취리히 공대(Polytechnikum, 현재 ETH Zürich)로 옮겨 건축을 전공하고 1878년 디플롬 학위를 받았다. 1879년에서 1880년 사이에 독일 프랑크푸르트와 네덜란드 아른헴에서 짧은 기간 건축 실무를 경험했다. 이어서 1881년 중반까지 독일, 오스트리아, 이탈리아의 여러 도시를 여행하면서 많은 스케치와 글을 남기기도 했다. 1881년 말 잔더스의 설계사무소에 입사하여 본격적으로 건축가의 경력을 쌓기 시작했다. 1884년에 잔더스의 파트너가 되었고, 이후 함께 작업한 프로젝트에 공동으로 서명하였다. 1889년 독립하여 암스테르담에서 자신의 사무소를 설립한 이후, 근대건축의 기념비인 암스테르담 증권거래소(1896-1903)를 설계했고, 암스테르담-남부 도시계획안(1915), 덴하흐 시립미술관(1928-1935) 등의 여러 작품을 남겼다. 1887년부터 1896년까지 암스테르담 국립공예예술학교에서 학생들을 가르쳤고, 네덜란드뿐만 아니라, 독일, 스위스, 벨기에, 미국 등의 여러 도시를 순회하며 강연하기도 했다. 「건축예술과 인상주의」(1894), 「건축예술의 양식에 관한 고찰(1905)」, 「건축예술의 근본과 발전」(1908) 등 강연을 위해 작성했던 원고들은 단행본으로 출간되기도 했다. 이러한 원고들과 건축 전문지에 기고한 많은 글들은 근대건축의 이론적 지평을 넓혀준 저술로 널리 인정받고 있다. 1914년 흐로닝헨 국립대와 1924년 델프트 공대에서 명예박사학위를 받았고, 1932년에는 영국왕립건축가 협회로부터 RIBA 골드 메달을 수상하기도 하였다. 1934년 8월 12일 덴하흐에서 생을 마감할 때까지 근대건축의 토대를 마련하고 발전을 위해 노력했던 근대건축의 선구자로 자리매김하고 있다.

옮긴이

:: 김영철

고려대학교와 동 대학원에서 건축학을 전공하였다. 이후 베를린 공과대학교 건축학과 건축이론연구소에서 독일관념론 전통의 예술학과 건축론을 새롭게 정초한 아우구스트 슈마르조(1853-1936)를 연구하였으며, 건축가 미스 반 데어 로에의 지적 성장과 건축적 환경을 기술한 노이마이어 저술의 『꾸밈없는 언어』를 번역하였다. 「토요건축강독」을 진행하였고, 배재대학교 주시경교양대학 교양교육부 교수로 재직 중이며 한국건축역사학회의 학회지 「건축역사연구」의 논문 편집위원장을 맡게 되었다.

우영선

서울시립대학교에서 건축을 전공하고, 루이스 칸 건축에 대한 연구로 박사학위(2009)를 받았다. 건축비평론과 근현대 건축사를 강의했으며, 건축 저널을 통해 건축 비평을 게재해 왔다. 건축 산책 시리즈를 기획하여 『르 코르뷔지에』, 『알바 알토』 등을 펴냈으며, 『파울로 솔레리와 미래도시』, 『세계건축의 이해』를 번역했다. 문학과 영화 예술에서 조명된 건축 개념들을 대중들에게 알리는 강연을 이어왔으며, 현재는 독일의 마부르크 대학에서 신학을 전공하며, 성경 속에서 발견되는 건축적 알레고리들에 대해 연구하고 있다.

김명식

LH 토지주택연구원 주거복지연구실, 도시재생공간연구실, 공공주택연구실에서 공공, 공동주택 관련 연구를 수행해 왔다. 대통령직속 저출산고령사회위원회에서 고령친화 도시 및 주거 정책 수립에 관여했고, 현재 이 연장선에서 초고령화시대에 대응한 은퇴자 및 고령자복합공동체주거 조성에 관한 연구를 수행 중이다. 건국대(BFA, 건축기사), 델프트 공대(MSC, 네덜란드 건축사), 밀라노 공대(PHD *con merito*)에서 공간과 건축과 도시 공간에 관해 공부했다. *RICERCHE DI SENSO NEL MONDO DEGLI INTERNI*, 『철학적으로 도시 읽기』, 『건축은 어떻게 아픔을 기억하는가』, 『건축의 이론과 실천 1993-2009』 등의 책을 펴냈거나 펴내는 데 참여했고, 최근 우리 시대 기억의 공간에 관한 관심을 갖고 공간에서 인문학과 미학을 찾는 데 열심이다.

한국연구재단총서 학술명저번역 서양편 **630**

건축예술과 양식

강연과 논문 1894-1928

1판 1쇄 찍음 | 2021년 11월 10일
1판 1쇄 펴냄 | 2021년 11월 30일

지은이 | 헨드릭 페트루스 베를라헤
옮긴이 | 김영철·우영선·김명식
펴낸이 | 김정호

책임편집 | 이하심
디자인 | 이대웅

펴낸곳 | 아카넷
출판등록 2000년 1월 24일(제406-2000-000012호)
10881 경기도 파주시 회동길 445-3
전화 | 031-955-9510(편집)·031-955-9514(주문)
팩시밀리 | 031-955-9519
www.acanet.co.kr

ISBN 978-89-5733-750-9 94540
ISBN 978-89-5733-214-6 (세트)